AF475074

DÉVELOPPEMENT

DE LA

SÉRIE NATURELLE.

BRUXELLES. — IMPRIM. DE E. GUYOT ET STAPLEAUX FILS,
rue de Schaerbeek, 12.

DÉVELOPPEMENT
DE LA
SÉRIE NATURELLE

AVEC SCHÉMATISMES DANS LE TEXTE,

PAR

LE DOCTEUR HENRI FAVRE,

DE LA FACULTÉ DE PARIS.

S'étonner n'est pas savoir.
GEOFFROY SAINT-HILAIRE, *Monstruosités humaines.*

TOME SECOND.

ÉDITION BELGE.

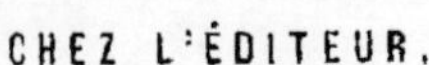

CHEZ L'ÉDITEUR,

A BRUXELLES,	A PARIS,
50, rue de Schaerbeek.	50, rue de l'Ecole-de-Médecine,

Et chez les principaux libraires en France et à l'étranger.

1856

CHAPITRE XXXIV.

Progression de l'élément formateur.

Les linéaments de la synthèse zoologique sont à peu près dessinés à cette heure ; c'est de l'inertie encore, il y aurait superflu pour l'anatomie descriptive, suffisance pour l'anatomie comparée ; pour la série ce n'est pas assez. Tout cela n'agit pas, et pour nous la vie, c'est l'action dans des rapports progressifs qu'il nous faut maintenant dérouler à leur tour. Nous allons assister à la confection de l'étoffe dont la trame a été par nous disposée ; c'est dans ces lignes harmoniques que tous les matériaux viendront se fondre ; les lois ne changent pas, mais il faut les constater dans leur application véritable. Notre synthèse animale est devant nous ; mettons-la donc en relation avec ce qui l'entoure, avec elle-même comme ensemble constant, avec elle-même comme manifestation périssable : mettons ensuite tous les organes en progression réelle, toutes les fonctions en développement successif; ressoudons la série zoologique, qui n'est qu'un point, à tout ce qui la précède et à ce qui la suit, et, notre tâche accomplie, nous pourrons présenter notre œuvre dans toute l'ampleur du sujet et avec toute la modestie d'un simple narrateur.

La première question qui surgit dans cet horizon déjà assez vaste, c'est la mise en rapport de la synthèse zoologique avec les milieux qui l'entourent, considérés comme contribuant à lui fournir ce que nous appellerons l'élément formateur.

La série générale en action peut être définie : la *transformation d'éléments successivement préparés, lesquels se fondent progressivement en des synthèses successives.*

La série zoologique étant un chaînon particulier de cette grande élaboration générale, l'élément qui lui est préparé antérieurement par la phytologie lui est tout de suite applicable. Elle le prendra à toutes ses phases, à tous ses degrés, le transformera de façons fort diverses; mais là, plus que partout encore, est applicable cette grandiose allégorie antique de Saturne qui dévorait ses enfants.

J'ai prononcé le nom de phytologie, c'est pour prouver que nous nous remettons à considérer les grands rapports. Cela étant dit, je vais rechercher comment l'élément formateur ou nutritif progresse depuis la plus infime simplicité jusqu'à la plus haute complication.

Pour montrer combien tout se tient et s'enchaîne, remarquons que la série minéralogique intervient elle-même ici par un élément qui reste constamment indispensable, c'est l'air atmosphérique. Il est absorbé en nature par les organes successivement appropriés à cet usage par la membrane externe. Au moyen de l'acte respiratoire, l'air est introduit pour être mis en œuvre comme un ferment indispensable destiné à imprimer aux autres éléments introduits la direction que la synthèse zoologique réclamera, vu son rang.

Entre la minéralogie et la zoologie, toute la phytologie se dresse pour faire subir à l'élément terreux, qui, sous l'influence des milieux, se joue dans les divers organes de la plante, des *progressions* importantes qui permettent à un degré synthétique supérieur de se dégager. Les éléments ténus, absorbés par la plante qui les atténue encore, les liquéfie d'abord, les filtre à travers ses organes, et les fixe dans sa trame en les condensant, sont donc secondairement reversés sur la série zoologique, qui les pousse encore plus loin. On pourrait dire déjà que toutes les synthèses sériaires, qui, par des organes successivement multipliés, concourent à un but commun, ne sont qu'une vaste collectivité.

J'indique cela, parce qu'on a fait fausse route en ne s'attachant, pour ainsi dire, qu'aux résultats primaires. Les synthèses diverses qu'on a appelées minéraux, plantes, animaux, dont on a formé de grands RÈGNES, de grands EMBRANCHEMENTS, tout cela a été malencontreusement considéré comme des mondes à part, auxquels des études spéciales et distinctes devaient être appliquées. Cette grave erreur ou plutôt cette déplorable illusion, nous venons la redresser ici, parce qu'ici se présente la première occasion de la signaler.

L'air est donc absorbé, et ce n'est plus le carbone de l'acide carbonique qu'il contenait qui est retenu ; loin de là, tout carbone épuisé est rejeté de la synthèse zoologique à l'état d'acide carbonique. La plante puisera cet acide dans l'atmosphère, et, le rencontrant dans le sol à l'état de carbonate de chaux ou de carbonate d'ammoniaque, les racines végétales pourront l'utiliser comme engrais.

C'est l'oxygène mitigé d'azote qui constitue l'atmosphère épurée, applicable aux animaux. Bien certainement, les plantes avaient préparé le milieu et il n'est pas douteux que les premières synthèses phytologiques ont eu plus besoin d'acide carbonique que celles d'aujourd'hui ; aussi, englouties par un cataclysme, gisent-elles en couches épaisses dans les vastes houillères que l'homme a déterrées si tard, quand le combustible sur pied lui a paru insuffisant.

Passons, tout cela reviendra au grand coup d'œil d'ensemble. Voyons croître, grandir et progresser l'élément formateur animal, puisque c'est ce détail qui doit nous occuper ici.

L'air n'est pas le seul élément que l'animalité demande à la série minéralogique ; il y en a un autre bien important aussi, je veux parler de l'eau.

On pourrait définir l'eau : une vaste atmosphère liquide qui nous montre encore aujourd'hui comment s'est opérée la dépuration des milieux antécédents, pour constituer des milieux nouveaux, lesquels existent simultanément avec les premiers. La mer est toujours salée, elle est immense dans son étendue et sa profondeur ; elle est un gigantesque milieu où se jouent des milliers de synthèses zoologiques. La plus grande partie des plantes a déjà gagné le rivage. C'est dans la mer, sans contredit, que la série zoologique a commencé ; les synthèses les plus inférieures y sont encore et s'y dévorent avec acharnement, comme nous l'allons voir bientôt.

La mer n'a pas suffi plus tard, comme l'atmosphère

chargée d'acide carbonique n'avait pas suffi d'abord. Sous l'influence des forces physiques, préparées par la mise en action des rapports géologiques, l'eau de la mer, pompée par la chaleur, entraînée par les courants d'air, battue dans les nuages, filtrée à travers les montagnes et les couches souterraines, cette eau est venue ici, sourdre goutte à goutte au sortir de la grotte, là bondir dans le tourbillon d'un torrent; puis coulant en rivière paisible ou en flots impétueux, elle est retournée à la mer comme l'acide carbonique après s'être dégagé de l'animal, retourne à l'atmosphère pour rentrer dans la plante.

Eh bien, cette eau que l'on appelle douce, les feuilles la puisèrent dans l'atmosphère, qui la roulait dans ses nuages, qui la balançait en vapeur globuleuse; elle fut pompée par la tige qui la fit monter dans les canaux phytologiques, lesquels la rejettent par les feuilles, qui dans certains cas ont la propriété de l'absorber.

L'animal en fera autant. Plongé d'abord dans la mer; il y trouvera où puiser des sels pour ses coquilles qui un jour formeront des montagnes; il en tirera l'eau et de l'air, puisque c'est par cet intermédiaire que d'abord il communique avec lui; mais plus tard il s'élèvera jusqu'au continent, et la rosée le rafraîchira en humectant chaque brin d'herbe sous lequel il s'abritera. Il ira boire dans le calice des fleurs ou bien dans le courant même de la rivière.

L'homme aura mille artifices pour s'assimiler cet élément indispensable qui seul calme une soif ardente : qu'il l'édulcore, qu'il l'anime; mais s'il la méprise, il ne pourra s'en passer. Les vins les plus généreux ne sont que de l'eau parfumée de nectar. L'alcool brûle la gorge et les entrailles, et le plus grand supplice de l'ivrogne est d'avoir besoin de l'eau qu'il conspuait la veille, et dans laquelle il va souvent se noyer, attiré par cette sensation puissante qui lui dit que l'eau seule peut le calmer.

Voilà les éléments fixes et communs ; ils ont cette qualité, parce qu'ils ont été élaborés dans une série fort antécédente, aujourd'hui fermée dans sa progression, laquelle n'est continuée que par les séries suivantes. Maintenant, apprécions l'élément progressivement variable, parce qu'il est successivement approprié aux synthèses qu'il engendre et qui sont plus rapprochées de lui.

Je me suis, au début de la série zoologique, servi d'un terme général que je dois rectifier aujourd'hui. J'ai dit que l'*élément zoologique* se mettait en rapport avec deux éléments fondamentaux, l'*atmosphérique* et l'*albumineux*. Ce terme albumineux n'était qu'une expression différentielle d'avec l'élément terreux que j'avais assigné à la plante ; c'est comme si j'avais dit : la plante vit de l'*élément minéralogique*, l'animal vit de l'*élément phytologique*. Nous verrons l'homme employer simultanément ces trois éléments; c'est qu'il commence lui-même une série nouvelle qui crée des organes, des synthèses, des fonctions, des rapports et des forces spéciales.

Mon terme albumineux, expliqué ainsi, n'a plus maintenant aucune raison d'être adopté ou rejeté ; il exprime un degré sériaire, rien de plus, applicable à l'élément, mais non à la composition exacte de cet élément que nous n'analysons pas plus que les autres, puisque nous renonçons à l'absolu. Je l'appelle ainsi, parce que, dans la suite, c'est une composition nommée albumine, par les chimistes, qui semble dominer la scène de la formation ; mais si les animaux en disposent, les plantes l'ont largement préparé. Les animaux le perfectionnent à leur tour; quoi d'étonnant! c'est en quoi consiste la série : *transformer des éléments successivement préparés, lesquels se fondent successivement en synthèses progressives.*

On peut donc dire que les synthèses phytologiques sont un immense magasin où les animaux puisent sans cesse des éléments nutritifs pour les transformer, et par conséquent devenir eux-mêmes des synthèses nouvelles qui seront décomposées à leur tour par des synthèses zoologiques plus élevées. De même, les plantes absorbent comme engrais leurs feuilles, leurs racines et les tiges des autres plantes qui se décomposent à leur pied pour leur fournir les éléments terreux déjà métamorphosés par l'organisme phytologique.

Ce ne sont que des particules déjà détachées de synthèses antécédentes et flottant dans le milieu qui les entoure qu'absorbent les premières synthèses zoologiques, résultats de ce courant multiple ; mais plus tard il en sera tout autrement.

Ces particules, absorbées par la membrane externe en même temps que l'élément atmosphérique, passent à l'état moléculaire dans la membrane interne, où elles se transforment suivant la force de l'organisme produit. Ce n'est pas un *statu quo* qui sort de là, c'est une progression constante. La synthèse zoologique elle-même se réduira en ses éléments par la mort, et si elle se continue comme direction par le *germe,* comme nous le verrons bientôt, elle périt comme *personne* et rend au grand vestiaire général les habits d'emprunt qu'elle avait revêtus pour un jour.

L'animal n'est qu'un point encore : l'évolution organique nous a largement démontré ce qu'il devenait ultérieurement ! Eh bien, l'élément formateur progresse du même pas ; il suffit de regarder pour s'en convaincre. Les particules absorbées ne font d'abord que passer par le crible des deux membranes ; mais bientôt ces membranes se séparent ; des espaces s'y creusent, des organes y apparaissent.

L'élément formateur introduit n'est plus aussi parcellaire, il devient synthétique, et la décomposition, au lieu de s'en faire au dehors, s'en fera au dedans. Ce seront des portions d'organes que l'animal engloutira, et tout ce qui est trop terreux sera rejeté comme non assimilable ; mais le reste, gardé, atténué, travaillé dans la trame organique, se résoudra en liquide nutritif, sorte d'atmosphère interne où il sera continuellement puisé. Des organes seront façonnés pour en être les réservoirs et les distributeurs ; la série circulatoire nous l'a montré de reste. — L'élément formateur s'est bien compliqué, la progression est évidente, un nom a dû être créé pour exprimer cette situation, qu'il était plus simple de dénommer que d'approfondir, ce liquide a été nommé le sang.

Que d'études n'a-t-on pas faites sur ce liquide, en commençant toujours, d'après les *us* et *coutumes*, par son état le plus complexe, et par conséquent le moins élucidable, si ce n'est au point de vue différentiel des parties qu'on y a trouvées ! On a ressassé les noms de *sérum*, d'*albumine*, de *fibrine*, d'*osmazôme*, etc. On croyait bonnement voir sourdre le principe de la vie à chaque globule que le microscope pouvait saisir.

Qu'est-il résulté de tant d'efforts? Bien peu de chose au point de vue de la science. On a fait une analyse par en haut, utile seulement pour convaincre les symbolistes du peu de fondement de toutes les *entités* nominales : car la lumière a jailli malgré les écrans et les abat-jour, quand on a retrouvé des sels terreux, ammoniacaux, alcalins; de l'eau, et des transformations d'éléments végétaux, comme le *gluten,* la *fécule* et le sucre, en *albumines* de toutes sortes; quand on a vu la belle sériation ligneuse et féculente se répéter dans une synthèse animale, se continuer même un peu plus régulièrement qu'elle ne s'opère dans une cornue.

C'est magnifique! la science ne devrait plus rien avoir à faire après de si grands succès. Eh bien, on ne se doute seulement pas qu'elle existe.

On analyse sans cesse, et si on laisse faire le chimiste, dans sa rage de dislocation, il vous prouvera que tout est *hydrogène, carbone, oxygène* et *azote.* Il sera content, il triomphera et peut-être croira-t-il avoir en main la pierre philosophale pour faire surgir à son gré plantes et animaux de toutes sortes. Le spiritualiste se rengorgera devant pareille outrecuidance, et le pauvre public ne saura plus à quelle cornue où à quel symbole se rattacher.

Grâces soient rendues toutefois à ces rudes pionniers du laboratoire, à ces doctes fils des alchimistes d'autrefois! Ils ont plus fait pour constituer la science dans l'opinion des hommes que tous les rêveurs dont l'horizon de l'humanité s'est si souvent obscurci. Remercions-les des sueurs qu'ils ont versées près des charbons incandescents qu'ils allument. Intelligents cyclopes du grand œuvre, ils n'ont qu'un œil, celui de l'analyse, mais ils l'ont largement ouvert et ils s'en servent avec succès. Ils ont pris en mains les forces d'une série épuisée et en ont transmuté les éléments à leur guise. L'humanité leur doit l'industrie, c'est leur titre de gloire, honneur à eux ! Leurs grands hommes ne demandent pas plus ; ils sont morts martyrs de leurs recherches, mais pourquoi leur demander de répondre à des questions qui ne sont pas de leur domaine?

Ils nous donnent des matériaux; à nous, zoologistes sériaires, de les mettre en œuvre. Ce sont nos aînés, marchons sur leurs traces. Ils n'ont vu qu'un point, mais ils l'ont fécondé. La synthèse a répondu chez eux à l'analyse, mais ils ne résoudront pas les autres problèmes, leur équation ne va pas jusque-là.

L'analyse zoologique du sang n'est pas faite, c'est une grande lacune à combler, les hommes ne manqueront pas pour accomplir une idée nécessaire; heureusement, nous n'en n'avons pas aujourd'hui un indispensable besoin. Cette analyse n'est pas faite, parce que le sang n'est pas un organe fixe que le scalpel divise ; c'est une synthèse dans une mobilité constante, qui exprime plutôt un rapport multiple qu'une fonction bien particularisée. On l'a abandonnée à des spécialistes, qui ne savent guère tirer grand' chose de ces questions complexes, quoiqu'ils s'en attribuent le monopole : c'est nommer les physiologistes exclusifs qui se croient les grands prêtres d'une science à part.

Ils sont ambitieux ceux-là, ils ont la prétention de révéler les plus miraculeuses choses, et ils n'ont même pas songé à se donner un point de départ. Ils sont venus après l'épuisement de l'anatomie descriptive, introniser ce que j'appellerai la fonctionnalité descriptive. Ils ont, sous ce rapport, rendu de grands services, mais, en leur qualité d'analystes, ils n'ont fourni que des matériaux.

Ils ont sur la conscience bon nombre d'assassinats zoologiques. Je ne leur en fais pas un crime, mais ils y mettent aussi trop d'amour-propre et trop d'acharnement. Ils ont peu sérié leurs victimes ; l'innocent lapin, le chien le plus jeune et le moins féroce, quelques grenouilles, tout au plus, sont offerts en holocauste sur l'autel de la physiologie. Eh bien, aujourd'hui la fonctionnalité descriptive est épuisée comme l'anatomie, et c'est pour annoncer cela que nous prenons la plume.

C'est dans le faisceau commun de ces spécialités réduites à leurs éléments que la science doit plonger ses racines, mais le tronc de l'arbre ne ressemblera pas au fumier qui lui aura servi d'engrais. Chimistes, anatomistes, physiologistes, ne disputez plus, votre cause est la même, mais vous feignez de ne pas le savoir. Puissiez-vous ne pécher que par ignorance! Vos devanciers vous feront absoudre, mais fécondez leur héritage, devenez des hommes encyclopédiques comme direction, et soyez après cela aussi puissamment spécialistes que vous le pourrez.

Eh bien, pour nous le sang est sériable comme tout le reste; pourtant on n'y a guère aperçu jusqu'ici que deux degrés que l'on n'a exprimés que par une qualité lumineuse. On a distingué le sang blanc et le sang rouge, et ce dernier a été sérié à son tour par une qualité calorifique en sang froid et en sang chaud. Je ne crois pas que les efforts sériaires, bien involontaires d'ailleurs, aient été poussés plus loin.

Cela est bien insuffisant, et je doute qu'avec notre méthode sériaire on se contente de si peu. Tout est soumis aux mêmes lois; le sang a une trop haute importance pour ne pas y obéir. Pour nous, il suit la marche ordinaire. Son organisation se complique par la multiplicité de ses formations ; il se concentre de plus en plus ; il devient de plus en plus condensé, et rien ne serait plus simple que de le suivre depuis son organisation première jusqu'à sa complexité la plus grande. On trouverait sûrement des degrés très-multiples dont nous pouvons bien affirmer la réalité.

Dès qu'il apparaît, le sang a une apparence limpide comme l'eau qui en forme ce que j'appellerai le grand dissolvant ; cela arrivait déjà pour la série des végétaux. C'est dans cette eau que se fondent sans doute les particules absorbées par l'animal, et que nous avons nommées albumineuses, pour les raisons précédemment exposées. Quelques sels solubles y sont adjoints, comme condiment, d'une part, comme auxiliaires de formation, de l'autre.

La masse du liquide est peu abondante, ses réservoirs peu nombreux, son impulsion fort minime; cela n'indique-t-il pas la simplicité d'un premier degré de sériation? Ce sang d'ailleurs ne peut être considéré avec fruit dans un état d'isolement. Il se fond à la synthèse, dans tous les rapports simultanément établis.

L'induction là est donc indispensable, mais cette faculté est encore trop peu exercée pour que dans l'humanité on s'en serve bien à l'aise. Tous voient, à moins de fermer les yeux, ce qui n'arrive que trop souvent, mais combien peu regardent! En bonne série, je pourrais dire : il faut ouvrir les yeux, voir et regarder, ce sont trois termes successifs. S'en serve qui voudra, peu m'importe, mais il n'y a pas moyen d'opérer autrement avec utilité.

A l'aide du microscope, l'observation a révélé une transformation fort remarquable de l'élément formateur. Tout le monde connaît aujourd'hui les globules du sang. Il est bien simple sans doute, au point de départ, ce petit *globule* qui devient plus tard une si complète synthèse, laquelle a sa forme, sa couleur et ses propriétés si distinctes à l'origine. Il paraît assez homogène dans sa composition. C'est de la matière albumineuse granulée, ni plus ni moins, qui nage dans le liquide primitif qui nous est apparu, et qu'on a nommé *sérum,* pour lui constituer une individualité. Sérum et globules progressent ensemble, unissent leur destinée. Ils oscilleront d'abord, ils tourbillonneront ensuite. La circulation est là pour les servir, et eux sont là pour alimenter la synthèse organique qui se dégage peu à peu sous tant d'efforts convergeant vers un même but.

Le globule sanguin est plus ou moins aplati, plus ou moins ellipsoïde. Il est d'abord incolore et homogène dans son apparence ; plus tard il devient rouge, augmente de volume, se bombe à son centre, y présente un noyau ; il a une enveloppe corticale, et dans sa trame qu'il contienne de la fibrine, de l'osmazôme, c'est un résultat de sa complication. On y a plus tard découvert un élément important, le fer, qui permet peut-être à l'oxygène d'être introduit plus aisément dans l'organisme par l'acte de la respiration.

Ce qu'il y a de plus clair, c'est que le globule sanguin est dans la grande synthèse zoologique une synthèse plus petite qui se résout constamment en ses éléments. Je considère le globule comme le plus haut aboutissant interne de l'élément formateur. Le sérum est un diluant; l'albumine, la fibrine, une gangue tirée de l'aliment pour être transmutée en globules; mais tout cela est manifestement progressif et sériaire. Plus on monte, plus le nombre des globules augmente, plus leur composition se réalise; fibrine et albumine suivent le même pas; les sels aussi. Le fer s'y ajoute, peut-être le phosphore et quelques autres corps terreux, absorbés dans les aliments qui se compliquent en même temps. Quant à la chaleur, elle est ici, comme dans la série minéralogique, un résultat des compositions et des décompositions du mouvement, des actes accomplis dans l'intérieur de la synthèse. Cette qualité n'incombe pas plus au sang qu'à l'animal entier. Si le sang est chaud, c'est qu'il est soumis, en sa qualité de synthèse instable, à plus de ruptures d'équilibre que les organes plus fixes qu'il façonne par sa décomposition.

L'élément formateur progresse, voilà ce qu'il m'importe de manifester; mais on s'abuserait si l'on s'imaginait que cette progression tient au liquide sanguin seul. Il n'est qu'un résultat lui-même; il n'est qu'un magasin du second degré. Un troisième degré nous apparaît encore. Dans les espaces intermédiaires, entre les organes qui fonctionnent, il y a des amas de provisions déposées par le surcroît d'abondance; je veux parler de la graisse qui joue un si grand rôle chez les insectes dont la circulation est presque nulle, et qui puisent dans ces masses déposées tous les éléments réparateurs qu'ils n'ont qu'à renouveler par l'absorption d'aliments pris au dehors. Cette graisse joue le même rôle chez les animaux hibernants qui l'absorbent pendant leur sommeil, quand ils ne prennent rien au dehors. Elle rentre alors dans la circulation générale, se fait sang et va réparer les organes qui s'useraient bientôt sans cela. Elle sert en même temps à bien d'autres usages. Elle est protectrice ; elle rend l'animal qui nage plus léger ; mais sa vraie fonction, c'est d'être un élément formateur mis en réserve. A ce titre nous le plaçons ici.

Sortons maintenant de l'intimité zoologique, et voyons au dehors si l'élément formateur s'y complique également. Je vous en fais juge. Chaque phase de l'animalité augmente ses moyens de se nourrir. Le volvoce et la méduse se contentent des particules ballotées par les eaux où ils s'agitent. Voyez le requin, le brochet, la baleine, ils engloutissent des synthèses zoologiques entières, vivantes même, et leur entretien, leur formation quotidienne est à ce prix-là ! Le limaçon, la chenille rongent la feuille ou la racine, le papillon se contente du suc des fleurs ; mais l'oiseau dévore l'insecte ; mais les oiseaux se dévorent entre eux. L'éléphant, le bœuf, le cheval engloutissent des montagnes de végétaux verts qu'ils digèrent ; l'hyène préfère les charognes, le renard aime la poule bien fraîche, le tigre doit déchirer la chair palpitante et boire le sang chaud et fumant.

Ce n'est pas la synthèse qui importe ici, c'est l'élément formateur qui en peut être tiré, et sous ce rapport on tomberait dans une erreur étrange, si l'on s'étonnait de voir un boa qui engloutit un ruminant ; un serpent mange aussi bien le crapaud que l'oiseau; peu lui importe, il rejettera le superflu et s'assimilera le reste. Si les loups ne se mangent pas entre eux, c'est que leurs éléments sont trop similaires, et que l'instinct de conservation est chez ces animaux si fort, que s'ils ne sont pas poussés par la faim ou la défense, ils croiraient se détruire eux-mêmes en détruisant un être qui a les mêmes qualités qu'eux. Le besoin pourtant l'emporte bien souvent. L'homme lui-même a mangé son semblable; il l'a fait rôtir et l'a englouti avec délices. Mais la pénurie et la vengeance ont fait plus là que le véritable appétit.

Il y a dans cette voie de magnifiques études à faire, mais elles ne seront entreprises qu'à l'ombre de la série, qui les indique et qui seule peut les mener à bien. Ma tâche à moi est accomplie, j'ai montré que l'élément formateur progresse dans tous ses aspects, dans son origine comme dans son élaboration. Ce n'est qu'un point dans l'ensemble, mais on ne s'étonnera plus quand on verra les organes se façonner progressivement avec des éléments appropriés par les synthèses antécédentes. Ce que je veux détruire, c'est le prétendu *immobilisme* de toutes choses. Tout remue, tout s'agite, tout progresse, rien n'est fixe, mais tout s'harmonise à l'ensemble, quoique le détail soit un choc perpétuel qui, s'il n'était relié à la synthèse, produirait un gigantesque chaos.

CHAPITRE XXXV.

Sériation de l'organe reproducteur.

Il faut encore une fois délaisser les belles plaines de la synthèse pour retourner aux rocailleux coteaux de l'analyse. La nécessité m'y oblige, et je ne recule jamais devant un devoir.

Un organe n'a pas encore été passé en revue par nous, c'est l'organe reproducteur. Il est urgent d'en faire la sériation; l'heure est venue, disons un peu pourquoi elle n'a pas sonné plus tôt.

Les organes que nous avons examinés jusqu'ici se déroulaient toujours dans la synthèse zoologique. Il suffisait de les prendre à leur point d'émergence pour les conduire à leur point d'arrivée. C'est ce que nous avons fait pour tous. L'organe reproducteur n'avait pas là sa place, parce que dans la progression générale il ne reste pas confiné dans la synthèse. Il franchit un degré de plus et s'annexe à la *collectivité*.

Nous avons déjà défini la collectivité : la réunion dans une même direction de plusieurs synthèses distinctes qui ne peuvent être réunies que par l'INDUCTION, qui constate qu'elles concourent à un but commun. La série des formations va de l'élément à l'organe, de l'organe à la synthèse, de la synthèse à la collectivité. J'affirme cela ici, cela suffit, j'y reviendrai assez largement pour n'avoir pas à craindre un démenti.

Eh bien, l'organe reproducteur, qui n'est destiné qu'à détacher le germe d'une synthèse zoologique, a beaucoup moins d'importance que la fonction à laquelle il ne concourt que par un côté fort minime. Il ne fournit que l'élément du rapport si compliqué qui constitue la reproduction des synthèses zoologiques, rapport dans lequel, outre l'élément germe, il faut autant tenir compte de la progression générale en dedans de la synthèse et de la collectivité que des milieux dans lesquels ces phénomènes se passent, milieux qui apportent un contingent sans lequel on ne comprendrait plus rien à la sériation reproductive.

Ici je ne m'occuperai que de l'organe reproducteur, qui n'est au fond qu'un organe de sécrétion moitié *récrémentitielle*, moitié *excrémentitielle;* par un certain côté il pourrait être rangé dans la *sériation dépurative*, et nous reconnaîtrons qu'il a les plus grands contacts avec l'anus et l'organe dépurateur urinaire.

Dans le présent chapitre, je ne m'occuperai de l'organe reproducteur que comme s'il s'agissait d'une glande salivaire ou du foie. Je n'aurai souci que des dispositions sériaires qu'il présente. J'assisterai à sa progression par division de parties sortant d'une confusion primitive, avançant par une distinction fonctionnelle et une concentration parcellaire; c'est la grande loi qui est toujours appliquée. Je ne ferai pas attention au germe produit, parce que je me propose de l'examiner à part; et quant à la terminaison de l'organe, je ne l'invoquerai que comme se faisant d'une manière commune sans approfondir les artifices qui se trouvent à cet endroit, mon intention étant de relier ensemble l'aboutissant *ano génito-urinaire*, dont j'aurai alors tous les éléments : *anus, vagin, verge, vessie*. Tout cela concourt, non pas à produire le germe, mais à terminer la synthèse zoologique par un point. Il serait donc plus qu'inutile de mêler tout cela, comme on a le tort de le faire si souvent.

Dans les premiers degrés, la reproduction n'a pas d'organes spéciaux; elle résulte du conflit des forces et des éléments déjà manifestés. Cela est facile à concevoir ; c'est une fonction générale qui ne se localisera dans un organe que par des nécessités de phases et de distinctions. N'ayant point ici à étudier le germe, nous opérerons sur l'organe reproducteur comme sur tous les autres ; nous constituerons son élément, et nous le verrons progresser.

Les deux membranes se sont élaborées ; l'espace intermédiaire a reçu les organes circulatoires et nerveux, le canal intestinal et ses annexes ont été ébauchés, mais l'organe reproducteur n'apparaît pas encore, quoique la reproduction soit fort active. Elle est commise à la synthèse entière qui se scinde confusément par un point pour accomplir cet acte, qui semble tout d'abord un simple excès de nutrition.

Le fait de la reproduction n'apparaît pas d'ailleurs ici pour la première fois. Les plantes ont largement sérié le phénomène, depuis la mouvement brownien jusqu'aux apparitions spontanées de végétaux fort élémentaires, depuis la sporule jusqu'à l'étamine et au pistil. Tout cela, ne l'oublions pas, apparaît dans une série grandiose; la phytologie se reproduit encore : si les minéraux nous semblent plus fixes dans leurs synthèses, c'est parce qu'à la surface qu'ils nous présentent ils se réduisent continuellement en leurs éléments, quittes à se recomposer aussitôt en synthèses identiques, dès que les milieux propres leur sont rendus.

Nous sommes ici dans une continuation, rien de plus. Il y aura progrès général, sans doute, puisque tout marche en avant; mais bien des degrés épuisés à l'avance reparaitront rapidement encore. Le mouvement reproducteur n'a pas d'autre base ; sans lui, il n'y aurait que des apparitions ou toujours similaires ou sans cesse variables ; mais de génération successive sériaire, nullement. La solidarité met là son empreinte. Il faut savoir le reconnaître pour ne pas tomber dans l'*immobilisme*, que tout rejette, et dans le hasard, qui n'explique rien.

Dès que l'organe reproducteur apparaît, il se localise dans l'espace intermédiaire ; mais, comme tout ce qui est dépurateur ou excrétoire, il est fort intimement lié à la membrane interne dont il se détachera peu à peu, à mesure que la membrane et lui s'individualiseront davantage.

Une des premières dispositions consiste dans une grande confusion de parties et de fonctions entre l'organe reproducteur et l'estomac. Sur les parois des tubes rétractiles dont cet organe est entouré, l'on aperçoit des canaux longs et grêles, aboutissant à son fond et dont l'extrémité contient des germes qui semblent être rejetés par l'estomac lui-même. Les points d'où ces germes se détachent peuvent être considérés comme l'élément de l'ovaire ; les canaux qu'ils traversent, comme l'oviducte ; l'estomac est le réceptacle et la bouche serait alors l'organe excréteur : c'est la confusion la plus complète. On ne nous chicanera donc pas, si nous prenons ici la formation élémentaire de notre organe reproducteur.

Cela progresse lentement, sans doute ; l'estomac est longtemps encore le centre d'attraction de notre organe, mais la division de parties s'y introduit par la dichotomisation des canaux. Et puis, au lieu d'être rejetés par la bouche, les germes tendent à se retirer dans des *oviductes* plus distincts qui marchent vers leur pôle futur, l'*anus,* lequel, étant situé très-haut près de la bouche, offre peu de différence avec la gravitation primordiale. Dans cette première phase même, l'organe reproducteur se paie le luxe d'une ouverture spéciale qui, il faut le remarquer, se trouve à la nuque de l'animal.

Tout cela n'est pas grandiose encore. Abordons les mollusques, ces êtres à prédominance si marquée de la membrane interne, et voyons ce qu'ils vont faire de notre faible organe reproducteur.

Jusqu'à présent la synthèse suffit amplement à l'extension de cet organe. Il a encore bien du chemin à y faire avant d'aller demander assistance à la collectivité. Dans les premiers mollusques il n'est plus déjà si rapproché de l'estomac ; c'est au voisinage du foie qu'il se montre, et il commence à faire connaissance avec la membrane externe dans ce qu'elle a de plus profond, l'appareil respiratoire. Ce ne sont que des organes particuliers où les germes poussent en manière de bourgeons et sont rejetés au dehors à des époques déterminées, souvent au moyen de conduits spéciaux.

Enfin, l'organe devient plus appréciable et plus distinct, chez les biphores ; il présente deux corps oblongs, frisés, contenus dans la substance du dos. Les ascidies ont un ovaire situé au-dessous du foie, mais s'ouvrant déjà dans la membrane externe, au sac branchial, vis-à-vis de l'orifice anal du sac musculaire, dont il est ainsi distinct. Il s'y adjoint une annexe que nous verrons répétée, bien souvent agrandie ; c'est une glande munie d'une ouverture qui sécrète un mucus chargé d'enduire les germes d'un élément nutritif ou protecteur.

Les bivalves ont, dans la masse du *pied,* autour des circonvolutions intestinales et au-dessous du foie, un ovaire très-volumineux, s'ouvrant ordinairement de chaque côté, par une fente étroite, dans l'un des deux conduits situés au-dessus des compartiments des branchies.

Arrivons aux gastéropodes, mollusques déjà fort élevés dans la série. Une distinction nouvelle s'opère ; elle a dû être préparée antérieurement. On a prétendu, en effet, que les huîtres ont deux éléments distincts dans leur organe reproducteur ; l'élément femelle, qui sécrète une partie du germe, l'*ovule ;* l'élément mâle, qui lui sécrète un complément indispensable, le *sperme :* nous les verrons progresser l'un et l'autre quand nous étudierons personnellement le germe dans sa progression comme élément et comme rapport.

L'évolution ne peut s'arrêter en route. Ce qui n'était qu'une ébauche devient une réalité fort nette. Les deux sexes se distinguent : d'abord, dans la synthèse hermaphrodite, caractère dominant dans la phytologie ; puis, sur deux synthèses distinctes constituant relativement à la fonction reproductive une collectivité, ce qui dans la zoologie arrive à tenir le premier plan.

Dans le premier degré de la distinction sexuelle, la synthèse unique qui portait les deux organes se suffisait à elle-même. C'était une supériorité par distinction fonctionnelle, voilà tout ; mais la distinction doit progresser encore ; deux synthèses sont indispensables pour donner dans un rapport mutuel lieu à la synthèse germinale : c'est le cas des limaçons.

Chaque individu est porteur d'un ovaire médiocre, situé au-dessus de l'extrémité supérieure du foie : cet ovaire est continué par un oviducte contourné qui, après s'être rétréci, se dilate tout à coup en une ampoule garnie d'une muqueuse plissée, où les germes s'enduisent d'une couche albumineuse et se réunissent en paquets. A l'issue de cette ampoule, qui représente ce que plus tard nous verrons être distinct sous le nom de vagin, s'implantent de multiples canaux de dépuration ; ils marquent le rapport exact que nous avons assigné à l'organe reproducteur et qui deviendra de plus en plus manifeste.

Le côté mâle de l'organe reproducteur doit nécessairement être similaire au côté femelle, et l'on n'a guère à s'en extasier. L'un et l'autre représentent une glande qui ne peut avoir que son corps sécrétant, son canal extraducteur et son aboutissant, où se trouveront certaines ampoules, puis des artifices divers pour compléter l'ovule et le sperme, les mettre tous les deux en rapport et ainsi synthétiser le germe. Rien de plus élémentaire que cela ; il est inutile de monter en chaire pour faire de magnifiques parallèles : donnez le principe, les conséquences découleront d'elles-mêmes, et il ne faudra pas un triple brevet pour entendre ces vérités.

Le côté mâle prépare le sperme dans le testicule qui le verse dans le canal déférent, lequel l'amène à une ampoule qui se perfectionnera à son tour. L'ovule est préparé par l'ovaire qui le verse dans l'oviducte, lequel l'amène dans une ampoule qui subira les lois de la progression ; voilà le grand mystère dévoilé. Eh bien, après l'ampoule nous ne sommes plus dans l'organe reproducteur qui n'est au fond qu'ovaire ou testicule. Si nous parcourons le premier degré du canal excréteur, c'est pour nous débarrasser ici d'un élément qui nous gênerait plus tard, quand nous aurons à sérier le grand aboutissant ano-génito-urinaire. Je compléterai même tout le système chez les animaux les plus simples, pour n'avoir pas à y revenir. En analyse on fait ce qu'on veut, il suffit d'être exact ; mais pour les rapports, il faut savoir choisir les éléments, n'en omettre aucun, et n'avoir pas peur de se servir de l'induction, pas plus qu'un observateur ordinaire ne se défie de la vision quand les objets sont réels et que le champ en est suffisamment éclairé.

Chaque limaçon, outre son organe femelle, est muni d'un gros testicule ; un canal déférent, d'abord collé le long du vagin, s'en détache pour aller gagner la verge. Cette verge est longue, mise en mouvement par un muscle et terminée par un long appendice. La verge et le vagin, c'est-à-dire l'ampoule mâle et femelle, se terminent dans l'ouverture génitale commune qui s'ouvre extérieurement, au-dessous de la grande corne du côté droit. Dans l'appendice cœcal de cette ouverture se développe le dard, petit corps calcaire et pointu qui tombe à chaque copulation, mais se reproduit ensuite pour présider à un accouplement nouveau. Il y a donc là confusion fonctionnelle par un point entre ces organes génitaux. Un pas de plus et chaque synthèse portera l'ampoule d'un sexe, et l'organe reproducteur ne pourra être construit que par l'induction qui circonscrira ces deux synthèses, convergeant en un point pour donner lieu à une collectivité.

Un des principaux exemples de cette primitive séparation se rencontre chez l'aphysie : voici comment ce mollusque a l'organe reproducteur isolément disposé dans ses deux pôles : l'un, femelle, toujours prédominant ; l'autre, mâle, qui tend de plus en plus à être accessoire.

L'aphysie femelle présente, entre la cavité respiratoire et le foie, un ovaire d'où part un oviducte qui va derrière les branchies, où il versera son produit plus tard ; le mâle, à la même place, offre un testicule et un canal déférent contourné qui aboutit à la verge, laquelle se renversera sur elle-même, et sortira par une ouverture de la *corne* droite.

Chez les céphalopodes, les plus élevés des mollusques, les deux sexes sont encore mieux séparés, mais il ne semble pas y avoir encore de rapprochement entre les deux synthèses qui élaborent isolément ovule et sperme, lesquels se rencontrent fortuitement et se synthétisent, comme si les parents y avaient pourvu avec toute la chaleur du plus vif entraînement.

Dans la seiche, les organes femelles consistent en un gros ovaire qu'une enveloppe fibreuse entoure au fond du sac péritonéal. L'oviducte est situé du côté gauche, les ovules y tombent et s'enduisent d'une couche muqueuse qui les réunit en groupe ; c'est-à-dire qu'il y a là, comme presque toujours, une annexe glandulaire chargée de sécréter des liquides qui, en même temps qu'ils dépurent l'animal, servent à ce dernier usage, la protection des ovules excrétés. Les organes mâles sont un gros testicule mou et glanduleux, situé au même endroit que l'ovaire chez la femelle; il en naît un canal déférent qui, par de nombreuses circonvolutions, figure un épididyme s'ouvrant dans une large ampoule d'où le sperme est excrété au dehors, plus ou moins mêlé de mucosités.

Les articulés élaborent une prédominance énergique de la membrane externe : le canal intestinal et ses annexes sont réduits à leur minimum; la circulation disparaît presque entièrement. La membrane externe, en se développant, poursuit le grand progrès de la relation à laquelle elle façonne tant d'instruments magnifiques; aussi le système nerveux suit cette poussée nouvelle : l'organe reproducteur appartient trop à une fonction de relation pour s'interrompre un seul instant, il se perfectionne, au contraire. Non-seulement les sexes se distinguent vite dans cette phase, par la localisation de l'organe reproducteur en deux synthèses séparées, mais la relation intime, c'est-à-dire l'accouplement, devient plus marquée. Ce n'est que pour satisfaire à la reproduction que le papillon revêt ses plus beaux habits; il meurt souvent après l'acte accompli, c'est pour lui le grand *consummatum est*. Le sexe mâle, cela apparaît déjà, est affecté à la relation la plus grande au dehors, à la force plus grande, à la forme plus belle; le sexe femelle est celui de la conservation, de la nutrition, du domicile, et il n'acquerra la supériorité de la forme que quand elle sera une infériorité et que la puissance se signalera par la voix retentissante, les muscles robustes ou l'intelligence portée à la compréhension définitive des grands rapports.

Je ne veux pas, à l'occasion des articulés, recommencer à exposer les premières formations de l'organe reproducteur ; elles sont assez semblables à ce que nous avons vu chez les premiers mollusques ; mais je profiterai de la circonstance pour faire remarquer que la femelle étant l'élément fondamental dans ce côté de la relation, c'est elle qui paraît d'abord, c'est elle qui domine pendant longtemps, comme importance et comme nombre. Le mâle n'est d'abord que l'exception, parce que les animaux sont d'abord absorbés par la nutrition, avant de s'élever à la relation; ce n'est que plus tard que les mâles augmentent ; ils deviennent alors prépondérants et à eux seuls incombent l'approvisionnement, la police et la défense de la collectivité qu'ils constituent avec la femelle, de la famille en un mot, quand elle est formée. Les femelles partagent ces soins d'abord, et, comme elles concourent à un but collectif d'une manière plus passive et moins absorbante, elles semblent moins égoïstes que les mâles ; on les a célébrées, et l'on a bien fait, mais leur sentimentale faiblesse ne pourrait guère suffire aux exigences que des situations plus élevées réclameront plus tard.

Cela dit, reprenons l'exposition de notre organe reproducteur. Chez les vers intestinaux, il suit tous les degrés, depuis son absence jusqu'à son apparition, puis sa confusion dans une même synthèse, puis son isolement dans deux synthèses séparées. L'état supérieur, qui n'a rien de bien éclatant d'ailleurs, est à peu près constitué ainsi : les femelles sont plus grosses que les mâles, lesquels sont aussi rencontrés bien moins souvent, car leur nombre est fort restreint. L'ouverture génitale femelle est placée au voisinage de l'extrémité céphalique, répétition du cas des mollusques. Il en part un vagin court qui se termine en deux tubes, longs quelquefois de six pieds, très-entortillés et réunis à leur extrémité. Ils contiennent une immense quantité d'ovules. Les mâles ont une petite verge filiforme qui sort du corps à l'extrémité caudale, et se dilate bientôt en une ampoule canaliforme de quelques centimètres de longueur ; c'est l'analogue de ce que seront plus tard les vésicules séminales. Le testicule est un vaisseau filiforme, long de deux pieds, qui se contourne autour du canal intestinal ; la verge est le plus souvent fendue, division de parties, caractère d'infériorité que nous verrons se renouveler souvent dans la suite.

Les annélides n'ont pas encore bien complétement dessiné leurs organes reproducteurs ; bien des degrés inférieurs y persistent encore. La sangsue a les organes mâle et femelle réunis sur un même individu, mais exige comme le limaçon un accouplement réciproque. Chaque sangsue présente à la moitié antérieure de la surface ventrale deux ouvertures génitales, l'une antérieure mâle, l'autre postérieure femelle. L'ouverture mâle mène à un organe creux et conique au fond duquel se trouve un renflement pyriforme entouré d'une masse grenue, ébauche d'une glande qui sera la prostate ; du sommet du cône part une verge filiforme, longue souvent de quatre à cinq centimètres ; le fond du cône, au contraire, reçoit des deux côtés les canaux déférents qui partent de deux grosses vésicules séminales dont les vaisseaux afférents sont fournis par une agrégation de neuf paires de testicules arrondis.

L'ouverture femelle conduit par un court vagin au grand organe creux et pyriforme, lequel communique par deux oviductes avec les ovaires. On voit que cette organisation est assez complexe. Il y a encore beaucoup de confusion de parties ; mais une assez grande distinction fonctionnelle est réalisée par cet articulé encore inférieur pourtant, et nous reconnaissons que nous sommes ici dans une phase où la relation doit marcher à grands pas.

Si nous passons aux décapodes, dont un type est connu de tout le monde, l'écrevisse, le progrès est bien plus grand encore ; les deux sexes sont complétement séparés.

La femelle présente un assez gros ovaire trilobé, tendance à la concentration de parties, mais qui laisse encore des traces de la division parcellaire antécédente. Cet ovaire, situé derrière le foie et sur le canal intestinal, donne naissance à deux larges oviductes qui embrassent le canal intestinal et les muscles de la queue, et s'ouvrent à la base de la troisième patte.

Le mâle a un testicule également trilobé, occupant la même place que l'ovaire de la femelle; il en part deux conduits déférents, grêles, longs et blancs, décrivant un grand nombre de tours sur eux-mêmes ; peu à peu ils augmentent de grosseur, puis tout à coup ils s'amincissent, et se dilatent pour se condenser plus loin, ce qui constitue une suite d'ampoules aboutissant à une verge longue de un à deux centimètres; logée dans l'intérieur du corps, elle sort probablement dans l'accouplement. De chaque côté, il y a deux petits appendices qui servent d'organes d'excitation.

L'araignée se rapproche, sous le rapport de l'organe reproducteur, du type que nous venons d'examiner. Il en est, en effet, pour cet organe comme pour le système nerveux, dont il suit pour ainsi dire la fortune; le progrès s'y fait lentement, quoique d'une manière constante. Toute l'extension prise par la relation, par l'agrandissement de l'organisme général, vient s'adjoindre à l'organe reproducteur fondamental, qui alors prête les éléments qu'il dégage toujours, pour un fonctionnement auquel les parties extérieures à lui concourent beaucoup plus que lui-même. C'est cette solidarité, méconnue pendant si longtemps, qui permet de comprendre comment les rapports multipliés évitent la formation d'organes plus multiples encore, quand il s'agit d'accomplir une fonction supérieure qui va si bien par la synergie mieux dirigée des organes existant déjà. N'oublions pas cela, car nous attendrions en vain la compréhension complète du grand acte reproducteur, si nous n'avions les yeux fixés que sur l'organe présentement sérié; il n'est jamais qu'un point d'autant plus important que la relation est plus minime. Il y a bien des gens qui s'imaginent le contraire; laissons-les errer, s'ils veulent tourner le dos à la lumière; quant à nous, servons-nous de tous les flambeaux et ne négligeons aucun renseignement.

L'organe reproducteur, comme point de départ, est, nous l'avons vu, une annexe de la membrane interne; eh bien. chez les insectes chez lequels ce que j'appellerai le tirage de la membrane externe est si puissant, notre organe a besoin de toute sa solidarité avec la relation pour ne pas disparaître. Il existe toujours et progresse, non pas avec une tendance à la concentration; il est dans les mêmes conditions que le foie, il va nous présenter de longs canaux souvent très-repliés. Il y a bien toujours testicules et ovaires, mais ils ne prennent la forme que de canaux déférents et d'oviductes; la sécrétion ovulaire et spermatique se fait pourtant toujours et il s'y adjoint même plusieurs glandes chargées d'accomplir certaines sécrétions auxiliaires.

Tel est l'aspect général de l'organe reproducteur dans cette phase remarquable de la zoologie; mais, comme mon affirmation ne serait pas suffisante, je décrirai quelques types qui viendront confirmer ce résultat qui semblerait peut-être trop sommairement indiqué.

La sauterelle a deux grands ovaires en forme de houppes qui se composent d'une multitude de vaisseaux ovariens appliqués les uns contre les autres. Ces deux ovaires aboutissent à un oviducte commun qui se réunit avec celui du côté opposé pour produire un court vagin dans lequel s'ouvre une petite vésicule pourvue d'un vaisseau sécrétoire particulier qui est flexueux et terminé en cul-de-sac. Au vagin est annexé un long pondoir, dans lequel passent les ovules; c'est déjà un artifice remarquable, nous en verrons bien d'autres en étudiant la progression du germe, comme élément et comme rapport.

Le mâle a deux testicules jaunâtres formés de conduits séminaux dont le canal excréteur produit un épididyme par ses circonvolutions; il reçoit ensuite deux faisceaux houppiformes de cœcums, et enfin s'ouvre dans la verge avec celui du côté opposé. Cette verge représente un corps en forme de langue qu'entoure un rebord cutané, armé de deux petits crochets.

Les libellules présentent une concentration plus grande, mais le type est toujours le même. Les organes mâles offrent une situation assez peu commune à ce degré de la phase zoologique; leur ouverture externe est reportée vers la partie antérieure du ventre, c'est-à-dire qu'il y a encore localisation vers le pôle supérieur, ce qui tend à diminuer déjà et ne se reverra guère désormais. Ces organes mâles, dans leurs parties fondamentales ou sécrétoires, sont toutefois situés intérieurement, comme les organes de la femelle, à l'extrémité postérieure de l'abdomen. Leurs deux testicules sont en outre assez simples et glanduliformes, et aboutissent à des conduits déférents simples et peu contournés. Le mâle de la libellule semble donc avoir été soumis à des conditions spéciales qui auraient fait rétrocéder son organe reproducteur. Je signale ce fait, parce qu'il est encore assez commun de voir certains organes accessoires être déviés chez des animaux dont l'ensemble porte le cachet de la supériorité. Ce ne sont pas des exceptions, au contraire, cela indique plus fortement que tout le reste la grande subordination des organes aux milieux.

Les femelles ont leurs organes internes concentrés en un tube en Y, aux branches duquel aboutissent une multitude de conduits ovariens, courts et serrés les uns contre les autres.

Les abeilles constituent une collectivité fort remarquable dont nous aurons à parler ultérieurement. La femelle, qu'on appelle la reine, a deux gros ovaires composés de nombreux sacs garnis d'une quantité considérable d'ovules. Ces deux ovaires ont un conduit excréteur commun qui aboutit au vagin et auquel s'unit une vésicule munie de deux vaisseaux sécrétoires.

Le mâle a deux testicules de structure tubuleuse, deux conduits déférents qui se dilatent inférieurement, deux grosses vésicules séminales qui servent de réservoir au sperme, plus une verge qui fait saillie au dehors en se renversant sur elle-même, ou en se retournant comme chez le limaçon ; il y a de plus des neutres qui ont l'organe reproducteur oblitéré : il y a donc, comme nous le verrons dans cette collectivité, une synthèse de plus concourant au but commun.

Dans le papillon, les organes femelles consistent de chaque côté en quatre oviductes longs, roulés en spirales qui forment deux conduits aboutissant à un vagin court, qui reçoit non-seulement une petite vésicule simple, bicorne et pourvue de vaisseaux sécrétoires, mais encore une poche plus volumineuse, destinée à être le réservoir de la semence que le mâle y déposera.

Les organes mâles sont : un corps testiculaire, sphérique, rouge et formé de deux moitiés; il en part deux conduits déférents, longs et grêles, à chacun desquels, avant qu'ils se réunissent en un canal commun, se joint un long vaisseau séminal contourné.

Les formes particulières diffèrent presque à l'infini dans les innombrables variétés du monde entomologique ; mais le principe seul m'intéresse. On en lira avec plus de fruit les descriptions des auteurs, on fera soi-même des recherches fructueuses, lorsqu'on prendra pour guide cette lumière qui ne s'éteint jamais. On ne croira pas avoir découvert une nouvelle Amérique, lorsqu'on reconnaîtra avec calme et avec plaisir une conformation qui n'a rien d'insolite, et dont la constatation ne vous mènera pas à la postérité ; ce ne sera plus une propriété qu'on se disputera avec acharnement, tout autre en pourra jouir s'il analyse sciemment le même insecte ; enfin ce sera un domaine commun que personne n'entourera de murs infranchissables, et deux honnêtes chercheurs pourront s'y rencontrer sans se prendre à la gorge ; ce sera un grand progrès d'obtenu.

Nous voilà aux vertébrés ; c'est, comme on voit, toujours la même marche ; la progression, en effet, s'opère toujours dans la même direction. L'organe reproducteur va s'avancer maintenant en se concentrant de plus en plus. La division des sexes est actuellement acquise, chaque synthèse sexuelle va désormais distinguer de plus en plus la fonction de chaque partie de l'organe. Cela est bien simple comme principe ; quelques descriptions en élucideront aisément les conséquences.

Les poissons se montrent à l'origine de cette phase zoologique ; chez la lamproie, un des plus infimes, le testicule et l'ovaire se composent de lames transversales très-simples, la semence et les œufs tombent dans la cavité abdominale qui s'ouvre à l'extérieur, derrière l'anus, au sommet d'une élévation conique.

Les raies et les squales femelles ont deux petits ovaires situés sous le foie, l'oviducte commence ici à se séparer de l'ovaire ; les deux oviductes, en effet, reçoivent l'ovule par une ouverture libre, située derrière l'anus et munie d'une saillie analogue à une verge ; c'est le premier vestige de ce qui sera plus tard le clitoris.

Les testicules occupent le même emplacement que les ovaires, ils sont allongés et assez petits. Chaque conduit excréteur forme un grand nombre de circonvolutions, constituant un épididyme situé derrière le testicule, il descend ensuite en serpentant au devant des reins, puis s'élargit ; après quoi, plissé en travers dans son intérieur, il se réunit à l'uretère du même côté : voilà un rapport important qui s'établit déjà en ce point avec l'organe dépurateur urinaire, notons-le, notre chapitre suivant aura pour but de couler cette question à fond. Réuni à l'uretère, il s'ouvre tout auprès de celui du côté opposé, à la base de la verge, dans le cloaque.

Dans les poissons qu'on nomme osseux, les ovaires forment deux grands sacs, s'étendant de chaque côté du canal intestinal jusqu'au-dessous du foie et sont attachés à une sorte de mésentère, résultat de la gangue intermédiaire dans laquelle ils se sont développés. Nous verrons cette gangue naître, s'agrandir et s'organiser dans la sériation des formations organiques. Les ovaires, au lieu d'être tubuleux comme chez les insectes, font comme le foie, ils se concentrent et se glandulifient de plus en plus ; ici il y a déjà des lamelles à l'intérieur, sur lesquelles bourgeonne l'ovule qui fait de plus en plus partie de la synthèse organique, dont il se détachera au meilleur moment. La reproduction est le côté prépondérant de la relation chez les poissons, aussi les ovaires remplissent-ils presque toute la cavité abdominale. Les sacs ovariens s'ouvrent immédiatement derrière l'anus, par deux oviductes très-courts qui ne tardent point à se réunir en un seul et communiquent avec l'aboutissant des organes urinaires.

Les testicules présentent deux sacs analogues que le vulgaire appelle la laitance ; ils sont aussi façonnés en lamelles très-minces qui sécrètent le sperme ; ils ont deux canaux déférents fort courts qui suivent le même trajet que l'oviducte : il n'y a pas à insister à cet égard.

Les reptiles continuent à sérier l'organe reproducteur comme ils continuaient à sérier les organes circulatoire et nerveux. Ceux qui ont des branchies accusent bien la transition ; chez eux, le point de départ rappelle la disposition que nous avons vue chez les raies et les squales. Le protée offre à la partie inférieure de l'abdomen deux ovaires allongés ; des deux côtés du corps de ces ovaires partent deux longs oviductes flexueux, descendant jusque derrière le tiers supérieur du foie, où ils montrent un large orifice qui s'ouvre inférieurement dans le cloaque. Les testicules du mâle, disposés de la même manière, ont cela de remarquable qu'ils tiennent à l'extrémité inférieure des vésicules pulmonaires ; ils ont un petit épididyme, mais se terminent d'ailleurs comme l'oviducte des femelles.

Les grenouilles ont les ovaires situés à la région lombaire, chacun d'eux se divise en plusieurs lobes dont on compte quelquefois jusqu'à neuf ; la concentration, comme on voit, n'est pas encore bien avancée ; ce sont des membranes minces sur lesquelles se développent les ovules. L'oviducte est ouvert par le haut, des deux côtés, entre le cœur et le foie ; la séparation entre l'ovaire et l'oviducte est ici plus patente. Ces oviductes peuvent être comparés à l'état qui dans les mammifères leur a valu le nom de trompes de Fallope, du nom de l'anatomiste qui les a décrites dans ces animaux ; quoi qu'il en soit, ils descendent en serpentant beaucoup le long de la colonne vertébrale et, avant de s'aboucher au cloaque, ils forment une ampoule considérable où les ovules s'accumuleront au moment voulu.

Les mâles ont deux testicules ovales présentant

déjà l'aspect grenu, leurs deux conduits déférents sont unis aux uretères et aboutissent comme l'oviducte à une vaste ampoule qui sera le réservoir du sperme; c'est la vésicule séminale qui s'individualisera davantage plus tard.

La salamandre est à peu près disposée de même; je ne la cite que parce que la verge commence là par une division de parties manifeste: ce sont deux petits replis triangulaires du cloaque, rudiment sensible d'une double verge qui arrivera plus tard à se concentrer.

Les serpents ont deux ovaires oblongs, implantés de chaque côté du rachis, au-dessus des reins. Les oviductes ont une longueur considérable et s'ouvrent avec les uretères dans le cloaque. Les mâles ont de chaque côté un testicule allongé et un canal déférent très-contourné qui s'ouvre dans le cloaque avec celui du côté opposé, à la base d'une verge presque toujours double qui, sans faire une grande saillie, permet pourtant l'accouplement.

La tortue a deux gros ovaires placés au fond de la cavité abdominale; les ovules sont déjà recouverts complétement par une membrane très-vasculaire qui, après leur sortie, reste sous la forme d'un calice et finit par s'oblitérer. Les oviductes sont très-longs et attachés à un mésentère très-vasculaire. Remarquons cette augmentation de l'élément vasculaire autour de l'organe reproducteur; la progression du germe nous l'expliquera bientôt. Les deux oviductes dilatés à leur partie inférieure s'ouvrent dans le cloaque; à droite et à gauche leur sont adossées deux poches membraneuses, rudiment d'une vessie urinaire.

Le mâle présente au-dessous des reins deux testicules ovales, d'un jaune rougeâtre, dont le canal déférent, volumineux et noirâtre, forme une sorte d'épididyme avec la vésicule séminale, longue et roulée sur elle-même. Ce canal s'ouvre dans le cloaque à la base d'une grosse verge linguiforme, que nous étudierons tout à l'heure en la comparant à ce qui la précède et à ce qui la suit dans la sériation de l'aboutissant ano-génito-urinaire.

Désormais, en effet, le grand travail, outre la concentration de l'organe reproducteur et la distinction de ses parties au point de vue des fonctions, le grand travail s'opérera sur ce fameux aboutissant; nous nous réservons d'en parler à part, nous passerons donc rapidement sur ce qui nous reste à dire au sujet de l'organe reproducteur proprement dit, c'est-à-dire celui qui élabore les ovules et le sperme ; le reste ne lui appartient pas.

Chez les oiseaux, la forme ovarique est encore la même, mais cette phase s'épuise par une définitive concentration. L'ovaire est le plus souvent unique, et, du côté gauche, l'autre présente quelquefois des rudiments, bien plus rarement il arrive au complet. L'ovaire est situé en avant de l'aorte, au-dessus des reins et au-dessous du foie, il a la forme d'une grappe de raisin. Comparé aux sacs ovariens fermés de la plupart des poissons, il peut être regardé comme un sac ovarien fendu. L'oviducte, qui vient après, commence par un orifice infundibuliforme à parois membraneuses très-minces, acquiert peu à peu une forme et une structure semblables à celles d'un intestin ordinaire, si ce n'est qu'il est apiati et plus mou. Il est maintenu aussi par un mésentère, et gagne le cloaque en décrivant plusieurs circonvolutions. C'est tout un appareil que nous trouvons ici, c'est presque un intestin ; c'est que l'ovule est ici gigantesque, il épuise une de ses phases, et là où un petit tube imperceptible suffisait jadis, il faut maintenant un sac entier, muni de membranes multiples, de vaisseaux nombreux. L'organe reproducteur n'a donc rien d'exceptionnel; c'est un organe, rien de plus, les lois organiques lui sont applicables; nous reconnaîtrons que le germe n'est guère plus miraculeux, puisqu'il lui faut tant de conditions sériées pour accomplir sa fonction spéciale, et que pour la rendre parfaite il lui faudra encore utiliser bien d'autres rapports.

La membrane interne de ce gigantesque oviducte, qui n'est plus un simple lieu de passage, mais la partie la plus importante peut-être de l'organe reproducteur, la membrane interne varie suivant les points où on la considère. Elle ressemble d'abord tout à fait à la membrane villeuse de l'intestin, puis elle devient plissée; plus loin elle offre de longues villosités, enfin elle redevient lisse et plissée en long. L'oviducte, ainsi composé, s'ouvre toujours dans le cloaque auprès du rectum et à gauche.

Les organes mâles restent dans le type inférieur offert par les reptiles. Cela se conçoit, le sexe mâle est, nous l'avons dit, le sexe de la relation ; ici cette relation est bien supérieure à la reproduction, qui incombe presque en entier à la femelle. Les oiseaux mâles sont forts, chantent, ont un plumage superbe, autant d'éléments de rapports; ils se battent entre eux pour se disputer la femelle, et le plus fort restera maître du champ de bataille, pour donner à l'ovule la meilleure synthétisation possible, à l'aide du sperme le plus puissamment élaboré.

Les testicules sont doubles, situés également à l'extrémité supérieure des reins, des deux côtés de l'aorte; leur volume varie suivant les époques, suivant qu'ils agissent ou qu'ils sont en repos. Leur forme est ovale, ils sont bien concentrés, caractère de la supériorité actuellement acquise; leur couleur est jaunâtre; ils présentent une substance tassée, molle; une membrane vasculaire mince les entoure. Plusieurs conduits séminifères partent de chaque testicule, se réunissent en un conduit flexueux, pour constituer un épididyme; il s'y rattache de plus un vaisseau séminifère particulier, terminé en cul-de-sac qui remonte vers les capsules surrénales : ce doit être un vestige de la première confusion du rein et du testicule. Le canal étendu de l'épididyme au cloaque est étroit, flexueux et immédiatement collé à l'uretère ; il s'ouvre dans le cloaque par une petite ampoule analogue à une vésicule séminale. Il y a, en outre, une petite glande représentant celles que nous avons vues déjà et qui peut être considérée comme le vestige de ce qui deviendra la prostate.

Les mammifères qui, nous le reconnaîtrons dans l'examen de la sériation des synthèses zoologiques, commencent une nouvelle phase, offrent une transition remarquable. Ils concentrent de plus en plus les parties de l'organe reproducteur, et arrivent à mettre le comble à la perfection dont il est susceptible.

Les ovaires sont toujours doubles. On y aperçoit d'abord clairement le développement des vésicules ovariennes, où se manifeste le premier élément du germe, l'ovule ; ces ovaires sont encore, dans les premiers degrés, composés de plusieurs masses globuleuses; mais, au lieu des tubes primitifs, des lamelles secondaires, des grandes poches antécédentes, tout cela est resserré de plus en plus, et chaque particule ovarique est devenue un organe indépendant, une synthèse complète qui se fond dans la synthèse générale de l'ovaire proprement dit; au lieu d'un simple mésentère, il y a là une enveloppe compliquée, fournie par le péritoine; d'abord il se forme à la surface de l'ovaire des capsules péritonéales sur lesquelles s'ouvre la trompe de Fallope, mais plus tard l'enveloppe est lisse, et ne forme plus que de vastes replis latéraux qui assujettissent l'ovaire en le protégeant.

L'oviducte est ici nommé trompe de Fallope; il a bien perdu de l'importance qu'il avait chez les oiseaux; il est séparé de l'ovaire. A sa partie supérieure, la seule qui soit digne de remarque, se développe un entonnoir frangé qu'on appelle le pavillon, chargé de recueillir l'ovule détaché de l'ovaire et de le conduire, par un trajet plus ou moins long, plus ou moins flexueux, au grand réservoir créé par la progression du cloaque; je veux parler de la matrice. La trompe n'est donc ici qu'un simple canal de communication, resserré, fibreux, résistant, aussi condensé que possible; il y en a un de chaque côté, s'ouvrant dans la matrice, de la façon que nous dirons en étudiant cet organe, dont nous n'avons pas à nous occuper ici.

Les organes mâles, chez les mammifères, s'individualisent de plus en plus en se séparant de leur point d'attraction première, le canal intestinal, et de leur gangue primitive comme formation, l'organe urinaire. Ce caractère particulier, qui tient aux progrès rapides d'une concentration plus grande des parties unie à une plus grande distinction fonctionnelle, nous rend bien compte de ce que nous allons rencontrer.

Les testicules des mammifères sont de structure fibreuse, cela se conçoit, ils sont au terme de l'évolution, ils doivent donc être condensés. Ils sont formés par la concentration d'une grande quantité de tubes très-fins, contournés sur eux-mêmes. Cela n'étonnera pas ceux qui suivront exactement l'organe depuis le point où je l'amène, mais il serait bien malaisé de le comprendre, si on l'exposait ici pour la première fois. Le testicule a une enveloppe protectrice fibreuse, très-forte, qui, par un repli interne, soutient les tubes circonvolutionnés ; c'est ce petit artifice si simple, qui, examiné par un anatomiste porteur d'un nom peu rassurant, a constitué le corps ou l'antre d'Hygmore : ne tremblez point, ce n'est pas plus effrayant que cela.

Ces testicules, toujours doubles, sont plus volumineux chez les mammifères inférieurs dont la reproduction est la relation la plus élevée ; ils diminuent dans la suite. Ils éprouvent dans la phase présente une migration intéressante qui tend à les amener du pôle supérieur et interne, où ils sont restés si longtemps, au pôle inférieur et externe, où ils devront rester désormais. L'ornithorhynque, l'éléphant, les conservent toujours dans la cavité abdominale. Chez d'autres mammifères, ils font un petit voyage d'agrément de l'abdomen au dehors, puis ils rentrent à l'époque de l'accouplement, pour redescendre après s'être acquittés en conscience de leur fonction : tel est le cas des rats, des écureuils et de beaucoup de rongeurs. Enfin, comme rien ne se fait brusquement, ils sortent définitivement de l'abdomen et ils se logent successivement sous la peau de la région inguinale, comme chez la loutre, ou du périnée chez le cochon, ou dans un sac particulier, fourni par un des clivages superficiels de la membrane externe, le scrotum. L'homme, qui est l'être relatif par excellence, le couronnement de toute sériation, dans cette direction a le scrotum pendant, mais la petite promenade testiculaire ne sera pas épargnée à son individu, seulement elle s'accomplira pendant la période embryologique; nous verrons plus tard pourquoi.

L'organe ainsi expatrié, pour ainsi dire, n'en est que plus personnellement protégé ; il a trois ou quatre enveloppes à son service : 1° la peau à l'extérieur; 2° un tissu particulier nommé membrane érythroïde qui double cette peau ; 3° une fibreuse, nommée tunique albuginée; 4° enfin il a encore une autre tunique : vous voyez que c'est un véritable vestiaire ! Cette dernière enveloppe est la tunique vaginale, de l'ordre des séreuses, dont nous reconnaîtrons plus tard la formation. Tout cela s'isole bien à la fin; mais à l'origine de la descente, la séreuse abdominale, nommée le péritoine, continue à entourer son cher testicule, qu'elle ne voudrait pas voir sortir de son sein; il y a une vaste ouverture de communication qui finit par se fermer chez l'homme : quelques fibres musculeuses constituent le crémaster et sont là pour remonter l'organe quand le besoin s'en fait sentir ; c'est le fameux *gubernaculum testis*, en français, *gouvernail du testicule,* dont le mécanisme est des plus simples et dont on ne s'occupe qu'à cause du nom latin qu'on a jugé à propos de donner à cet instrument.

Les vaisseaux excréteurs sortis de chaque testicule se concentrent aussitôt, le progrès est là trop fort pour permettre à la division de parties de subsister ;

ils se réunissent en un canal commun, très-replié sur lui-même, c'est l'épididyme, dont nous avons vu déjà l'analogue se pelotonner bien souvent sous nos yeux. Son volume est subordonné à celui du testicule, et il tend à adhérer de plus en plus au corps testiculaire; c'est l'attraction puissante de la concentration de parties.

De l'épididyme partent les canaux déférents, un de chaque côté, autre concentration ; ils remontent vers le pli de l'aine, s'enfoncent dans le canal inguinal, et vont s'insérer au col de la vessie, portion distincte, sortie de la confusion primitive du cloaque.

Telle est la progression de l'organe reproducteur, réduit à sa simplicité réelle ; tout ce qui n'est pas là en a été par moi séparé à dessein ; n'ayez crainte, je ne fais pas de tours d'escamotage, je n'ai pas la moindre muscade à faire disparaître, tout se trouvera et mieux à sa place que jamais, puisque la série aura tout disposé.

CHAPITRE XXXVI.

Formation progressive de l'aboutissant ano-génito-urinaire.

Une des considérations principales qui m'ont fait renoncer à la description pure, et qui m'ont conduit à invoquer le secours de la série, c'est l'étude même des descriptions organiques faites par les hommes du plus grand talent. Quand j'eus reconnu que les plus belles intelligences, favorisées par les meilleures conditions, ne pouvaient que se perdre dans la minutie sans jamais se relever que par un manque de logique qui les poussait malgré eux à recomposer leurs détails, je me dis qu'il était inutile de s'en prendre aux hommes; je m'affirmai que d'autres ne feraient pas mieux, et ne pourraient qu'être encore plus insuffisants, parce qu'ils ne seraient que des échos. Je méditai longtemps, je retournai la situation dans tous les sens, et un beau jour, ressoudant le passé à l'avenir, je marmottai timidement le grand mot d'Archimède: «Εὕρηκα (j'ai trouvé)!» Oui, j'avais trouvé la loi qui doit présider aux travaux présents! On avait épuisé le détail, l'élément était déjà imperceptible, le microscope semblait ne plus suffire pour l'atténuer, les adeptes se précipitaient avec ferveur dans l'invisible, pendant que le cantique symbolique retentissait au-dessus de leur tête.

J'avais trouvé, non pas la série, elle existe depuis qu'il existe un cerveau humain, mais, qu'on me permette cette expression triviale, la manière de s'en servir : renoncer à l'absolu en bas, en déclarant l'élément suffisamment constitué ; renoncer à l'absolu en haut, en déclarant le symbole vain et nominal, et y substituer une patiente et lucide sériation, de l'unité aux dizaines, des dizaines aux centaines, aux mille, etc., c'était la simple numération appliquée aux réalités objectives. L'unité c'est l'élément, la dizaine l'organe, la centaine la synthèse, la collectivité les mille, etc.; tout cela mis en rapports constants, tout aussi graduels, et donnant lieu à des fonctions diverses et sériaires ; c'était bien petit, n'est-ce pas? et pourtant j'eus la hardiesse de me dire bien bas, bien bas : « J'ai trouvé. »

C'est cette pauvre petite découverte que j'effeuille dans les pages si longues que j'ai déjà noircies ; et, comme tout n'est pas rose dans le métier d'inventeur, me voilà dans le cloaque ! laissez-m'y seul, cher lecteur, si cela vous répugne, la méthode ne vous en sera pas moins acquise : son mérite est d'être toujours sur ses pieds et de braver même la sentine, certaine qu'elle est de retirer des perles des plus nauséabondes immondices ; pardonnez-lui, cela est nécessaire, mais par tempérament elle n'a pas les goûts dépravés.

Pour qui se contente de jeter les yeux sur les formes communes qui frappent forcément l'homme vivant, rien ne semble plus fixe, plus immuable que ce qui est vu ainsi. La bouche, les narines semblent être là de toute éternité chez l'animal supérieur que l'on contemple ; la verge, la matrice, la vessie et l'anus paraissent avoir été délimités là tout d'un coup. Il n'en est rien pourtant, et cette illusion si commune n'a sa raison d'être que dans une constatation superficielle d'une forme qui ne fait que symboliser une synthèse que l'on n'a pas élémentarisée. Les anatomistes, eux, tombent dans l'erreur contraire, ils dissèquent les diverses synthèses organiques dans tous les animaux où ils les rencontrent, mais ils ne constatent que des éléments, recommencent la même chose sur tout organe qui tombe sous leur scalpel, et après avoir bien détaillé, ils restent enfouis sous les in-folio de leurs notes. Les organes ont disparu pour se résoudre en leurs éléments, et si le nom imposé *a priori* par le vulgaire ne les protégeait pas, ils disparaîtraient dans la poussière de l'atome, sans que personne songeât à les reconstituer.

Il est temps que cesse ce jeu de cache-cache qui se joue dans les anfractuosités du cerveau humain. Il faut du détail remonter à la synthèse, et alors on n'aura plus rien à craindre du nom qui est souvent bien trouvé ; la vieille question des réalistes et des nominaux s'épuisera dans l'affirmation d'une nominalité réelle : puisse cet heureux jour se lever bientôt!

Les disséqueurs eux-mêmes ont compris que leur descriptive était insuffisante ; aussi ont-ils créé une anatomie qu'ils ont appelé de régions, toujours la conséquence au lieu du principe. Pourquoi ne pas appeler cela de l'anatomie synthétique? vous touchiez alors à la vérité. Cette anatomie régionale, d'ailleurs, a été faite aussi descriptive que possible, et l'on n'est arrivé ainsi qu'à créer des spécialistes de plus.

Eh bien, le présent chapitre est de l'anatomie régionale, synthétique, si l'on veut : mais bien loin d'être basé sur l'analyse, qui se perd dans les nébulosités des différences, il s'appuiera sur la marche progressive de ces formations remarquables qu'on a isolées à plaisir ou qu'on n'a su réunir que nominalement par une appellation repoussante, le cloaque.

On ne comprendrait rien à ce cloaque qu'on a plus scientifiquement appelé vestibule génito-excrémentitiel, si l'on ne prenait la peine d'en suivre la sériation à travers toute l'évolution zoologique ; nous lui donnons le nom d'aboutissant ano-génito-urinaire, pour exprimer tous les éléments qui le composent, et qui se synthétisent de plus en plus jusqu'à façonner des organes distincts qui n'ont plus de rapport commun que d'être un aboutissant vers le pôle inférieur des trois courants susexprimés.

L'élément zoologique, nous l'avons dit, a deux membranes fondamentales, l'interne et l'externe, d'abord hermétiquement fermées, et ne communiquant que par leurs pores; bientôt un pertuis apparaît au pôle supérieur, qui, devant toujours dominer, se manifeste nécessairement le premier. Il y a là confusion de parties et de fonctions, caractère d'infériorité. Cette ouverture est la bouche qui absorbe, mais elle est en même temps l'anus qui rejette; à ce moment elle n'est donc qu'alimentaire, dans un instant elle va être excrémentitielle et génitale, ce sera donc un vestibule génito-excrémentitiel, ce sera un cloaque. Ce cas est bien manifeste, comme nous l'avons vu dans les premiers degrés, où l'estomac reçoit les germes et les rejette en même temps que les résidus alimentaires, qui sortent ensemble par la bouche, laquelle fait alors parfaitement fonction d'anus.

Bientôt le pôle supérieur se distingue de mieux en mieux, et l'autre pôle, qui deviendra plus tard tout à fait inférieur, en est encore fort rapproché. L'anus se sépare de la bouche, l'excrétion germinale ne se fait plus ni par l'un ni par l'autre, mais souvent entre les deux, comme chez le limaçon hermaphrodite, où la confusion de fonctions qui a cessé d'exister sur ce point, parce que l'animal est supérieur, se reporte sur les organes reproducteurs eux-mêmes qui, quoique distincts à l'intérieur, sont encore confondus à leur point excréteur, lequel est d'ailleurs fort élevé de même que l'anus, comme nous l'avons démontré par surcroît.

Arrivons au sommet de la phase mollusque, un progrès est accompli : c'est celui de la séparation sexuelle ; mais la confusion recommence d'un autre côté. La bouche est distincte, mais l'intestin, la bourse du noir et l'organe reproducteur, s'ouvrent en un point commun, en dedans de la grande ouverture infundibuliforme, située à la région antérieure du cou, par laquelle sortent les excréments, les ovules ou la semence, et l'*encre*, cette représentation de la dépuration urinaire future.

Les articulés ont plus de bonne heure isolé les deux pôles. Rappelez-vous la sangsue, elle a la bouche en avant, l'anus en arrière. Eh bien, il y a chez elle confusion des deux sexes ; elle est hermaphrodite : l'organe mâle est tellement supérieur, qu'il s'ouvre à la partie antérieure, mais l'organe femelle s'ouvre à la partie postérieure ; il y a là éparpillement, la concentration arrivera plus tard ; la confusion porte surtout sur la fonction, c'est un caractère d'infériorité.

Il est inutile d'accumuler les exemples, ce serait nous répéter, et nous avons hâte d'arriver à exposer du nouveau. Après une oscillation assez grande, les deux sexes se sont séparés, la bouche est bien en haut, l'anus est tout à fait en bas, l'animal lui-même est de plus en plus allongé ; la polarité n'est plus confondue ; c'est alors que tend à se constituer en bas ce cloaque que nous avons vu si complet en haut. Rappelez-vous que la progression s'opère par des décompositions et des recompositions successives ; mais, s'il y a des répétitions, il n'y a pas de bavardage ; que ceux qui ont des oreilles entendent, et l'esprit ne leur tournera plus.

Les vertébrés ont la destination sexuelle irrévocablement acquise, les deux pôles sont irrévocablement fixés par la force de la progression accomplie ; la dépuration urinaire s'y montre définitivement : voilà les trois courants que nous avons indiqués ; il s'agit de constater la manière dont leur mise en œuvre se comporte, et nous trouverons, en stigmates indélébiles, écrite là notre grande loi du progrès, accomplie en partant de la confusion parcellaire pour marcher à la division de parties, qui tend à constituer des fonctions distinctes dans des organes de plus en plus concentrés.

Les poissons débutent par une infériorité. Chez eux les fèces se rendent à un point antérieur isolé, l'anus, mais la concentration parcellaire n'est pas assez grande pour y englober l'aboutissant génito-urinaire, qui tient à des organes très-nouvellement formés; celui-ci s'ouvre isolément en arrière de l'anus; un pas de plus et cette concentration s'accomplira. Les trois courants aboutissent au même confluent, le cloaque sera de nouveau recomposé ; s'il disparaît ensuite, ce sera pour synthétiser de plus en plus ses éléments par une marche continue depuis ce premier point de confusion jusqu'à la plus grande distinction.

Une remarque indispensable à faire, c'est que l'organe urinaire et l'organe reproducteur, qui sortent de la même gangue interne, ont dans leur direction vers l'extériorité une grande solidarité.

Chez les reptiles, la fusion est définitive, le cloaque est maintenant formé de tous ses éléments initiaux ; on avait longtemps commis une erreur en s'imaginant que le cloaque contenait les fèces ou excréments intestinaux dont il était le réservoir spécial ; cela est faux, c'est un lieu de passage commun aux trois excrétions, voilà tout ; c'est dans le rectum et dans le cœcum que séjourne la matière fécale, de même que l'urine est retenue souvent dans des dilatations de l'uretère, comme chez les serpents et dans certaines ampoules munies même de sphincters. Comme nous l'allons voir, les ovules de même sont retenus dans l'oviducte, et le sperme s'accumule dans les ampoules diverses du canal déférent. Il y a confusion actuellement, voyons donc comment tout cela va se distinguer ultérieurement.

L'aboutissant intestinal n'aura pas grands frais à faire pour s'individualiser; il suffira que les deux autres se personnifient et le laissent à l'arrière; il aura dans le rectum une ampoule suffisante pour que son produit s'y accumule et pour peu qu'il s'établisse à son orifice un sphincter, c'est-à-dire un anneau musculaire mobile qui rende son fonctionnement intermittent, il sera au grand complet, rien n'est plus aisé que de se figurer pareille chose.

Le second aboutissant qui sera travaillé le premier pour arriver à sa perfection, ce sera l'urinaire. Chez les reptiles, les uretères arrivent toujours dans le vestibule commun, en compagnie plus ou moins intime des conduits reproducteurs; mais déjà se dessinent entre le cloaque et le rectum certaines ampoules accessoires dans lesquelles l'urine s'accumule; on y voit poindre même des sphincters qui, tout en laissant le liquide se verser dans la passe commune, indiquent que là se développera un organe particulier. Un fait plus remarquable encore, c'est l'apparition en avant du cloaque de certaines poches qui, à la vérité, ne reçoivent pas les uretères, lesquels s'ouvrent toujours en arrière, mais dans lesquelles s'accumule un liquide limpide, le plus souvent aqueux, qui se déverse après dans le cloaque.

Il est supposable que là s'accumule l'eau absorbée par la peau ou pompée immédiatement par l'anus de l'animal et qui ensuite est rejetée en temps opportun. Ce phénomène est surtout fort visible sur le crapaud, qui lui doit une réputation fâcheuse, parce qu'on l'a accusé de lâcher ainsi son venin, ce qui est une pure calomnie; cette bête est assez repoussante pour ne pas être encore accablée par l'accusation d'un crime imaginaire; le crapaud n'est même pas à la hauteur de l'animal dont le poëte disait :

> Cet animal est fort méchant :
> Quand on l'attaque, il se défend.

Les oiseaux semblent faire de leur cloaque le séjour de prédilection de leur urine. Les plus carnivores d'entre eux lâchent l'urine avant les fèces; pourtant il commence à y avoir une tendance à la distinction. L'autruche et le casoar ont la faculté d'évacuer séparément leur urine et leurs excréments; c'est chez les mammifères seuls que la séparation a lieu au moyen d'une véritable vessie.

La transition s'opère chez les ornithorhynques, qui ont encore les uretères aboutissant dans le cloaque, quoiqu'il y ait une ampoule vésicale parfaitement dessinée. Le progrès définitif s'accomplit lorsque les uretères aboutissent à la poche urinaire, laquelle se trouve définitivement séparée du rectum en ce qu'elle a un aboutissant particulier, muni d'un sphincter, comme l'anus; ce sphincter est le col de la vessie, laquelle continue à avoir des rapports très-importants avec l'organe reproducteur, dont l'organe urinaire n'a pas cessé de suivre la fortune. Nous allons maintenant assister à l'individualisation du troisième aboutissant, et nous verrons alors comment le rapport génito-urinaire est établi.

Jusqu'à présent la progression n'est pas douteuse. Tout cela était confondu, peu à peu l'anus s'est mis à l'écart, la vessie s'en est séparée définitivement ; reste un large espace intermédiaire à combler, c'est l'aboutissant génital qui en est chargé.

Les deux sexes étant portés par des synthèses distinctes pour constituer une collectivité, il nous faut considérer notre progression chez l'un et chez l'autre sexe, et nous reconnaîtrons sans peine que le mâle, agrandi du côté de la relation, est supérieur par la concentration plus grande des parties, par la multiplicité des artifices, par un emprunt plus tard à la membrane externe. Quant au sexe femelle, la transformation se fera *in situ* comme on dit, c'est-à-dire sur place, sans évolution considérable ; la loi de concentration aura lieu, mais plus dans l'organe lui-même que dans les organes de rapport ; il y a prédominance interne, tout se passe dans la profondeur, aussi y a-t-il là une grande simplicité d'appropriation d'organes existant précédemment. Le mâle, au contraire, élaborera un assez grand nombre d'organes nouveaux pour que la relation qui lui incombe devienne plus étendue et plus perfectionnée.

Commençons par le côté le plus simple ou le plus inférieur, ce qui est la même chose ; exposons la transformation de l'aboutissant général femelle, qu'il faut sortir du cloaque pour le constituer définitivement.

On n'a pas oublié l'importance immense qu'avait pris l'oviducte chez l'oiseau ; il était concentré d'un seul côté, à gauche ; mais, avant de s'ouvrir dans le cloaque il s'était organisé de la façon la plus complète pour amener l'oviducte à l'état le plus synthétisé dont il fût susceptible, comme nous le reconnaîtrons en étudiant celui-ci. Faites un pas de plus, que l'oviducte n'ait besoin que d'une synthétisation sommaire et que l'organe qui l'élaborait tout à l'heure doive être attaché à la *collectivisation* du germe, mot nouveau qui remplace l'incubation, et l'oviducte des oiseaux deviendra la matrice des mammifères ; la trompe de Fallope sera le vestige de l'organe premier, l'ovaire restera à sa place et tout sera dit. — L'anus est séparé en arrière, le reste du cloaque appartient à la matrice, qui l'accapare pour en faire un vagin ; l'urine seule réclamera encore sa part, qui lui sera bientôt refusée quand le progrès lui aura creusé un canal particulier.

Il ne suffit pas de considérer un organe, il faut encore en envisager tous les rapports. Le bassin, ceinture osseuse du pôle inférieur, suit la même marche progressive, il s'élargit et se concentre à mesure que l'évolution l'exige ; les os marsupiaux et leur poche vont tout à l'heure nous le démontrer. Il faut aussi qu'il se limite et qu'il se ferme : il était jadis largement ouvert, il va se restreindre de plus en plus. Le cloaque, en disparaissant dans des ampoules profondes, rectum, matrice, vessie, laisse de l'espace entre les différents canaux qui se taillent dans sa dépouille ; eh bien, entre l'anus et l'ouverture génitale se comble un espace, c'est le périnée, qui cède encore bien du terrain à l'ouverture vaginale, qui constitue la vulve. La vessie, partant d'une confusion vaginale, s'avance à l'indépendance et sort enfin à travers un petit organe, le clitoris, vestige efféminé de la verge virile. Entre la vulve et l'ouverture clitoridienne, il y a un espace, le vestibule, et enfin, au-dessus, se trouve un espace plus solidement rempli et plus large encore, c'est le pubis. Tout cela grandira chez le mâle, mais je désirais montrer ici comment on assiste progressivement à des formations variées.

Voulez-vous un exemple patent de ce que j'appelle la concentration parcellaire provenant comme supériorité de la division de parties? Regardez les phases diverses par lesquelles passe cette matrice qui vient, par un tour de baguette sériaire, de naître, et qui va nécessairement progresser chez l'ornithorhynque, transition si précieuse, que les classificateurs n'ont pas essayé de maudire, parce qu'il vient de la Nouvelle-Hollande et qu'il a été un grand sujet de curiosité, d'amusement et de dispute pour les honorables qui ont daigné s'en occuper ; l'ornithorhynque a chaque oviducte dilaté un peu à sa partie inférieure, ce qui forme une espèce de matrice s'ouvrant dans un court vagin vis-à-vis celui du côté opposé, de telle sorte que l'orifice de la matrice véritable se trouve entre les orifices des deux matrices ainsi constituées.

Les marsupiaux, qui ont les organes collectivisateurs du germe moitié internes moitié externes, ce à quoi tient qu'ils aient des os marsupiaux, division de partie du bassin, lesquels supportent une poche marsupiale, division de la peau du périnée ; les marsupiaux ont une matrice un peu spéciale, mais qui fait pourtant la transition de celle de l'ornithorhynque à celle des rongeurs, que nous signalerons après. Il y a ici, dans le vagin, deux ouvertures ayant entre elles l'orifice urinaire ou l'urètre ; chacune de ces ouvertures conduit à un canal particulier qui ressemble à une matrice ordinaire, en forme d'intestin, ce qui rappelle assez l'organisation du vaste oviducte des oiseaux. Ce canal, fortement recourbé en dedans, se confond, à son extrémité supérieure, avec celui du côté opposé. Cela constitue une vaste cavité médiane, commune, terminée en pointe par le bas. Un bourrelet longitudinal partage incomplétement en deux moitiés cette cavité médiane, qui paraît être fermée en bas, hors l'état de grossesse. Les deux canaux latéraux s'emplissent d'une matière gélatineuse épaisse, sécrétée par cette matrice ; cela sert à protéger le petit quand il sort ; c'est un artifice, mais nous en verrons tant d'autres, que celui-là ne paraîtra qu'un accident. Je le note pourtant, puisqu'il se présente ici.

Que cette matrice subisse un degré de concentration, la portion médiane disparaîtra, les deux parties latérales prendront plus d'importance, et nous aurons la matrice tout à fait double que l'on rencontre chez la plupart des rongeurs, lièvres, rats, souris, etc. ; elle s'ouvre dans le vagin par deux orifices bien distincts et saillants ; chaque moitié ressemble à un intestin, après cela l'organe se concentre encore et ne forme plus au milieu qu'un seul corps, mais par les côtés il se prolonge en deux cornes. Alors il n'y a plus qu'une seule ouverture en bas : puis les deux cornes diminuent peu à peu, l'orifice inférieur augmente d'autant, acquiert ce qu'on appelle un col, puis prend une forme qui lui a valu le nom de museau de tanche. L'organe arrive enfin à son dernier progrès et il est alors pyriforme, bien concentré, bien condensé, presque fibreux, muni de nerfs, de vaisseaux sanguins ; il est bien établi entre le rectum en arrière et la vessie en avant. La matrice est ici soutenue, non-seulement par le péritoine, mais par des ligaments; ceux qui descendent de la région des piliers du diaphragme, disparaissent plus tard quand la matrice est mieux concentrée, et alors il ne reste plus que les ligaments ronds qui sortent par l'anneau inguinal en suivant le même trajet que le canal déférent du testicule et vont se fixer solidement au dehors. Il y a de plus des ligaments larges, mais ils font partie des enveloppes péritonéales de l'ovaire et ne soutiennent la matrice que secondairement.

Le cloaque absorbé ainsi ne laisse plus à la partie inférieure qu'un espace vide, c'est le vagin qui va l'occuper. L'ornithorhynque et le castor n'ont pas encore opéré la séparation définitive par en bas, mais le cloaque joue de son reste; l'heure est arrivée où il va disparaître. Chez les tardigrades et les édentés, chez le phoque même, l'anus se sépare enfin, mais le vagin, qui en reste encore très-rapproché, se confond toujours avec l'urètre. Chez les marsupiaux, une nouvelle distinction s'ébauche, l'ouverture urétrale se trouve très-haut, presque immédiatement auprès de celle de la matrice. Chez l'ours et la genette, l'orifice urinaire s'ouvre encore très-haut dans le vagin; puis enfin l'urètre se sépare définitivement en perçant ce petit rudiment de verge que nous avons nommé le clitoris. A ce moment tout est dit, notre aboutissant n'a plus rien à faire qu'à payer de mine pour faire oublier son mauvais renom; c'est ce qu'il accomplit avec assez de bonheur. L'anus, bien fermé par son sphincter, dissimule la sentine qu'il retient au-dessus du robinet organique, lequel ne lèvera la consigne qu'au moment d'un besoin bien ressenti. Le vagin, d'abord béant et rapproché de son ancienne origine, s'en sépare dignement à l'aide d'un périnée qui augmente de plus en plus. La courbure même du bassin établira jusque dans la profondeur une distance plus respectueuse. L'ouverture fendue en travers, chez les baleines, ronde chez d'autres animaux, devient verticale ; puis la devanture vaginale se pare de nymphes et de grandes lèvres; c'est à peine si l'on peut soupçonner où conduit tant d'artifice, qui semble être plutôt mis là pour qu'on le contemple que pour que l'on songe à le briser. Un rideau même s'adjoint pour donner une couleur plus mystérieuse encore, c'est l'hymen. Le poil. qui disparaît à la surface de la peau, erre encore par là pour prêter son ombre favorable. Le conduit urinaire se dissimule dans les replis du clitoris, bien caché lui-même au-dessus de la vulve. Le pubis étale avec audace son mont de Vénus, chargé d'une forêt épaisse, et il faut tous les souvenirs anatomiques pour se rappeler que tant d'art est sorti d'une cuve impure, que les lèvres roses de la vierge et ses nymphes veloutées ont dû se confondre un jour dans l'immonde coupe où devait s'épancher tout le fiel rejeté par la bête, qui ne se doutait pas qu'elle deviendrait si belle à quelques siècles de là.

Le cloaque mâle se ferme de la même façon ; mais le travail est plus considérable, la poussée au dehors est plus vigoureuse, parce que le dehors est le grand terrain de la relation. Dès la phase ichthyologique, dès les reptiles, nous avons vu poindre, à quelque coin du cloaque, la verge, d'abord simple mamelon, convergeant ensuite pour constituer le dard bifide des serpents. La tortue l'a portée plus loin encore ; elle n'est plus bifide, mais elle n'est pas perforée ; à sa partie supérieure s'est creusée une simple rigole par laquelle s'écoulait la semence. L'autruche, le casoar, le canard surtout, ont répété le même phénomène ; la tendance était bien marquée.

Dans les mammifères, l'évolution continue encore, et chaque animal met à honneur de perfectionner cet instrument d'une relation si importante ; aussi n'y manquera-t-il rien.

L'ornithorhynque a la verge située dans le cloaque, qui persiste encore, l'orifice urinaire ne s'ouvre qu'à sa base et son liquide tombe dans le vestibule commun ; la semence seule passe par le canal, qui est d'un petit calibre ; simple d'abord, il se divise seulement à son extrémité en deux branches aboutissant aux deux papilles de la verge.

Celle du castor ressemble à un col utérin faisant saillie dans le vagin ; elle est située dans le cloaque, où elle verse l'urine et elle est percée dans toute sa longueur ; elle présente à l'extrémité antérieure un repli particulier, ébauche du prépuce qui deviendra bien plus parfait ultérieurement.

Les sarigues ont un degré de plus, mais la division des parties y subsiste encore assez pour qu'on ne les juge pas très-relevées à cet égard. Leur verge se termine par une bifurcation dont chacune des deux branches offre un demi-canal à sa face interne, et à la base de laquelle s'ouvre l'urètre.

Plus tard toute cette confusion disparaît, une verge nette et unique apparait au dehors. Elle ne va pas honteusement s'enfouir dans un repli du cloaque, elle naît publiquement par deux racines fibro-vasculaires qui s'attachent au bassin, ce sont les corps caverneux, lesquels convergent vers le canal de l'urètre, qui lui-même veut sortir du bas-fond. Cela constitue un ensemble des plus satisfaisants, un canal sémino-urinaire et un artifice qui donne à l'instrument du volume et de la solidité au besoin, il n'en faut pas davantage. Qu'il y ait un os au centre, comme chez les chiens, c'est un tuteur qui va bientôt disparaître, de même que la fixation le long du ventre, au moyen d'un fourreau cutané. Le prépuce protégera en avant le gland assez sensible, mais l'important est accompli; le membre viril peut se balancer à son aise ; il a encore une tache d'origine qui obscurcit son blason, c'est l'office urinaire qu'il accomplit ; mais c'est un seul canal en deux personnes, un ingénieux artifice a suppléé à cette infirmité.

Le canal déférent n'a pas subi la métamorphose de l'oviducte, il est resté lui-même, et, trouvant la vessie à la place du cloaque, il s'est ressouvenu de sa vieille amitié, il s'est accolé aussitôt vers le col qui lui représentait mieux son ancien aboutissant. Le progrès l'a pris en cette situation et l'a perfectionné encore. Une ampoule s'est creusée derrière lui, c'est la vésicule séminale sur laquelle on a eu tort de tant discuter. Elle est là pour recevoir le sperme, qui reflue quand il est en surcroît. Comme organe d'ailleurs cette vésicule suit la grande loi. D'abord bicorne chez les rongeurs, elle se resserre de plus en plus, devient dense et souple, il y en a une de chaque côté. Autour du col de la vessie est poussé un appareil glandulaire, c'est la prostate, qui, bilobée chez les ruminants, se concentre et se condense après ; elle donne passage aux canaux séminifères qui débouchent autour d'un petit mamelon érectile, le *verumontanum*, artifice merveilleux pour isoler deux fonctions dans un même organe. Le sang, qui afflue, gonfle ce petit bouton qui obstrue l'entrée de la vessie, l'urine ne peut plus couler, tandis que la semence passe au-dessous du pont prostatique et se verse sur les côtés du mamelon. Au delà, le canal de l'urètre est libre, et c'est ainsi qu'un simple petit rapport évite l'accumulation d'organes multipliés; c'est de la plus fine mécanique : on peut vivre et s'en servir très-bien sans le connaître; mais, en le connaissant, on ne s'en sert pas plus mal. C'est une pure question de curiosité qui, jointe à beaucoup d'autres semblables, mène à sortir d'une ignorance qui, plus nous avancerons en instruction, sera plus défavorable pour ceux qui n'auront rien appris que des mots sans application.

Le bassin est bien mieux fermé ici, puisque le vagin lui-même est comblé; la concentration de parties est poussée au plus haut degré, et notre loi est plus manifeste que jamais.

A tout cela attiennent pas mal de glandes, celles de Cowper, qui sont au fond de l'urètre, diluant favorablement le sperme; chez la femelle, elles lubrifient heureusement le vagin. De plus, les cryptes de toute sorte abondent ; il y a là dépuration plus ou moins récrémentitielle, servant le plus souvent à déterminer le rapport des deux sexes par des émanations spéciales. A cela se rattachent les glandes du castor, de la civette, du moschifère; il me suffit de les indiquer, je n'ai pas le loisir de les décrire et rien n'est plus simple que de les étudier.

Mon but est atteint, nos trois courants sont bien à leur place; l'organe reproducteur est au complet, l'organe urinaire est terminé, l'anus est bien distinct, le bassin est bien délimité; le pôle inférieur a grandi, sans arrêter le supérieur, qui a marché comme lui. Maintenant, abordons le germe, puisqu'il peut naître et sortir, et un grand pas de plus sera fait dans la grande voie que nous parcourons avec fruit, j'en suis sûr, et avec un certain plaisir, je n'en doute pas.

CHAPITRE XXXVII.

Progression du germe comme élément et comme rapport.

Un jour, il y a bien longtemps de cela, au temps de *Brahma* peut-être, quelques doctes indiens, travaillés de la grande fièvre du MAL DE SCIENCE (1), voulurent savoir comment la terre se maintenait dans l'espace. Pour eux, elle était immobile, il ne s'agissait plus que de lui trouver un point de sustentation. Ils *sérièrent*, ces pieux personnages, et débitèrent gravement cette proposition : la terre est supportée par un éléphant, lequel est supporté par une grosse tortue ; ils renonçaient à l'*absolu*, comme on voit ; ils n'avaient oublié qu'une chose, c'était de constater l'éléphant et la tortue ; mais cela suffisait à leur quiétude, la fièvre se calma : elle devait reparaître plus tard.

Un grand philosophe qui éprouvait l'accès inévitable, voulant se guérir, ou constater l'incurabilité de l'affection, s'appliqua cette large formule palliative : *omne vivum ex ovo*, tout ce qui vit vient d'un œuf.

(1) Nous avons en mains un manuscrit de notre docteur humanitaire, sous ce titre : LE MAL DE SCIENCE, avec une épigraphe empruntée aux œuvres de Gœthe. (*Note de l'éditeur*).

Contre un nouvel accès on eut recours à l'*emboîtement* des germes; mais les infusoires et les spermato-zoaires rallumèrent la fièvre, et cette fois, après s'être bien consultés, les médecins humanitaires déclarèrent qu'il fallait bâillonner le malade pour l'empêcher d'assourdir les passants; ils lui prescrivirent l'ancienne potion *omne vivum ex ovo* et tout fut dit, chaque malade dut avaler cette médecine amère et insuffisante, la faculté n'ayant rien de mieux à lui offrir.

Nous aussi, nous avons fébricité, nous avons bu le julep officinal de l'*omne vivum ex ovo*. Cet œuf ne me semble bon qu'à faire un lait de poule; avec un bonnet de nuit on pourrait bien dormir là-dessus.

Medice, cura te ipsum, guéris-toi toi-même! crie le vulgaire au séide acharné d'Hippocrate. Eh bien, c'est le malade qui s'est guéri lui-même, et, sûr de l'efficacité du remède, il l'offre à son prochain, il n'en exclut pas ces pauvres docteurs qui, par le fait, sont plus à plaindre qu'à blâmer.

Nous avons renoncé à l'*absolu,* voilà le premier effort pour chasser le miasme; nous avons sérié des éléments, des organes, des synthèses, des collectivités, des milieux, des fonctions et des rapports, voilà le grand préservatif. La formule en est offerte à chacun, l'ordonnance en est largement consignée dans le présent ouvrage. Si la fièvre fait encore des victimes, c'est que les atteints auront la constitution viciée par un mauvais régime trop longuement prolongé, ou bien qu'ils n'auront pas voulu de la recette, on ne pourra pas s'en prendre à nous.

La grande question de ce qu'on appelle la GÉNÉRATION, a rendu plus d'hommes scientifiquement malades, que la pestilentielle *malaria* des marais Ponfins. Cela se conçoit : le problème était inévitablement posé devant tout homme ouvrant ses pores à la vivifiante atmosphère du savoir. On posa des x, on fit longtemps des chiffres, on se passa de main en main les solutions les plus saugrenues ; c'est qu'il fallait, par une opération préalable, recueillir des faits authentiques dans le vaste champ de l'observation; il fallait connaître les synthèses par leurs éléments, et alors les éléments devaient s'éclairer au grand jour des synthèses expliquées.

Longtemps on ne put sortir de l'impasse où l'on s'était placé. Pour ne pas rester dans le vide, on donna à des mots force de réalité ; les *lois* furent inscrites dans des *codes* révérés, et tout s'inclina devant *le magister dixit*, le maître a parlé.

Il est temps que l'homme ne s'abuse plus sur la réalité de ce qu'il peut dans sa puissance d'acquérir par lui-même. Je déclare hautement que la *reproduction* des synthèses zoologiques n'est pas autre que celle de leur *évolution* elle-même ; il y a substitution de personnes, mais l'œuvre accomplie est toujours la même. Nos lois ne sont pas sorties d'une fantaisie de notre cerveau, aucune nécessité ne nous les dicte ; nous ne les imposons pas, elles sont le rapport des faits nettement perçus, et si rien n'est têtu comme un chiffre, rien n'est plus froidement personnel qu'un fait.

La nécessité nous a forcé de renoncer à l'absolu, parce qu'il nous a été démontré que là était l'impasse; mais nous n'en avons que plus d'ardeur à poser l'*élément*, point de départ de toute série, pourvu qu'il soit net, incontestable, et, que nous ne négligions rien de ce qui le précède, de ce qui l'entoure, et de ce qui doit en sortir par la juste application de l'évolution.

La zoologie n'est pas ici seule en cause, c'est la série naturelle que nous étudions, c'est sur cette longue chaîne qu'il faut regarder chaque premier chaînon. Le miracle, avons-nous dit, est un fait non sérié, le symbole, l'expression d'une synthèse sans éléments; qu'y a-t-il de plus miraculeux qu'un élément qu'on fait spontanément surgir d'une *génération spontanée ?*

Ce mot *spontanée* est des plus malencontreux; il revient à dire, qu'il y a production d'un fait sans les conditions de ce fait : affirmation absurde.—Tâchons de recueillir le plus de ces conditions qu'il nous sera possible, et, alors ne nous étonnant plus, nous saurons. Nous tomberons sur un élément peut-être, nous n'irons pas plus loin; mais de là nous marcherons courageusement en avant. Dans la reproduction des synthèses qui disparaissent, nous trouverons le progrès, l'évolution, avec son caractère condensif, avec ses conditions de milieux, de formations organiques, de synthèses, de collectivités, de fonctions et de rapports. Ces rapports seront établis moitié avec la synthèse qui passe, et moitié avec le milieu qui l'abrite. Oui! ne l'oublions pas, le milieu contiendra forcément, en entrant en rapport avec elle, la synthèse nouvelle qui vient d'apparaître et qui doit continuer à s'évolutionner.

Deux larges coupes de la série naturelle nous ont sommairement passé sous les yeux, la minéralogie et la phytologie. Une troisième, la zoologie, nous a occupés plus longtemps, parce qu'elle est un aboutissant des deux autres, et que bien des problèmes obscurs deviennent clairs par cette nouvelle lumière accumulée.

Les synthèses minéralogiques dont nous avons étudié l'élément et l'organisation', présentent ce grand caractère que l'évolution semble y être arrêtée. Elles n'oscillent plus que dans des degrés accomplis par lesquels on les fait passer tous les jours en les réduisant en leurs éléments, en les transmutant suivant les lois de la chimie. Il n'y a, à proprement parler, dans la minéralogie que des éléments plus ou moins composés, plus ou moins agglomérés. La synthèse est toujours là, élémentaire, il ne peut y avoir que des collections de synthèses élémentaires juxtaposées : Enfin, pour tout dire, la *forme appartient à l'élément.* Il en résulte que cette phase semble épuisée. Elle n'est que la grande nourricière des phases suivantes, elle a déterminé des milieux et des forces, elle a constitué une masse énorme que plus tard nous verrons être la gangue terrestre ; le germe n'est donc plus là, nous n'y voyons pas d'évolutions synthétiques qui se prolongent : c'est un fait, nous le constatons, cela est parfaitement suffisant pour nous. La phase germinale ou reproductive a dû certainement exister là dans le principe, les *corps simples* le prouvent de reste. Peu nous importe, nous avons renoncé à l'absolu ! L'*hypothèse* nous répugne ; ce n'est jamais qu'un échafaudage ou une béquille, nous pouvons bâtir et marcher sans elle ; assez d'autres s'en serviront d'ailleurs, et l'hypothèse ne moisira pas, faute d'être employée.

Il y a pourtant une force créatrice dont on a fait grand bruit et qui a réellement son importance, c'est la force *catalytique* ou de contact. C'est une simple mise en rapport, sans adjonction d'éléments nouveaux; je ne puis manquer de la signaler, et sa place me paraît ici toute trouvée. De l'acide sulfureux résulte, aujourd'hui encore, de la combustion du soufre à l'air libre, mais ce même acide a beau rester à l'air atmosphérique, il n'y prendra pas une molécule d'oxygène de plus. L'acide sulfurique ne naît donc plus spontanément de nos jours; il a fallu recourir à des artifices, dégager à *l'état naissant* l'oxygène du bioxyde d'azote, construire des chambres de plomb, etc., toute une industrie! Eh bien, qu'on fasse traverser des pierres ponces par un courant sulfureux à l'air libre, dans certaines conditions voulues, l'acide sulfurique naît; la pierre ponce a suffi par sa présence pour opérer le miracle; elle n'a été que l'occasion d'un *rapport,* elle n'a rien donné de sa substance : Le phénomène a bien son mérite, quand on se rappelle la composition minéralogique de la terre. Cette force-là a dû présider à plus d'une combinaison. L'éponge de platine donne un résultat analogue, et je n'hésite pas à regarder cela comme le premier degré de la *fermentation* bien comprise; ce n'est pas le lieu d'approfondir la question, il me suffit de la poser.

La série phytologique est bien moins vieille, aussi se reproduit-elle encore. La synthèse, là, n'est plus élémentaire; ce n'est pas à l'*élément* qu'appartient la *forme,* c'est à la *synthèse* elle-même. Si le minéral nous présente un corps *inerte* en apparence, la plante nous offre un corps dit *vivant* et organisé, parce qu'il subit des phases appréciables dans une direction que notre méthode a suivie sans efforts. Le germe est-il là, immobile, fixe, toujours le même?

personne n'ose le soutenir aujourd'hui. Linné a trouvé les sexes ; la greffe et la bouture ne sont pas niables : la phytologie ne commence pas par des chênes et des baobabs, et la molécule terreuse atténuée obéit sans conteste au mouvement brownien.

Est-ce donc un miracle que découvrit là le physicien anglais ? Non certes, ce n'était qu'un fait, et si, devant l'étonnement qu'il en ressentit, ce savant n'en sut pas tirer parti, si des matérialistes grossiers, parce qu'ils étaient ignorants, crurent y voir la pierre philosophale organique, moi, j'y rencontre un élément, une transition, et je le mets à son rang. Les forces gigantesques de l'électricité, de la chaleur, du magnétisme, de la lumière, le contact de l'eau, la phase élevée qu'a acquise la molécule retenue dans une longue évolution antérieure, tout cela me suffit pour comprendre une continuation qui commence d'une façon si modeste. Il ne faut pas un kilogramme de *ferment* pour faire bouillonner la plus vaste cuve, et le mouvement commencé ne s'arrête plus ! Chaque organe nouveau ajoute au milieu un élément, et cette transition si simple continue à grandir en se *germinalisant* s'il le faut. Le gland sera un monde à côté de la plante première ; le chêne en pourra sortir, c'est qu'il y a eu bien du chemin parcouru depuis ! l'organographie botanique nous le prouve, et le plus haut rapport auquel arrive la plante est précisément celui de la reproduction.

Cela dura longtemps, sans doute ; qu'importe ! l'éternité, qu'on admet, ne doit-elle pas être employée ? La matière brassée dans les synthèses phytologiques, sous l'influence de forces extérieures puissantes, accrues des forces nouvelles ajoutées par les éléments successivement élaborés, la matière, organiquement phytologisée, de même qu'elle avait été minéralogisée tout d'abord, cette matière, élevée en tiges verdâtres ou solides, vit décomposer ses synthèses qui toujours devaient se résoudre en leurs éléments. Un principe était posé, le minéral s'était fait plante, la plante ne devait pas rester dans une impasse. Ses éléments ne rétrocédèrent pas tous jusqu'à la minéralogie, les forces extérieures les atténuèrent, les groupèrent, les mirent en œuvre, et ce que nous produisons aujourd'hui à volonté dans des *infusions végétales* dut s'opérer dans la grande *bouilloire naturelle*. Une élémentarisation dut surgir, une série nouvelle posa son premier point, et si plus tard un œuf de poule est tout un monde à côté du faible animal élémentaire, nous savons qu'il n'y a pas mal de degrés pour arriver jusque-là.

Nous voilà ramenés à notre série zoologique, que nous sommes loin d'avoir épuisée; nous tombons sur un de ses organes, le *germe,* il nous faut bien le sérier.

L'élément de cette série germinale, on le reconnait sans peine; est le même que celui de la zoologie, ou plutôt c'est l'élément zoologique lui-même, muni de ses deux membranes, détaché du milieu où il s'est formé. Cet élément a autour de lui des molécules phytologisées à son service; il a été synthétisé par les forces extérieures, il a été élémentarisé par les molécules phytologiques elles-mêmes, qui dans les idées actuelles peuvent en être considérées comme les *parents*. Plusieurs degrés pourront naître ainsi; mais, quand le travail sera épuisé sur les molécules phytologiques, il continuera sur les molécules nouvellement animalisées, et la reproduction des petites synthèses déjà formées s'opérera à l'aide de la fameuse *scissiparité*, premier degré germinal que les observateurs immobilistes ont bien voulu constater.

Que deviendrait le malade, s'il attendait l'*ovum officinale* de notre grand philosophe, prescrit par nos grands médecins! Je n'en vois pas, d'*œuf*, à cette heure, et je crains bien que le philosophe n'ait fait comme les doctes indiens; il s'est calmé, mais il a oublié de constater l'éléphant et la tortue.

Pour nous, il n'y a pas d'*œuf* dans l'acception qu'on lui a donnée; ce mot est symbolique, il n'exprime qu'une synthèse miraculeuse. Dans le premier degré de formation, il y a confusion de fonction entre l'élément zoologique et ses conditions germinales; dès que la distinction s'opère, il y a pour nous *germe*, lequel s'*élémentarise*, se *synthétise* et se *collectivise*, trois degrés que les habiles ont dénommés par trois mots que je me permets de supprimer pour cause d'abus, *formation*, *fécondation*, *incubation*, qui feront place à ces appellations réellement sériaires : *élémentarisation*, *synthétisation*, *collectivisation*. Ce néologisme est indispensable ; mais ce n'est pas de l'hébreu, tout bon Français s'en pourra rendre compte.

Les caractères d'infériorité et de supériorité que nous avons indiqués sont applicables au germe comme à tout le reste. Sorti de l'élément zoologique avec lequel il était confondu comme partie et comme fonction, il va tendre à s'en rendre de plus en plus indépendant. Tout d'abord, la synthèse zoologique est trop simple pour avoir de grandes distinctions parcellaires et fonctionnelles, aussi est-ce par sa substance entière qu'elle tend à se germinaliser. La *scissiparité* commence et est suivie bientôt par la *gemmiparité* qui est un degré supérieur, tendant à la délégation de la fonction germinale à un organe particulier qui pourtant n'est pas encore formé.

La *scissiparité* n'est qu'un excès de nutrition dans la totalité de l'animal qui se multiplie en fragmentant son ensemble en personnalités nombreuses, dont chacune s'accroît dans l'indépendance quoique dans la même direction.

Dans la *gemmiparité*, l'élémentarisation du germe se fait en certain point de la synthèse zoologique qui y concourt de toutes ses parties, lesquelles ne sont pas encore très-nombreuses. La gemmiparité est un simple excès de nutrition en *un point*, déposant des molécules qui, soudées à la synthèse qui continue son évolution, ont leur synthétisation accomplie par l'animal lui-même ; la collectivisation est confondue là avec la synthétisation, laquelle est bien peu distincte de l'élémentarisation ; c'est la confusion la plus radicale quoiqu'il y ait déjà progrès ; cela doit être, c'est un premier degré.

Peu à peu, cependant, la membrane externe qui, par sa confusion avec l'interne, permettait la scissiparité et la gemmiparité sur l'ensemble de la synthèse zoologique, la membrane externe devient protectrice et respiratoire. A l'interne seule appartient la nutrition, l'accroissement ; l'*interne* prédomine, le germe doit nécessairement être une de ses annexes ; c'est ce qui arrive. La distinction fonctionnelle déjà établie entre les deux membranes s'étend aux parties de la membrane interne elle-même. Une portion née de l'espace intermédiaire se façonne en organe, c'est là que va s'*élémentariser* le germe, par la préparation de molécules formées *ad hoc* par l'organe qui est chargé de cette fonction. Un chapitre nous a servi à sérier cet organe, suivons-en un peu le *produit*.

Il y a là un organe qui élabore le germe, lequel est d'ailleurs fort simple et ne se *synthétise* sur place que par l'accumulation de matériaux assez similaires. Cette première manifestation, nous l'appellerons *ovule*, parce qu'elle a ordinairement la forme ovalaire; destiné à devenir plus complexe, l'ovule, est un élément de la production que nous continuerons à appeler le germe.

L'ovule se synthétise donc actuellement au lieu même où il se forme ; il y a là une confusion qui disparaîtra par un progrès plus grand que celui qui s'est déjà accompli.

Plusieurs de ces ovules s'individualisent dans l'organe reproducteur, d'où ils sont rejetés au dehors quand ils ont tout ce qu'il faut pour constituer un *vrai germe*. Ce germe, avec les conditions acquises en dedans et celles qu'il trouve à l'extérieur, continue son évolution suivant les grandes lois de la série ; cela est vraiment de l'A b c.

La grande objection qu'aient alléguée les *a prioristes* dont le siège est tout fait par l'articulation d'un symbole qui a d'ailleurs beaucoup plus progressé dans son énonciation qu'ils ne se l'imaginent; la grande objection qu'ils lancent est celle-ci : Comment, dans votre système, — car la constatation de faits irrécusables et de rapports indiscutablement perçus, est ce que ces messieurs appellent un système, — comment y a-t-il plusieurs *ordres* d'animaux?

D'abord il n'y a pas plusieurs *ordres* d'animaux. Il

y a une série zoologique qui, à travers des phases successives, manifeste des *organes*, des *synthèses*, ces messieurs n'ont pas été au delà, et même des COLLECTIVITÉS que nous nous proposons de leur révéler. La direction est constante, les résultats sont *sériaires*, c'est-à-dire successivement compliqués, et si ces messieurs veulent bien aujourd'hui reconnaître que des branchies agissent chez des huîtres, des poumons, chez des rhinocéros, etc., ils n'ont pas toujours été aussi accommodants. Par leur symbole prétendu immuable, ils suppléent aux rapports, et suppriment les milieux progressivement variables.

Il y a des milieux pourtant, agrandis à chaque instant par tout ce que fait surgir un milieu antécédent ! Le germe, nous l'avons démontré, ne fait que suppléer aux milieux supprimés par les nécessités progressives et par les immenses cataclysmes que nos symbolistes veulent bien limiter au déluge classique, mais que tout démontre avoir été plus fréquents.

De tout temps les IMMOBILISTES se sont entendus pour symboliser Dieu, *suprema ratio ;* c'est tout simple :

Ne le connaissant pas, ils ont dû l'inventer.

Tout se suit, tout marche, tout s'enchaîne ; la série se développe, cela n'est plus niable, et nous avons trop renoncé à l'*absolu* pour faire des passes en *barbara* et en *baralipton* avec les fougueux pourfendeurs de la scolastique éteinte. Nous constatons, nous ne discutons pas ; que ces messieurs se battent donc contre des moulins à vent, s'ils en trouvent. Les synthèses zoologiques n'ont pas plus d'*entité* que les organes qui les composent, que les éléments qui composent les organes et que les collectivités résultant de synthèses concourant à une fonction commune. *Ordres, règnes, embranchements, genres, familles, espèces* et *variétés,* tout cela n'a d'existence que dans l'imagination de catalogueurs émérites ; la série a des phases et des résultats; le germe est un de ses moyens : constatons-le, étudions-le, sérions-le et ne divaguons plus.

L'*ovule,* dès qu'il devient distinct dans l'organe qui le produit, se délimite nécessairement, par une enveloppe qu'on a nommée *membrane vitelline.* D'abord simple et très-fluide, il se complique et se condense de plus en plus ; c'est la loi, il ne peut y manquer. Par la suite, on y rencontre ce qu'on nomme *tache germinative, vésicule germinative,* puis le *vitellus* ou *jaune,* amas de matière nutritive mise là en réserve pour que le nouvel être parcoure vite toutes les phases qui le séparent de son état de synthèse zoologique indépendante ou d'animal parfait, comme on dit ordinairement.

On a fait de belles études sur le développement ultérieur de ces parties, quoique, d'après les usages reçus, on ait beaucoup trop négligé les milieux pour ne considérer que les formations accomplies. Nous y reviendrons dans la sériation embryologique. En ce moment, je ne m'occupe du germe que comme *élément* et comme *rapport,* je n'ai donç qu'à marcher devant moi.

Jusqu'à présent le germe s'est élémentarisé et synthétisé sur place. Débarrassons-nous de suite d'une vieille distinction scolastique entre les *ovipares,* les *ovovivipares* et les *vivipares.* Cela affecte la prétention d'être une série, mais c'est toujours une conséquence mise à la place d'un principe. Une hydre *scissipare,* est par le fait uniquement *vivipare,* puisque le germe, au moment où il se détache, est tout à fait apte à continuer zoologiquement son évolution; l'infusoire qui sort de sa décoction végétale est complétement *vivipare*. A tous les degrés, nous verrons des cas pareils, et si dans beaucoup de cas inférieurs le germe n'est que synthétisé par les parents qui en abandonnent la collectivisation aux milieux divers où ils le déposent, souvent aussi eux-mêmes servent de milieux à cet égard.

Plus haut, les phases à parcourir sont plus nombreuses, la *collectivisation* devient plus complexe, le germe reste plus longtemps attaché à la synthèse, d'où il ne sort, après y avoir été *synthétisé* lui-même, qu'après y avoir également subi une plus ou moins longue collectivisation.

Ces vieilles dénominations sont oiseuses; elles ne sont bonnes qu'à détourner l'attention de ce qu'il y a de plus utile à considérer, le *germe* se sériant depuis son origine élémentaire jusqu'à son plus haut point de complexité comme éléments et comme rapports.

Le germe simple, que nous avons considéré muni de ses éléments nutritifs appropriés au peu de phases qu'il avait à subir, car le germe est toujours là pour suppléer, dans une synthèse zoologique donnée, à toutes les phases précédemment accomplies avant elle, ce germe se détache, tombe au dehors dans un milieu favorable. L'eau, à une certaine température, lui imprime un certain mouvement; la lumière, la chaleur sont à son service, des molécules phytologisées sont ballottées comme lui dans le liquide qui l'agite, sa membrane externe se rompt, et une synthèse animale est acquise à l'ensemble, sans plus ni moins de cérémonie.

Dans un degré un peu supérieur, si cette préparation dans l'organe reproducteur du germe ne suffit pas, le *parent,* au lieu de le rejeter directement au dehors, le fait passer comme transition par le plus actif point de la membrane externe, par le *sac branchial.* Là, il se *collectivise* en se trouvant en contact avec la synthèse maternelle, d'un côté, et le milieu extérieur, de l'autre, qui y prête forcément son concours. Peut-être là commence-t-il à se nourrir de quelques matériaux qui passent sans cesse à son contact, et s'il est rejeté *vivant,* il n'y a pas à crier au miracle, car ce mot vivant indique une évolution d'éléments qui a commencé du jour où l'organe reproducteur s'est mis à déposer à l'usage du germe les matériaux premiers qu'il avait élaborés dans cette direction : au dehors, la progression ne fait que continuer. Quoi d'étonnant à ce que l'ignorant s'exclame! ne s'imagine-t-il pas n'avoir commencé à *vivre* que le jour *officiel* de sa naissance? Il en fait autant pour l'animal infime qu'il ne veut reconnaître qu'à son *mouvement,* heureux encore quand ce mouvement lui-même, choquant des idées préconçues, n'est pas nié comme caractère de *vitabilité!* La formation alors n'est pas un *zoaire,* mais un *zoïde,* espèce de poisson de Shahabaam, comme on n'en a jamais vu et comme on n'en verra pas. *Prenez mon ours !* vous disent alors les adroits compères ; il faudrait être par trop pacha pour s'y laisser prendre.

Les conditions du germe ne peuvent pas longtemps rester si mesquines. Les synthèses zoologiques, en s'évolutionnant dans la série, s'éloignent de plus en plus de leur point de départ ; les phases à suppléer sont plus nombreuses, le germe est chargé de les accomplir, il doit donc multiplier ses rapports. C'est pour cela que les deux sexes paraissent et, comme rien n'est brusque, c'est d'abord sur une même synthèse animale que la division s'opère. L'organe reproducteur se scinde comme origine, quitte à se réunir encore au point d'émergence ; cela est indispensable à noter.

L'ovule continue à être préparé par ce que nous avons vu être l'organe femelle, il y a là élémentarisation complète, et ce qui était une *synthèse* dans la phase supérieure va devenir un *élément*.

Dans l'organe *mâle* apparaît un autre *élément*, HYDRE monstrueuse qui a fait horripiler tous les symbolistes, à-prioristes, scolastiques et doctrinaires. C'est un animal entier, un infusoire sortant d'une infusion animale, le *sperme*, et devant à lui seul suppléer presque tous les degrés que l'ovule était insuffisant à combler.

La *synthétisation* du germe se fera par la réunion de l'*ovule* et du *spermatozoaire*, le reste n'est plus maintenant qu'une question de *collectivisation* du germe synthétisé, toute la progression se résumera dans la complexité de plus en plus grande des milieux *collectivisateurs*.

Il est bon de s'arrêter un instant sur ce second élément du germe. Il n'est plus seulement *nutritif* comme l'ovule, mais *moteur*, *relatif*, *vivant*, comme tout premier degré animal doit être. Si l'ovule représente ce qu'en zoologie nous avons appelé la membrane interne, le spermatozoaire, que, pour plus de commodité, nous appellerons *animalcule*, représente la membrane externe ou du rapport. Aussi est-il assez tardif à se montrer, puisque le sexe mâle n'est pas primitif.

Les adroits inventeurs de l'*ours spermatozoïde* le savent tout aussi bien et beaucoup mieux que nous. Leeuwenhoeck ne s'y trompa point, Spallanzani ne put le nier, Buffon le proclama hautement, quoique faute d'idées sériaires suffisantes il en fît une incomplète application.

C'est le microscope qui a reconnu l'animalcule, c'est aussi le microscope qui a découvert l'infusoire : le volvoce et le rotifère ne nous seraient guère connus sans ce précieux secours. Pourtant, l'infusoire est constaté, étudié, choyé et engraissé par maint savant personnage qui échafaude, sur sa dissection, sa physiologie et jusqu'à ses amours, la part de postérité qu'il se réserve. Le rotifère se dessèche dans la gouttière où il s'accumule par milliers comme une poussière impalpable. Il peut rester ainsi bien longtemps. Qu'une goutte d'eau tombe, et la *vie,* c'est-à-dire l'évolution, va recommencer dans cette masse : chaque rotifère reprend son individualité, personne ne peut nier cela aujourd'hui ; la chaleur, l'électricité trop fortement appliquée peuvent détruire ces petits organismes, en rompant l'équilibre fragile qui les maintient dans leur individualité ; ils se reproduisent par scissiparité, à certain temps de leur existence, et plus d'un savant est à l'affût de la moindre parcelle vivante qui peut s'en détacher.

Eh bien, l'animalcule naît lentement dans une infusion testiculaire qu'on appelle le *sperme ;* il reste *ovulisé* longtemps dans les *spermatophores,* où on l'a vu former des chapelets granuleux qui s'ouvrent comme le pollen des fleurs. Ce pollen, lui, est l'élément *mâle* de la plante et ressemble terriblement à cette matière première soumise au mouvement brownien. Le *pollen* naît sur l'*étamine*, l'*animalcule* naît sur le *spermatophore* testiculaire; l'un vaut l'autre. Ce pollen n'a pas de branches, n'a pas de racines, pas plus que l'animalcule n'a quatre pattes; l'un paraît aussi tard que l'autre, quand c'est nécessaire et pas plus tôt.

L'animalcule grossit, grandit, s'évolutionne, se reproduit peut-être par des générations successives, depuis son spermatophore jusqu'au moment où il *synthétise* un *ovule* parallèle à lui et d'où doit sortir un *germe*, duquel sortira un *animal*. L'ovule, l'animalcule, le germe, dépendent des synthèses d'où ils sortent; sans cela, pourquoi l'organe reproducteur progresserait-il? Les conditions collectivisatrices font le reste et elles proviennent elles-mêmes des milieux et des organes successivement développés. Tout cela est net, tout cela est vrai; cela est plus clair que le jour; la nuit ne peut pas se faire sur ces vérités; si l'on tentait d'y jeter de l'ombre, le grand *phare* de la *série* s'élèverait pour y projeter sa lumière éblouissante, et tout resplendirait de nouveau.

On a pourtant nié l'existence de cet animalcule, et les savants ont mis certaine *prudence* à s'en occuper.

L'infusoire, bon; le rotifère, bon; la méduse, l'hydre, passe encore. L'ovule, fort bien; mais l'animalcule? on fait la *sourdine* autour de lui, on le laisse tomber en *désuétude*. Il remue, c'est vrai; il s'évolutionne, c'est vrai; il fuit la lumière qui le blesse, c'est incontestable; il meurt dans une trop grande chaleur, il redoute l'électricité, il lui faut de l'humidité, du mucus peut-être, il frétille dans l'eau : sans lui, la synthétisation est impossible; sans lui, l'ovule n'est plus qu'un amas de matériaux inutiles qui n'ont qu'à se décomposer ; bien vrai ! très-vrai ! Mais l'animalcule est malencontreux, il sent l'hérésie, le fagot, on voudrait bien l'oublier. Impossible ! la vérité est acquise et la *pusillanimité* ne la fera pas rétrograder : et pourtant elle tourne ! disait Galilée ; et toujours il vit, répondrais-je aujourd'hui aux inquisiteurs qui voudraient m'imposer silence, si par hasard l'inquisiteur scientifique existait encore quelque part, ce que je ne suppose pas, dans notre siècle de lumières.

On ne l'a pas vu se nourrir, hasarde un physiologiste éminent de notre âge, donc il ne vit pas. Il n'a pas besoin, pour se nourrir, que vous le voyiez, grandissime personnage. L'animalcule ne mange pas un bœuf, sans doute, mais soyez sûr que les provisions ne lui manquent pas. Il en a depuis le *testicule* jusqu'au bout du *canal déférent*, et bientôt il dévorera l'*ovule*, et l'évolution continuera avec l'aide des milieux, ne vous en déplaise, et l'enfant dévorera sa *mère*, ne vous en déplaise encore. La *vie* ne s'opère que par un grand *mangement successif* ; si vous l'ignorez, apprenez-le ; mais, en attendant, votre autorité ne nous en imposera pas.

Les deux sexes sont donc séparés : de ce moment le germe sera réellement synthétisé, c'est-à-dire que *deux éléments* distincts devront se fondre en *un seul corps*, pour qu'il y ait réellement *germe*. Isolés, l'ovule et l'animalcule n'iront pas au delà de l'évolution organique qui leur incombe, et elle n'est pas longue, comme chacun sait, dans ces premiers degrés.

Le germe, désormais, progressera, comme élément, par la formation de plus en plus complexe de l'ovule, qui de simple petit point uniforme deviendra un tout à parties assez multipliées ; puis, l'animalcule aura à sa disposition un sperme de plus en plus condensé, de plus en plus mélangé de produits glandulaires déposés sur sa route.

Le point de vue sous lequel le germe progressera le plus, c'est le *rapport*, et dans cette direction il y a deux degrés à parcourir, la *synthétisation*, d'une part, la *collectivisation*, de l'autre, et le progrès consistera en ce que ces deux *relations* tendent de plus en plus à se faire à l'aide des *parents* eux-mêmes. Nous allons développer cette proposition.

Quand il n'y avait que le sexe femelle, la synthétisation se confondait avec l'élémentarisation, la collectivisation s'y confondait elle-même souvent aussi; tout premier degré est marqué de ce cachet de confusion inévitable.

La synthétisation et la collectivisation sont deux degrés de rapport, l'élémentarisation n'est qu'un *fait*. Eh bien, la synthétisation, à l'origine des deux sexes, s'opère sur un même animal se versant lui-même l'animalcule sur l'ovule, se suffisant à lui-même, comme on dit; c'est le cas de l'huître. Plus tard, il faut que deux animaux hermaphrodites se synthétisent réciproquement; il y a là ce qu'on appelle *accouplement*, mais la fonction n'est pas distincte, il y a donc encore infériorité. C'est le cas des limaçons. Plus tard, les *deux* sexes étant séparés sur *deux* animaux distincts, il y a *synthétisation réelle*, puisqu'un *ovule* versé par l'un est complété par l'*animalcule* versé par l'autre.

La synthétisation est expliquée ainsi d'une manière sommaire; cela ne suffit pas. Il y a des accessoires, des conditions multiples qui rendent compte de l'intensité plus ou moins grande du rapport, et à cet égard le phénomène suit une marche tellement progressive, que chaque degré peut s'indiquer de la main. Cela suit d'ailleurs l'étendue des relations dont les animaux eux-mêmes sont susceptibles. Cela se conçoit, puisque tout est solidaire, et que la reproduction étant surtout une fonction *relative,* c'est souvent ce côté qui est porté le plus loin dans les relations que présentent certains animaux.

Il y a, en effet, des conditions de chaleur, de nervosité, de sanguinification des plus intéressantes à considérer pour comprendre comment, dans la reproduction des animaux plus élevés, il y a aussi un concours de forces plus nombreuses et mieux employées. On se figurerait difficilement ce résultat, en se contentant de marmotter les noms mystiques d'*œuf* et de *fécondation.*

Parcourons rapidement l'évolution synthétique du germe, dans les diverses phases de la série zoologique.

L'ovule, que distingue sa tache germinative, sa vésicule germinative, son vitellus; l'ovule, outre sa membrane vitelline propre, arrive à se meubler d'une enveloppe parfaitement *calcaire,* d'une vraie *coquille* crétacée. Cette coquille est assez poreuse pour être en même temps *respiratoire,* puisque l'air y peut fort bien pénétrer. On a démontré ce phénomène en mettant des œufs de poule sous la machine pneumatique.

L'ovule se met de plus en plus dans des conditions favorables. Bien préparé par un *ovaire*, il passe dans un *oviducte* qui progresse lui-même suivant les préparations que l'ovule doit subir. Tout cela n'appartient qu'à l'élémentarisation, car chacun sait que les poules pondent souvent des œufs qui au fond ne sont que des *ovules non synthétisés*, ou œufs *clairs*, comme dit la ménagère; ces œufs sont très-bons à manger, sans doute, mais incapables de jamais fournir un *poulet*. Ces ovules, qui depuis les poissons jusqu'aux oiseaux, grandissent à chaque instant, deviennent de plus en plus visibles, personne ne le nie; mais tout le monde les appelle des œufs. Cela ne fait rien au marché où la cuisinière les achète, mais, dans la science, cela est faux; aussi je renvoie l'*œuf* dans la linguistique culinaire, réservant le mot *ovule* pour le langage scientifique. On voit bien que j'avais raison de proscrire cette appellation, qui n'a été inventée que pour faire croire à une ENTENTE qui n'était vraie qu'en *symbole*, mais qui en *réalité* masquait la *lâcheté* scientifique ou dissimulait l'*erreur*.

Dans les articulés, la synthétisation par accouplement direct est le cas le plus fréquent. Cette phase zoologique, si remarquable à cause des métamorphoses qu'elle présente, n'offre rien de bien curieux sous ce rapport, si ce n'est que les animalcules déposés dans une femelle peuvent synthétiser plusieurs générations de suite, comme chez les pucerons, ce qui tend à prouver qu'ils ont la vie plus dure qu'on ne se l'était imaginé. Il doit se passer là des résurrections non moins étonnantes que celles des rotifères, nous n'y voyons pas le moindre inconvénient. C'est sous le rapport de la *collectivisation* que nous aurons, dans la sériation embryologique, à insister sur les articulés.

Les poissons, dont les sexes sont parfaitement distincts, dont les organes producteurs sont bien développés, et qui, comme nous l'avons dit, commencent une phase spéciale dans la série zoologique, les poissons produisent une quantité considérable d'ovules, caractère d'infériorité, puisque cela représente une concentration peu avancée. Les poissons ont la synthétisation fort inférieure, le *milieu* fait ici autant que les parents.

Si l'on en excepte certains poissons cartilagineux, comme les squales, qui s'accouplent, le mâle retenant la femelle à l'aide des rudiments de bassin qu'il possède, les poissons fonctionnent de la manière suivante : La femelle, à l'époque où elle est impulsée par l'instinct qui constitue le *frai,* la femelle se met dans les meilleures conditions, d'eau courante, ou de protection, ou de chaleur, etc. Elle pond ses ovules ; puis le mâle, poussé par le même instinct, passe dans les mêmes endroits, y verse sa semence, et la synthétisation s'opère dans le milieu où les parents ont séparément *frayé.* Il y là confusion de la synthétisation et de la collectivisation, remarquons-le à ce propos.

Les reptiles avancent pas à pas, les plus inférieurs doivent présenter quelque chose d'analogue aux poissons. Chez la grenouille se réalise davantage le rapport. Le mâle, au moment des *amours,* comme on dit, entre en éréthisme ; il lui pousse aux pattes des ventouses avec lesquelles il retient la femelle ; il s'y cramponne : celle-ci fonctionne dans cette posture, elle lâche ses *ovules,* qui à mesure qu'ils tombent sont synthétisés par le mâle, qui verse sa *semence;* l'opération dure un certain temps, et le mâle y met une ténacité rare ; il fait en conscience son métier de synthétisateur.

Les serpents s'accouplent directement. Le boa retient la femelle avec des rudiments de bassin. La tortue, le crocodile, commencent à montrer des verges *intromissives;* vous voyez que la synthétisation va bientôt dépendre de l'*intimité* des parents.

Les oiseaux vont du premier pas à l'accouplement direct. Leur ovule, préparé par l'ovaire, élaboré par l'oviducte, amené à l'état de complexité nutritive la plus grande, est synthétisé dans une portion assez élevée de l'oviducte ; il se complète ensuite. De même qu'il pouvait avoir sa coquille et tout ce qu'il comporte, sans être *synthétisé,* de même, il peut être synthétisé sans produire de *petit,* parce qu'ici le milieu *collectivisateur* doit être approprié, nous verrons tout à l'heure comment.

Aux oiseaux se termine la plus haute phase de préparation ovulaire ; la *relation* va l'emporter sur l'*élément.* L'ovule va perdre en principes nutritifs ce qu'il gagnera en synthétisation et en collectivisation, c'est-à-dire en *rapports.*

Les mammifères ont un ovule petit, quoique bien composé ; la synthétisation se fait à l'époque du *rut,* moment de luttes, de combats pour le mâle, d'entraînement, de chaleur pour la femelle. L'ovule, qui fait partie intégrante de l'organisme, l'ovule, qui a commencé à poindre depuis bien longtemps, l'ovule est *mûri,* c'est-à-dire *évolutionné* sur l'ovaire, il s'en détache, et est conduit dans la trompe. Le sang ruisselle même quelquefois pour arroser cette germination puissante. La synthétisation se fait profondément à l'aide du *pénis* énorme que nous avons étudié ; les vésicules séminales, les prostates, les glandes de Cowper, tout y concourt. L'animalcule est chauffé par l'éréthisme général, et dès que la synthétisation est opérée, la collectivisation commence, car les premiers degrés doivent passer vite, mais elle s'opère dans la femelle elle-même comme la synthétisation. Le progrès ne saurait être nié.

Que veut dire au juste le mot collectivisation? C'est bien simple. Plusieurs synthèses qui concourent à un but commun constituent pour nous une *collectivité;* nous montrerons bientôt comment nous la constatons, et pourquoi on la néglige ordinairement, de même que les milieux qui en sont toujours un élément. Le germe à évolutionner, voilà un *but;* il s'élémentarise d'abord, sur la synthèse zoologique entière, à l'origine, sur une synthèse organique partie de l'animal, ultérieurement. Plus tard, il se synthétise sur un *seul* animal d'abord, lequel fournit les *deux* éléments ovule et animalcule, dans la suite il se partage à *deux* animaux distincts, lesquels par rapport à lui *germe*, comme but, constituent pour nous un premier degré de collectivité très-passagère, sans doute, mais qu'il est d'autant plus nécessaire de noter au moment où elle se produit.

La synthétisation accomplie, l'évolution continue ou s'arrête suivant que les *conditions* voulues existent ou n'existent pas. Tout d'abord, élémentarisation, synthétisation, collectivisation sont confondues sur un même organe qui accomplit cette triple fonction.

Si la synthétisation nous a manifesté de la collectivité passagère, la phase nouvelle qui incombe au germe en amènera une plus permanente; quand ces fonctions arriveront à se distinguer.—Bien des conditions concourent à ce *but commun*, et je dis que le germe sera *collectivisé* précisément à cause du nombre des conditions tant *extérieures* qu'animales, tant *extrà* qu'*intrà*-zoologiques. Le mot de collectivisation me semble exprimer parfaitement la chose. Dans tous les cas le fait est incontestable, il est d'ailleurs parfaitement *sérié,* j'ai donc le droit de lui donner un nom qui, avec les deux autres, exprime, on ne peut mieux, la série avec tous ses degrés. Mon intention n'est pas autre, il n'y a point à me faire un crime de cela.

Dans l'étude de l'organe reproducteur, nous avons déjà vu le *sac branchial* accomplissant cet office de la collectivisation, ce qui permet au petit d'être rejeté *vivant* au dehors. Suivons, et la série, comme toujours, s'expliquera d'elle-même, en rendant plus clairs les résultats successivement obtenus par les artifices successivement appropriés.

Les insectes, guidés par l'instinct qui les pousse, déposent leurs germes synthétisés par les deux parents, dans la terre, dans des excréments, dans de la viande en décomposition, etc., milieux divers qui, sans le concours ultérieur des *parents,* collectivisent le germe là déposé.

Les parents emploient à cet égard mille artifices remarquables qu'on a consignés, comme des miracles au lieu de les scientifiquement sérier. Cela importe peu, le principe est toujours le même ; que l'insecte file une *toile* à son germe, comme la larve se filera une *chrysalide,* c'est la même chose prise à des degrés différents. La Providence collectivisatrice adjuvante, c'est le *milieu* avec ses éléments nutritifs appropriés, sa chaleur, sa lumière, etc.

Un certain poisson mâle devient collectivisateur de la manière suivante : la femelle pond ses ovules dans une poche placée sous le ventre dudit mâle, qui les synthétise d'abord, les collectivise ensuite, et ce poisson, excellent père de famille sans s'en douter beaucoup, fait éclore des petits vivants. Ce poisson est du genre qu'on appelle syngnathe ; en latin, on le qualifie de *syngnathus acus*. Quelques autres poissons font comme les écrevisses, qui portent leurs germes synthétisés sous les lamelles de leur queue, où ils se collectivisent ; quelques poissons portent les leurs appendus à leur ventre ; les parents ne méritent guère pour cela le prix Monthyon.

Une sorte de crapaud, le *pipa*, pose chaque ovule synthétisé sur le dos de la femelle, où ils se greffent et se collectivisent fort bien dans des cellules qu'ils s'y creusent. La tortue place les siens sous le sable chaud et va se promener tranquillement comme si de rien n'était, et elle n'est nullement accusée d'abandon d'enfant ; elle fait ainsi tout ce qu'il faut pour qu'un germe de tortue synthétisé arrive à bien : le sable est ici ce qu'autrefois on aurait appelé le grand *Incubateur*.

Les vipères gardent les leurs dans le cloaque, ce qui est déjà un peu plus que du sable, et cet animal est *ovo*vivipare ; le miracle, comme vous voyez, est très-grand ! !

Et cette bonne vieille mère-poule, l'a-t-on assez chantée, cette digne et respectable couveuse, qui se couche et s'incube aussi bien sur des œufs de canard, de faisan ou de dinde que sur les siens propres, quand la chaleur la tient au ventre. Avec quel bonheur elle réchauffe et collectivise des germes synthétisés d'où le petit sortira à jour fixe ! Eh bien, toute la poésie dithyrambique doit s'adresser ailleurs, un *four artificiel* est une tout aussi bonne couveuse. Il suffit de la chaleur nécessaire pour *collectiviser* le germe, la mère-poule n'en peut couver qu'une ou deux douzaines, la couveuse mécanique en collectivisera des milliers.

Je m'arrête ici, ma tâche est achevée comme principe, les conséquences dernières n'apparaîtront que dans la sériation embryologique, où nous assisterons au développement exclusionnaire et successif de chaque partie du germe dans ses phases diverses. Mon but sera atteint si l'on est bien convaincu que le germe n'est pas plus fixe que le reste, qu'il obéit aux lois communes, qu'il progresse comme élément et comme rapport; si l'on renvoie les *œufs* à la cuisine, pour s'habituer à prononcer les noms d'*ovule*, d'*animalcule;* si l'on se figure que ces deux éléments fondamentaux du germe sont successivement compliqués par la nécessité sériaire, et si l'on se persuade enfin que le CIEL ne nous tombera pas sur la tête, la seule chose que craignaient les Gaulois, nos ancêtres, parce qu'on osera envisager en face des questions dont rien ne nous force à détourner les yeux.

CHAPITRE XXXVIII.

Sériation des formations organiques.

Il semble, au premier abord, que le présent chapitre soit une répétition, un simple résumé de ce que nous avons si longuement sérié; il n'en est rien. Dans les descriptions antécédentes, quoiqu'elles aient été faites aussi largement que possible, l'analyse domine ; on prend chaque organe à part, on le conduit péniblement d'un bout à l'autre de la série, quitte à recommencer sur un autre, jusqu'à ce que le catalogue soit épuisé. Aucun organe n'échappe alors, surtout si l'on fait pivoter le développement autour des deux membranes et des espaces intermédiaires. Pour de l'anatomie descriptive cela suffit ; mais que deviennent les rapports ? Il n'en peut être question. Ce que je reproche surtout au mode de procéder ordinaire est précisément de s'en tenir là ; je ne veux donc pas commettre cette faute, et m'appuyant sur toutes les études antécédentes, je vais essayer de les relier entre elles. Nous découvrirons ainsi bien des choses dont nous n'avons pu parler et qui nous échapperaient sans cela.

Le microscope est certes un précieux instrument, il a vigoureusement atténué les idées symboliques qui prédominaient avant lui ; en faisant descendre l'analyse aussi bas que possible, il a permis de franchir un plus grand espace dans le prétendu vide où l'abstraction nuageuse nous tenait immobilisés : grâces donc soient rendues au microscope et aux hommes illustres qui ont eu la hardiesse de s'en servir et le courage de dire ce qu'ils avaient vu !

On en a fait abus, pourtant ; si l'on peut avec son aide mieux constituer l'élément, on a eu le tort de n'en plus vouloir sortir, de l'atténuer encore sans s'apercevoir qu'une forme étant toujours la délimitation et l'apparence d'une synthèse, on n'arrivait pas plus là qu'en chimie à la pierre philosophale, c'est-à-dire à ce prétendu atome initial qui une fois connu devait tout révéler. On n'a plus songé qu'à suivre l'élément, auquel on arrivait dans la petite atmosphère qu'il circonscrivait sous le champ du microscope; on n'a pas été au delà! On a fait de remarquables observations, mais peut-être comme tendance a-t-on été encore beaucoup plus éloigné qu'auparavant de la véritable direction. Les milieux, les rapports, ont été plus négligés que jamais; on a fait du petit élément trouvé ce qu'on a appelé un *microcosme,* un petit monde, un abrégé, une miniature, et l'on n'a pas voulu sortir de cette charmante illusion qui permettait de voir un monde entier dans une goutte d'eau.

Il faut s'arrêter sur cette pente. Que les micrographes continuent leurs consciencieux travaux, rien de mieux; mais il nous faut en tous sens parcourir la série; en partant d'un point déterminé où du microscope, nous passions à l'œil, de l'œil au sens inductif, sans cela les ténèbres seront plus épaisses que jamais, puisque, oscillant toujours dans l'invisible, nous finirions par nous croire dans un monde fantastique où ce qui nous entoure n'est qu'une illusion qu'on ne rectifie que le nez sur la micrographique lunette. S'il en était ainsi, mieux vaudrait ne se servir que de ses yeux sans adjuvant.

Pardonnons aux micrographes, ce sont de bons ouvriers, mais ce sont des spécialistes, l'encyclopédie n'est pas leur fait. Ils gravitent vers l'infiniment petit, et moins que personne dans cette direction ils ne renoncent à l'absolu. Nous trouverons d'autres lunettiques à l'autre bout de la lorgnette, le télescope ne regardera que des géants. Les micrographes ne sortiront jamais de Lilliput et toujours un Gulliver les étonnera énormément.

Contentons-nous d'être de simples hommes; mais armons-nous de toute la puissance encyclopédique, depuis l'élément bien constaté jusqu'à la synthèse la plus haute à laquelle mène une série non interrompue, et la sériation des formations organiques se soudera sans peine, en les complétant, aux très-évangéliques Écritures que nous avons faites jusqu'ici.

L'élément zoologique a été défini par nous, il est inutile d'y revenir. Les micrographes ont trouvé la cellule, cela ne nous dérange pas et rien ne s'oppose à ce qu'on la considère comme l'élément organique. Elle a deux membranes aussi, une interne de nutrition, l'autre externe de rapport; d'abord simple, molle, elle se complique et se condense, nos lois lui sont applicables : soit donc admise la cellule! Mais je ne veux pas m'y enterrer; j'aime mieux des résultats que des hypothèses. Regardons bien tout ce qu'il y a, notons-le, sérions-le, arrêtons-nous au bout, toute notre ambition est là : je ne décrirai donc pas la cellule. Je pourrais comme un autre parler de noyaux, de nucléoles, de cystoblastæ, de cystoblastème, mais cela ne me mènerait à rien. Il y a des histologistes qui me semblent toucher d'assez près à la cellulo-manie; ils ont du bon, on peut causer avec eux, mais comme ils n'en finissent jamais quand on les met sur leur marotte, il faut d'abord faire la besogne sérieuse, on pourra ensuite histologiser à son temps perdu.

L'important pour nous est de montrer la progression constante à laquelle est soumis tout élément, tout organe, toute synthèse, tout milieu, tout rapport; ne dussions-nous acclimater définitivement dans la patrie scientifique que cette seule vérité mère de toutes les autres, nous croirions avoir assez fait.

Que les mânes de notre illustre maître ne se lèvent pas pour nous maudire! Tout en révérant sa mémoire, nous ne pouvons rester dans l'illusion qui a fait sa gloire, nous ne pouvons admettre l'*unité de composition*. Il y a unité de direction et multiplicité successive de moyens. Notre grand Geoffroy Saint-Hilaire le sentait bien lui-même; mais n'opérant que dans le champ étroit de la zoologie, ne possédant pas la méthode sériaire, pour laquelle il a entassé de si précieux matériaux que nous avons recueillis dans sa succession (1), il luttait courageusement contre l'immobilisme des classificateurs et des faiseurs d'embranchements. Il avait trop la conscience du progrès pour s'incliner devant l'arbitraire, il a laissé la voie ouverte et je ne crains pas que son OMBRE vienne me détourner du chemin qu'il a si largement aplani.

Dans la sériation des synthèses zoologiques, j'aborderai en face ces grandes questions où ce magnifique caractère déploya tant de belles qualités, je relèverai son drapeau qui flottera au-dessus de sa tombe avec cette belle devise : *unité et progrès*.

Notre élément zoologique, composé de ses deux membranes, a bien peu d'organes en dehors de la substance qui concourt à leur formation; il n'y a pas de distinction entre elles. Qu'elles soient l'une et l'autre une accumulation de cellules plus ou moins cystoblastiques desquelles se détacheront d'autres

(1) La filiation des tendances constate la vraie paternité scientifique; c'est là surtout que la piété filiale est de rigueur : voilà pourquoi l'on a pu lire en tête de l'un des tomes de cet ouvrage la pièce de vers inspirée par le juste respect que notre auteur professe pour la mémoire d'un illustre savant, trop méconnu jusqu'à ce jour.

(*Note de l'éditeur.*)

cellules non moins cystoblastiques qui formeront les organes, je le veux bien ; ce que je constate, c'est que zoologiquement elles sont simples et que zoologiquement elles vont tendre à se compliquer.

Pas n'est besoin de ressasser nos lois de division parcellaire tendant à la concentration et à la distinction de plus en plus flagrante d'organes nouveaux, cela est acquis aujourd'hui au procès.

Quand les deux membranes se distinguent, se séparent et se mettent en communication directe avec le dehors, les deux pôles deviennent plus évidents.— Le supérieur domine, l'inférieur suit, la latéralité se complique à son tour, mais nous avons noté aussi un espace intermédiaire, c'est là que les matériaux de formation s'accumulent. Quand les deux membranes, l'externe surtout, se clivent en feuillets divers, des espaces intermédiaires sont également ménagés entre ces clivages et occupés par des matériaux également déposés. C'est cet élément de formation constante que l'on rencontre toujours à l'état disponible, quelque quantité qui en ait été employée, qu'on appelle le tissu cellulaire.

Supposez, si vous le voulez, que l'on appelle ce tissu, cellulaire, parce qu'il est composé de cellules sans cesse renouvelées à mesure qu'elles sont mises en œuvre ; je ne m'y oppose pas, je constate seulement le fait de son existence, je note sa place et j'indique la direction dans laquelle on doit le considérer.

On peut faire sortir, si l'on veut, tous les éléments organiques qui se distinguent dans la suite, de cet élément premier qui n'aurait plus qu'à s'approprier aux exigences nouvelles ; mais au lieu d'y voir une unité, j'aime mieux y voir une succession partant d'un élément commun ; c'est alors, de la bonne et louable série, et je ne fais plus aucune difficulté.

Ne croyons pas cependant être fort avancés dans la science zoologique, si nous nous contentons de nous étendre mollement sur le coussin cellulaire. Ne restons pas dans l'élément ; tenons compte de la série générale dans laquelle il est enclavé, tenons compte des milieux divers que l'extérieur lui présente, comme chaleur, électricité, humidité, etc.; n'oublions pas la progression constante qui enserre l'organisme dans un élan puissant, et nous reconnaîtrons qu'une synthèse animale développée est un gigantesque abîme pour la molécule celluleuse, dont les phases à accomplir sont agrandies par tous les rapports intrà-synthétiques adjoints à toutes les forces déjà extérieurement établies.

A ces conditions, je ne renie pas la cellule comme point de départ des formations organiques, mais elle n'aura que son importance d'élément qui, quoique fondamental dans la série, est loin d'être colossal. Ce n'est pas elle, cette faible cellule qui se transmute et se métamorphose ; elle est bel et bien transmutée, métamorphosée par des courants de plus en plus énergiques, parce qu'ils sont de plus en plus multipliés ; c'est ce que ne peuvent voir les cellulo-manes dont la cellule est la Dulcinée du Toboso ; ils lui rêvent toutes les perfections et ne songent pas que c'est une humble servante qui, malgré son mérite, est loin d'offrir les charmes nécessaires pour faire déraisonner les preux chevaliers qui chevauchent pour sa gloire et les beaux yeux qu'ils lui supposent.

Si la progression se fait dans les milieux, si elle s'opère dans les organes, elle n'est pas non plus négligée dans les rapports de ces deux grands pivots : le dehors et le dedans. La cellule, à mesure qu'elle est façonnée par le tirage évolutionnaire, n'a pas la propriété de vivre de l'amour de ses adorateurs ; personne n'ignore que tout animal mange, quelquefois il va jusqu'à s'attaquer à lui-même ; il vide ses magasins de réserve, et la place n'étant approvisionnée que pour quelques jours, surtout quand elle est de très-haute classe, la bête n'engraisse pas et la cellule s'aplatit vite à ce métier-là. Eh bien, l'élément progressera lui-même comme composition, comme répartition ; nous le reconnaîtrons en étudiant la sériation des manifestations fonctionnelles, qui ne sont que la mise en œuvre successive des organes successivement formés.

Si le renouvellement alimentaire est plus actif, si l'élaboration est plus parfaite, le chemin que parcourra la cellule dans la voie de la formation sera également plus étendu ; comme l'animal entier, elle déterminera en elle-même deux pôles ; de cercle elle deviendra ellipse, puis canaliculaire, puis fibrillaire, cartilagineuse ; elle s'incrustera de sels minéraux pour former des os ; elle s'amollira en fibres musculaires, en cordons nerveux ; elle enserrera le fameux globule de la nervosité. Deviendra-t-elle le globule sanguin ? Pourquoi pas ? Et le globule épithélial ? Rien ne s'y oppose. La glande est une agglomération de cellules, les sécrétions fourmillent de globules, tout cela me paraît naturel, mais ne me semble pas indiquer une bien grande unité de composition.

Sériez donc une bonne fois les éléments et vous verrez quelle succession manifeste : cellule, d'abord celluleuse pure, puis cartilagineuse, fibreuse, aponévrotique, ligamenteuse, etc., puis musculaire, nerveuse, etc. ;

globuleuse, sanguine, épithéliale, glanduleuse, etc.; appliquez tous ces éléments aux divers organes que nous avons étudiés et voyez à quelle complication l'on arrive sans cesser d'être dans la série, morbleu! mais en s'éloignant de l'unité de composition à mesure qu'on s'éloigne de l'élément, lequel conserve toujours ce caractère, parce qu'il est toujours relativement Un! Il offre son cachet infime de confusion de parties et de fonctions, ce qui est bien l'unité, mais nullement le cachet de l'organisation, laquelle distingue ses fonctions à chaque pas, en distinguant, à l'aide de la concentration parcellaire des organes de mieux en mieux façonnés, comme nous l'avons montré de reste.

S'il vous en souvient, certain chapitre a été par nous intitulé *Progression de l'élément formateur*, et je vous ai averti alors honnêtement que cela devait conduire tout droit à la progression de l'organe formé; cela n'a pas manqué d'arriver. La membrane interne, d'abord simple, s'est compliquée, circonvolutionnée, s'est payé des annexes intestinales, digestives, trituratrices; des glandes salivaires, un foie, un pancréas; l'espace intermédiaire a vu naître successivement des canaux circulatoires, des cœurs, puis des cordons nerveux, puis des ganglions nerveux, puis des reins, et de plus l'organe reproducteur.

La membrane externe a fait bien mieux encore: D'abord simple comme tout brave élément, elle a pris de l'ambition; mais l'extérieur, plus fort, le dedans, plus faible, lui ont imposé la modestie; elle s'est fait alors pilier de résistance; elle a drapé l'animal dans son *manteau*, elle lui a prêté l'assistance de son *pied*, mais avant tout elle est devenue coquille: je ne sache pas qu'elle en soit restée là. Vous n'avez pas oublié le test articulé qui me semble peu figurer une coquille et la grande formation squelettique qui prolonge, certes, comme direction la coquille et le test, mais n'est pas précisément taillée sur le même patron. Les sens se sont assez ouverts les uns après les autres pour que personne ne s'imagine que les animaux où on ne les rencontre pas les aient escamotés pour nous faire pièce. Vous voyez bien la progression, je l'espère, la direction ne change jamais, une loi constante préside à toutes les formations organiques, mais une bonne division parcellaire ne sera jamais l'identique représentation d'une parfaite concentration, quoique la seconde procède de la première comme la conséquence procède du principe. Jamais on n'a prétendu avec l'apparence de raison que la conséquence est uniquement composée comme le principe, sinon il n'y aurait que des principes, ce qui serait plus simple; mais étant affligés, pour notre malheur, d'individuelles conséquences, nous cherchons à sérier, depuis le principe, clairement posé, jusqu'à la dernière conséquence nettement perçue, et nous avons la prétention d'être dans le seul vrai. Seulement nous ne mettons jamais le principe en dehors des conséquences, c'est-à-dire que, pour point de départ, nous avons toujours un fait, comme évolution des séries de faits, et les conséquences sont mesurées par notre organe inductif, de même que les faits sont mesurés par notre organe visuel. Notre champ est large, nous n'y négligeons rien et, malgré tout, nous arrivons à un petit résultat assez satisfaisant; nous engageons chacun à s'en contenter pour le moment : un tiens vaut mieux que deux tu l'auras.

Les formes des organes sont, comme celles des animaux, la pure expression de synthèses perçues, mais non analysées par la vue. En analyse, on va des synthèses grosses à des synthèses petites ; et si les infiniments petits auxquels l'on arrive, ont une forme distincte, il y a encore synthèse ; que les chercheurs d'atomes se le tiennent donc pour dit. Le mot est l'expression vocale et transmissible d'une forme perçue et par conséquent non analysée ; il y a donc toujours symbole dans la forme et dans le nom, puisqu'ils expriment le défaut de série et par conséquent l'absence de synthèse réellement appréciée. Nous n'avons constitué notre élément aussi bas que possible que pour arriver de plus bas, afin de démolir la prétendue réalité de ces formes et de ces noms qui nous cachent la vérité fructueuse, quoiqu'ils indiquent usuellement les choses. Les mots, élément, organe, synthèse, sont dans la même direction ascendante, ils indiquent qu'on marche du plus petit au plus grand, en passant par un rapport successif et commun. Les classificateurs d'animaux, c'est-à-dire de synthèses à leur période d'état dans une morphologie appréciable, ne se seraient pas tant glorifiés de leurs œuvres s'ils s'étaient imaginé cela.

Quand donc je dis sériation des formations organiques, je suis dans la vérité de constitution des organes que nous verrons donner lieu à une sériation fonctionnelle. Je vais du simple au composé, et je vois clairement que le composé, quoique sortant du simple, n'est pas le même que lui. Les noms, eux, sont tout aussi simples et aussi composés les uns que les autres, aussi sont-ils les grands suppôts de l'erreur. J'ai démontré qu'il y avait progression dans la composition organique ; qu'avec des organes je compose des synthèses zoologiques ou des animaux, ce sera la même chose, je le démontrerai et l'unité de composition, reconnue fausse pour les organes, pourra être remplacée par l'unité de direction, et nous démontrons qu'elle est moins pernicieuse et plus large que les compartiments fermés des classificateurs de bêtes, lesquels, aveuglés par l'hallucination des différences, nient en même temps et l'unité de direction et la progression si lentement oscillatoire, vérités de la plus grande évidence qui leur eût frappé les yeux, s'ils avaient été de bonne foi.

Sortons de la synthèse organique comme nous sommes sortis de la synthèse élémentaire, et sans sérier les synthèses zoologiques, ce que nous ferons à part, voyons les liens qui unissent tous ces organes, et nous sentirons qu'ils progressent comme tout le reste, je le répète ici, dussé-je en fatiguer le lecteur.

Les organes formés par le développement de la membrane interne progressent en composition et en volume. Le canal intestinal, d'abord attaché à la membrane interne, à peine creusé d'un bout à l'autre de l'animal, distingue ses parties, les augmente, les circonvolutionne ; ses annexes deviennent énormes, témoin le foie, la rate qui, d'abord confondus dans la gangue commune, finissent par s'individualiser et constituent ainsi des synthèses qui ont leur forme, leur délimitation et leurs qualités spéciales, ce qu'ils étaient loin d'avoir tout d'abord. Entre ces organes développés se déterminent des espaces intermédiaires dans lesquels le tissu cellulaire s'accumule ; mais deux organes distingués par leur surface réciproque tendent à employer dans leur masse le tissu cellulaire qu'on nomme intersticiel, et cette gangue tassée, condensée, évolutionnée, arrive à former un feutrage plus solide, étendu sur l'une et l'autre surface. Ce feutrage sert au glissement mutuel des deux organes, cela constitue ce qu'on appelle des membranes séreuses, parce qu'entre leurs feuillets se sécrète une liqueur spéciale qui maintient là une atmosphère moins condensée. Cette atmosphère empêche les organes de se confondre, ce qui a lieu quand, dans une hypervitalité inflammatoire, le travail organique, poussé plus loin que de coutume, détermine des adhérences.—La médecine s'occupe spécialement de ces formations, quoiqu'elles n'aient rien d'exceptionnel que le défaut de normalité qu'elles présentent ; nous n'avons pas à insister sur ce point.

Les séreuses sont les mêmes partout, puisqu'elles sont partout la conséquence du même principe. Toute séreuse établit, à l'aide de la gangue celluleuse membranisée, une délimitation et un moyen de frottement entre plusieurs organes donnés. Là encore, il y a unité de direction, mais de composition point ; ainsi au début, c'est à peine si la gangue celluleuse existe; puis elle forme, au canal intestinal seul, un petit point d'appui qui s'étend de plus en plus et finit par embrasser la plupart des annexes pour former la grande membrane péritonéale avec ses épiploons, ses mésentères, etc., plus les vaisseaux qui s'y adjoignent, plus la graisse qui s'y dépose. L'anatomie descriptive a largement glané dans ce champ, qu'elle a obscurci de ses distinctions scolastiques ; j'aime mieux m'en tenir à montrer comment cela s'opère, il sera bien facile ensuite de suivre les opérations. Il en est de même de la plèvre séreuse qui entoure les poumons quand l'organe respiratoire arrive à cette phase; il en est ainsi de l'arachnoïde dont nous avons parlé à son temps et qui de couche celluleuse et oléagineuse arrive à former une membrane solide à deux feuillets, avec son liquide interlamellaire.

La membrane externe fait mieux encore, elle se clive en couches nombreuses. Suivez la progression respiratoire et dites-moi si la surface d'une hydre, la trachée aquifère d'un oursin, les branchies d'une huître, le sac pulmonaire d'un limaçon, le système branchial si compliqué des poissons, les sacs respiratoires des reptiles et les poumons perforés des oiseaux, les trachées aériennes des insectes et les poumons lobulés des mammifères, ne tournent pas le dos à l'unité de composition? Le rapport atmosphérique reste le même, c'est toujours la membrane externe qui en est chargée; voilà l'unité, mais les moyens, mais les organes, quelle progression, quelle série graduelle et constante, quelle subordination des organes aux milieux! Cela n'est pas contestable et l'unité de composition qui a tant servi l'anatomie comparée comme la pierre philosophale a servi la chimie, n'a plus aujourd'hui qu'une raison d'être historique; honneur au génie qui consacra sa vie entière à l'appuyer; honneur à tous ceux qui ont pris là une devise pour travailler au grand œuvre; mais rejetons aujourd'hui cette aberration fâcheuse qui donnerait une ombre de raison aux segmentateurs d'ordres et de familles qui nieraient l'unité progressive indiscutable, en s'appuyant sur l'unité de composition inadmissible. Plus de rhétorique, plus de subtilités, la science est la perception des rapports, ne nions donc pas les milieux, trouvons notre ordonnée et marchons droit où la vérité nous appelle, sans nous laisser arrêter par les clameurs intéressées des faux prophètes qui sembleraient s'apitoyer sur notre sort.

Vous vous souvenez de la sériation céphalique, de la sériation phonatrice; quoi de plus successif ? Une huître acéphale n'est pas plus une exception et un ordre que l'autruche ou la cigogne, avec leur tête emmanchée d'un long cou ; mais combien de degrés ne faut-il pas lentement suivre pour arriver de l'un à l'autre et pour savoir ce qui précède et ce qui suit ! Oui, entre les deux pôles il y a cet antagonisme, qui exista longtemps entre les deux membranes fondamentales. Il y a balancement organique, attraction élective des éléments; tout cela est vrai, mais tout cela est du rapport, par conséquent supérieur aux faits eux-mêmes et, quoi qu'on fasse, si l'œil, quand on s'en sert, est le meilleur juge des similitudes et des différences pour les faits, avec l'imagination seule on n'arrive qu'à des rapports forcés : oui, la loi des connexions est immortelle, c'est un grand criterium pour reconnaître la succession des formations, mais ce n'est qu'un moyen. Elle a dissipé de grandes erreurs en permettant de sérier des choses que l'on croyait fixes et établies d'avance sans rime ni raison, en vertu de caprices ou de miracles ; elle a conduit à voir la différence qu'il y a entre une division parcellaire primordiale, caractère d'infériorité, et la concentration ultérieure, caractère de supériorité; elle a poussé son immortel auteur dans les recherches embryologiques, où tout un monde nouveau est apparu ; mais c'était la succession et nullement l'unité de composition qui se révélait à chaque pas. Bref, ce n'était qu'une gigantesque hypothèse qui servait de phare dans une route obscurcie par les ténèbres de l'ignorance, mais elle devait conduire au grand soleil de la Série, qui doit éclairer tout homme venant en ce Monde. L'anatomie comparée devait finir là sa brillante carrière, puis se fondre dans cette grande perception des rapports qui constituera la science moderne. Geoffroy Saint-Hilaire a été le dernier et le plus grand écho de Bacon : l'œil avait fini son temps, le sens inductif devait avoir son tour. Cuvier se leva pour arrêter la science dans sa marche en la constituant, la science aujourd'hui doit sortir du sépulcre et confondre au grand jour son trop célèbre immobilisateur.

Oui, il était indispensable de scruter le manteau, le *pied*, les articles du test, les pattes, les nageoires et les ailes, pour connaître à fond la suite de tant d'arrangements remarquables que chaque milieu a fait surgir des phases organiques où la série zoologique se trouvait engagée ; la sériation des organes locomoteurs ne nous a été permise à notre tour qu'après la patiente investigation de nos devanciers. Ils ont vieilli à la tâche, l'outrage ne leur a pas été épargné, mais ils avaient plutôt la conscience que la possession de la vérité. Plaignons-les, mais ne restons pas dans l'impasse ; ils ont préparé le progrès, vengeons leur mémoire en l'appliquant.

Quel panorama superbe que celui de l'évolution de ces deux chétives membranes qu'on n'avait même pas songé à considérer comme point de départ ! Quelle toile magique que celle où tant de tableaux viennent se peindre, et pourtant on en conçoit encore plus qu'on n'en voit ! Quel beau travail que ce repliement de la membrane externe à l'intérieur, à l'état de branchies et de trachées d'abord, à l'état de poumons ensuite; et cette belle pénétration des muqueuses dans toutes les cavités intérieures qui ont ouverture sur le dehors : la conjonctive, la pituitaire, la buccale, la pharyngienne, la linguale, la laryngienne, la pulmonaire, l'œsophagienne, la stomacale, l'intestinale; puis la confusion de la muqueuse avec la peau, aux lèvres et à l'anus; et la membrane vaginale, utérine, vésicale, urétrale! y a-t-il rien de plus saisissant que cette chute constante de pellicules épithéliales et de sécrétions dépuratrices au dedans, et cette farine épidermique constante, et cette sueur incontinue à la surface, et tout cela depuis l'élément le plus infime jusqu'à la synthèse la plus complexe, depuis le volvoce jusqu'à l'homme, et avant cela, il y avait une organisation phytologique, et une organisation minéralogique, et tout cela se suit, et tout cela s'enchaîne! L'anatomie n'est qu'un moyen, l'œil n'est qu'un sens de premier degré, l'écriture n'est qu'un artifice grossier pour reproduire lentement les idées brûlantes! et l'on discuterait encore sur cette mesquine question de l'unité de composition! Hommes illustres, qu'est-ce que la composition à côté de la mise en œuvre? Vous disputiez sur la dépouille des morts, la vie avait cessé sous la pointe de vos intelligents scalpels. Eh bien, en vérité je vous le dis, c'est la vie qui est belle, la mort est triste quoique grandiose; à la fonction donc, au rapport à nous apparaître; depuis trop longtemps, nous sentons le cadavre, animons donc ce grand ossuaire; à moi la fonctionnalité!

CHAPITRE XXXIX.

Sériation des manifestations fonctionnelles.

J'allais m'élancer dans le vaste champ du rapport. Halte-là! m'a crié l'analyse, pas d'enthousiasme, il faut décrire, il faut sérier encore; pas d'hymne de triomphe avant la victoire, combats encore, le dithyrambe s'entonnera plus tard. Cela est froid comme la raison; j'obéis encore, mais je briserai ma chaîne d'esclave, analyse despotique, et tu disparaîtras devant le dernier éclair que la SCIENCE fulgurera dans l'espace avant de se dresser sur son colossal piédestal (la Série) taillé dans l'indestructible granit de la perception des rapports...

Les organes sont subordonnés aux milieux, et il n'y a pas unité de milieux, l'eau, l'air, la terre, les marais, etc., le démontrent; l'élément formateur progresse; il y a progression dans les formations organiques; les fonctions étant subordonnées aux organes doivent progresser également.

Une fonction est toujours un rapport. Elle est plus ou moins simple, plus ou moins compliquée suivant la simplicité ou la complexité des éléments qui entrent en rapport pour y donner lieu. Tout organisme en évolution, c'est-à-dire vivant, donne lieu nécessairement à un fonctionnement parallèle à sa composition. La formation organique est parfaitement indépendante du fonctionnement, et je n'en veux qu'une preuve, c'est qu'il y a certaines formations qui par le fait ne servent pas, ne sont pas mises en action, et sont là seulement comme le représentant de certaines phases formatrices. La division des parties, qui est toujours un caractère d'infériorité, amène toujours le fonctionnement incomplet qui se perfectionnera par la concentration parcellaire. Combien d'appendices, de canaux obturés ne rencontre-t-on pas dans les organes d'animaux élevés, qui étaient employés, bien ouverts, chez des animaux infimes! C'est là surtout ce qui avait fait admettre l'unité de composition, quoique cela démontre tout le contraire, et ne laisse subsister que l'unité de direction.

Si l'on a pu discuter longtemps sur l'unité de composition organique, jamais un homme sensé et ayant abordé le terrain de la science n'est venu affirmer l'unité de fonctionnement. Les grands prêtres du spiritualisme ont bien adoré dans leur tabernacle leur tout-puissant principe vital; mais comme pour eux les rapports ne sont rien, parce que, disent-ils, ils n'ont pas de corps, les fonctions se confondent avec les organes, mis en action par le principe vital. C'est très-simplifiant comme on voit, mais là par le fait, il n'y a pas science, il y a rêverie, imagination, terminologie non appuyée; il suffit, pour n'avoir plus à pérorer avec ces respectables Augures et ces éloquents Flamines, de renoncer à l'absolu. On a alors un point de départ fonctionnel, comme on a un point de départ organique, et de l'un comme de l'autre, on va forcément au bout de la série, et je ne sache pas que personne y ait trouvé de principe vital; il a encore bien moins de corps que les rapports, celui-là!

Il y a progression dans les manifestations fonctionnelles, les instruments sont trop variés pour qu'il y ait immobilisme d'action; mais quand pour son malheur on a regardé par la lunette symbolique, tout ce qu'on voit passer devant soi semble sortir de la lunette, et, ma foi, alors on croit assister à un spectacle que la lunette elle-même déroule pour notre plus grand agrément.

Pour nous, toute lunette est un auxiliaire qui supplée à notre impuissance: nos yeux mêmes ne nous paraissent pas suffisants pour évoquer la relation dans toute son étendue. C'est notre grand sens inductif cérébral qui nous arme suffisamment à cet égard. Si, s'en étant servi sans s'en douter, on a cru généralement n'avoir regardé que par la grande lunette, l'illusion est forte, mais je ne puis que la constater; peu importe d'ailleurs, si l'on regarde bien tout ce qui passe, si l'on ne nie rien de ce qui paraît, et si l'on ne se met pas à contempler la lunette elle-même, comme suffisante pour tout expliquer.

La fonction n'est pas seulement propre à l'animalité. Le minéral fait, comme on dit, fonction de base ou d'acide, manifeste des qualités diverses, mais son grand rapport se montre sous l'aspect de chaleur, d'électricité, de magnétisme; perçues en action ces qualités constituent autant de forces qui, au demeurant, ne sont que d'immenses fonctionnements. La plante, elle, fonctionne tellement, qu'on a créé une physiologie végétale complète pour s'en rendre compte, et quand on y regardera de bien près, on reconnaîtra qu'organes et milieux suffisent de reste pour expliquer les fonctions qui nous apparaissent dans tous les actes phytologiques.

La zoologie, qui en est la suite immédiate, atteint une limite de plus. En minéralogie, toute fonction était prédominément manifestée au dehors de la synthèse, laquelle d'ailleurs restait toujours comme composition à l'état d'élément. En botanique, le fonctionnement que j'appellerai intra-synthétique, par rapport au premier mode, qui peut être dénominé extra-synthétique, commence à se tailler une plus large part. La synthèse phytologique ne reste pas à l'état élémentaire, elle acquiert une personnalité quelquefois colossale, et dans ce géant de bois ou de verdure se cisèlent assez de compartiments pour que des fonctions internes assez nombreuses s'y exécutent, sans pour cela déranger la source première de tout rapport, l'extérieur, dans laquelle la plante puise par tous ses pores.

La zoologie ne fait pas exception, elle grandit de la façon la plus normale. Le fonctionnement intra-synthétique prend un développement gigantesque, et tout un organisme y est affecté. Nous l'avons longuement déroulé dans sa formation progressive, nous nous réservons de parcourir à part sa fonctionnalité. Certainement les fonctions sont toutes solidaires les unes des autres, le seul côté constant est le dehors qui agit sur des surfaces de plus en plus étendues et de mieux en mieux façonnées. La nervosité, quand elle apparait, se mêle bientôt à tous les actes intra-synthétiques, elle entre directement en rapport avec l'extérieur contre lequel elle réagit en se l'assimilant ou le répercutant. Nous devrons provisoirement supposer son action sans la peindre, car ma plume n'a pas le don d'ubiquité, elle ne peut traiter à la fois deux sujets qui ne sont pas sur le même plan. Je vais aborder le fonctionnement que les scolastiques eux-mêmes appellent végétatif, parce qu'ils l'assimilent, sans trop savoir pourquoi, à ce qui se passe en phytologie, mais la réalité est si forte que les plus aveugles en sont frappés. Je montrerai que par tous les points il progresse, et cela sera parfaitement suffisant ici. La nervosité sera ensuite bien mieux appréciée, parce qu'on verra ses organes et son domaine; en y joignant l'extérieur, source commune de tous rapports, on n'aura, je l'espère, plus rien à désirer que l'absolu, que je rejette toujours, parce que par le fait il ne peut être utilement et scientifiquement mis nulle part.

Figurez-vous notre élément zoologique à peine sûr de ses deux fragiles membranes qui ne sont encore que des surfaces, figurez-vous-le impressionné, c'est-à-dire mis en relation avec le dehors qui l'enserre de toute part et lui procure des aliments nécessaires à sa conservation et à son agrandissement. Le rapport est là presque entièrement extra-synthétique, la chaleur vient du dehors, l'humidité du dehors, l'aliment est apporté par le dehors, assimilé par les forces externes se jouant sur un organe à peine ébauché et qui suffit pourtant pour commencer ce qui sera plus tard la série zoologique tout entière. L'atmosphère dissoute dans l'eau est mise mécaniquement, fortuitement et forcément au contact de la membrane externe, laquelle sépare quelques molécules aériennes, à l'aide du crible minime que le dehors a façonné en groupant des molécules phytologisées, comme nous l'avons démontré plus haut : voilà le fonctionnement élémentaire de l'animal élémentaire, l'un vaut l'autre, et on ne niera pas maintenant la subordination de la fonction à l'organe et de l'organe au milieu. La mise en rapport d'un organe avec le milieu extérieur, ou avec le milieu intra-organique, ou des organes entre eux : voilà tout le mystère de la fonctionnalité. L'œil ne voit que des effets, quelquefois il ne voit rien du tout, et l'homme qui a bien la conscience du rapport, mais qui ne sait comment il est perçu, cherche partout des causes qu'il ne trouve nulle part. Il y renoncera quand il reconnaîtra l'organe même avec lequel on voit les rapports, et il ne niera pas plus une relation quand il connaîtra son sens inductif, qu'il ne nie aujourd'hui un fait, parce qu'il sait bien qu'il a un œil qui lui permet de le rectifier en le percevant.

La base de cette fonctionnalité initiale est pour la membrane interne ce qu'on appelle la digestion ; pour l'externe, la respiration : l'une consistant dans l'adjonction et la préparation de l'aliment, l'autre dans l'incorporation de l'oxygène de l'air.

Si tout était fixe, si tout était immobile comme on le suppose, si les milieux n'étaient rien, si les rapports étaient des chimères, les organes de vaines apparitions, malencontreux au dernier chef et bons tout au plus à être vigoureusement martelés d'abstinence et de discipline ; s'il en était ainsi, ou bien ce premier degré eût subsisté toujours, et dans ce cas, je n'écrirais pas, cher lecteur, et vous ne seriez pas là pour me lire, car nous sommes venus l'un et l'autre beaucoup plus tard que cela ; ou bien l'homme fût apparu seul en vrai roi de la nature, ayant depuis lors des sujets et une cour avec sa puissance nettement tracée, son œuvre toute prête à accomplir. Il n'en est rien : deux séries précèdent notre chétif élément zoologique et toute la série animale nous précède nous-mêmes, qui sommes l'élément fort complexe d'une série nouvelle, et après nous une autre série gigantesque se présente. L'immobilisme ne brille pas par la force de constatation, aussi le rejetons-nous comme une erreur qui tient à notre faiblesse première. L'enfant est d'abord emmailloté dans ses langes, son monde est un berceau; puis il rampe avec peine, trébuche souvent et n'acquiert qu'assez tard l'usage de ses jambes, qu'un bon exercice peut seul largement perfectionner.

En phytologie, la respiration s'opère par la feuille qui, nous l'avons vu, est loin de rester la même, et suivant qu'elle est à l'ombre ou à la lumière, sa fonctionnalité change du tout au tout. La digestion se fait depuis les racines jusqu'aux feuilles elles-mêmes, en passant par les mille canaux internes, préparés successivement par l'évolution. En zoologie, la respiration se fait d'abord par la surface externe, puis par la trachée aquifère où l'eau passe comme dans un large canal de communication; puis la trachée frise ses houppes et ses grappes, l'eau circule à leur surface et la fonction est accomplie. Chez l'insecte, l'air pénètre profondément dans les trachées sous l'influence des nombreuses ruptures d'équilibre que permet un test articulé et constamment mobile; le reptile avale l'air comme il avale l'aliment; l'oiseau est pourvu d'un mécanisme énorme, et le mammifère s'augmente d'un diaphragme : la fonction ne change pas, c'est toujours la respiration; l'élément introduit ne change pas, c'est toujours l'air, mais les rapports augmentent, mais les combinaisons se multiplient, la digestion, de son côté, grandit et se complique. Enfin, la fonction progresse, cela n'est pas contestable : nous avons donc toujours raison.

Regardons la membrane interne, ses annexes et

son grand accessoire, le système circulateur, et nous verrons le chemin que tout cela parcourt en fonction, comme nous l'avons déjà reconnu pour les organes.

Ici, tout progresse à la fois, l'élément introduit, la façon dont il est préparé, la façon dont il est réparti, la façon dont il est incorporé, la façon dont il s'organise, la façon dont il fabrique des organes et des synthèses.

A l'origine, l'aliment est simple, c'est quelque molécule vague de matière phytologisée, plus tard animalisée même, qu'un courant extérieur amène au contact de l'animal ; un peu plus tard, un organe accessoire, le cil vibratile, détermine lui-même le courant que l'animal a ainsi à sa disposition. Le progrès en fonction, nous l'avons dit, tend de plus en plus à devenir intra-synthétique ; le cil vibratile disparaît, la fonction tient à une relation plus haute, au mouvement entier de l'animal lui-même ; puis viennent des serres, des pinces, des crochets, des dents, des griffes, des mains, etc., qui accomplissent successivement, en le rendant plus parfait, ce premier acte de la digestion qu'on appelle, toujours en prenant la conséquence éloignée pour le principe, la préhension. Passe pour ce mot, car il s'en trouve de bien autrement absurdes qu'on prononce pourtant avec non moins de solennité.

Dès l'abord, la digestion ne va pas loin, l'aliment est de suite mis en contact avec la membrane interne où il s'atténue, se désagrége, se transmute peut-être, et sous l'influence des forces extérieures d'abord, des forces nerveuses plus tard, devient partie intégrante de l'organisme, suivant la phase sériaire où il se trouve appliqué.

Trouvez donc chez un volvoce ou une monade, chez une hydre ou une méduse votre insalivation, votre mastication, votre déglutition; c'est académique cela, c'est superbe ; on va d'un bout à l'autre de ce qu'on appelle la fonction digestive sans broncher d'une lettre, et tout cela censé fixe, bien arrangé, venu là tout exprès pour être décrit par l'éminent physiologiste du moment. L'auditeur, s'il se hasarde à venir, écoute, admire, bâille, dort ou applaudit s'il est en nombre et s'inquiète peu de savoir si au fond cela est vrai. Il croit sur parole, ne demande pas de pièces de conviction, voit assassiner quelques bêtes dans ce qu'on appelle les cours pratiques. S'il veut de l'anatomie, il y a un professeur ; de la botanique, il y en a un autre; de la minéralogie, un autre; un quatrième parle mathématiques, l'astronomie est pour les plus huppés des connaisseurs. Les magasins sont beaux et nombreux, mais y a-t-il bien livraison de marchandise? Qui a frappé le coin de la monnaie courante? Quel rapport y a-t-il entre toutes ces petites monnaies variées? Je ne sais trop si l'on se le demande; mais devant l'étude si difficile des fonctions, je suis obligé de me le demander.

Les fonctions ne se décrivent pas comme des organes; on ne peut faire lire couramment l'homme qui ne sait pas ses lettres; les lettres de la lecture physiologique, que j'aimerais mieux appeler fonctionologique, ce sont les organes, et la description nous a montré de reste que le système monétaire n'était pas là mieux harmonisé qu'ici.

La mastication tient à la mise en œuvre des moyens successifs que nous avons sériés à leur temps. L'insalivation a lieu dès que se montrent les glandes salivaires, ce qui n'arrive pas tout d'abord, comme on sait. Il serait fort important, sans doute, de suivre les transformations successives de l'aliment, mais il faudrait le faire degré par degré, bête par bête, qu'on me permette l'expression. La chimie aidera à analyser les humeurs, le microscope à distinguer les formes, l'induction réunira le tout. En attendant, il faut se servir de ce qui est fait et bien montrer que dans la série seule on trouve la voie ; si elle ne paraît pas assez grande, on l'élargira après. La première condition est de pouvoir passer ; l'embellissement ne coûtera que du temps et de la patience, et on en a plus perdu à ne pas bouger qu'on en emploiera à marcher utilement en avant.

La déglutition est un acte purement mécanique, dont la précision et l'étendue tiennent aux instruments appropriés à cet usage. Tous les animaux n'ont pas la langue et le palais façonnés pour l'enroulement du bol alimentaire ; le pharynx n'a pas partout ses piliers, ses amygdales et ses muscles ; et à l'apogée de cette fonctionnalité il faut une synergie musculaire immense que peut seule ordonner une nervosité complète. Faites donc après cela une étude séparée de la digestion, appuyée sur l'autorité des meilleurs auteurs!

La chymification est autrement intéressante, mais par malheur le mot chyme, pour n'être pas distingué comme euphonie, n'est pas très-clair dans sa signification. On a vu chez les animaux supérieurs, dans une cavité appelée estomac, une bouillie grisâtre, état dans lequel était transmuté l'aliment après avoir été préhendé, mastiqué, insalivé et quelquefois ruminé, c'est-à-dire remastiqué et réinsalivé ; après avoir été déposé une première fois dans une poche spéciale. Cette bouillie grise était déterminée par la combinaison de l'aliment ainsi travaillé avec un suc versé par de petites glandes et qu'on nomme le suc gastrique : voilà le chyme, on voit qu'un mot est loin de rendre de suite à la pensée ce qu'il est censé expliquer. Alors, le physiologiste, malgré sa morgue traditionnelle, reconnaît qu'il ne peut pas arriver à des rapports sans avoir les éléments qui y conduisent. La cuisinière bourgeoise nous l'apprend : si vous voulez faire un civet, prenez un lièvre. Les physiologistes vont demander leur lièvre au chimiste, ce n'était pas la peine de tant se rengorger. Ils écriront ce que le chimiste aura reconnu, et les rapports seront même le plus souvent négligés ; quant à la série zoologique, il n'en est pas question. On n'a fait jusqu'ici que la physiologie de la grosse bête ou l'analyse de l'élément, témoin le globule du sang. Tout cela n'est donc qu'une confection d'archives insuffisantes, la série seule complétera le tableau.

L'aliment introduit progresse, cette vérité est évidente. Eh bien, de grands physiologistes cherchent ici la pierre philosophale comme on la cherche partout quand on marche dans le labyrinthe de l'analyse à la lueur blafarde de la lampe symbolique. Ils ont cherché l'aliment principe, l'aliment par excellence, le phénix, le merle blanc alimentaire. Ils ont nourri des synthèses aussi complètes que l'âne, le chien, etc., avec une seule substance, le sucre, l'orge, etc., et ils se sont étonnés que leur bête fût morte : l'étonnement eût été qu'elle eût vécu ; et ils racontent cela avec complaisance dans leurs livres avec la date de l'expérience, du trépas de la victime et cela emplit les archives et le disciple recommencera comme le maître, et des ânes paieront de leur vie cette étrange manie de l'unité d'aliment. Le Gascon était bien plus unitaire encore : il ne voulait plus nourrir du tout son cheval, lequel y était parfaitement habitué, malheureusement il mourut sur l'entrefaite; mais l'expérience avait symboliquement réussi.

Va donc pour la chymification ! Il s'y joint des conditions de chaleur interne, de nervosité, de circulation dont on tient à peine compte. Suivons, parce qu'il y a une suite; nous arrivons au corps de la place, à la chylification. Un *L* au lieu d'un M, c'est bien peu et pourtant c'est beaucoup. Le chyme est gris, le chyle est blanc; l'un était dans l'estomac, l'autre est dans les intestins. Je ne parle pas des ventricules succenturiés, des gésiers, c'est de la série organique, cela est bon pour nous; mais enfin une hydre avait-elle un chyme gris, une huître a-t-elle un chyle blanc? Cela vaut bien la peine d'être éclairé, les physiologistes n'y ont pas songé.

Mais le foie a paru de longue date, il a grossi peu à peu, il s'est concentré, condensé, il verse son produit; c'est donc un indispensable auxiliaire. Il est simple d'abord et il serait fort utile de suivre la transformation qu'éprouve l'aliment sous son influence, on n'en a rien fait. Plus tard il s'adjoint une circulation spéciale; la bile alors est plutôt un excrément récrémentitiel qu'un secours digestif; aussi, les grands physiologistes, qui prennent juste ce moment pour l'étudier, arrivent-ils à conclure qu'elle ne sert plus à grand chose. Le foie pour eux ne sécrète que la bile, donc le foie ne sert à rien, conclusion éminemment logique, mais peu brillante pour la spécialité. C'est ce que sentait M. Claude Bernard qui, quoique attelé à la physiologie d'arrivée, sans être parti de la physiologie d'origine, a fait pour l'honneur du corps ses belles expériences sur le foie lui-même mis en rapport avec la veine-porte et le système nerveux.

Les expériences en elles-mêmes étaient hardies et bien inspirées. M. Claude Bernard trouva du sucre dans le foie. Jusqu'à lui on s'était imaginé qu'il ne devait y avoir que de la bile : on avait bien considéré la sécrétion biliaire comme trop minime pour un si gros organe, mais on était trop dévoué aux saines doctrines pour y voir autre chose. Ce fut cependant bien autre chose quand la veine-porte eut été consultée; ce fut bien autre chose quand on se rappela d'où elle venait.

M. Claude Bernard eut le tort de ne pas suffisamment sérier le phénomène, il fit du foie son domaine, son tabernacle, sa propriété et tous les gobe-mouches devant nécessairement s'exclamer devant un foie qui produirait du sucre, le sucre fut par lui déclaré produit de toute pièce par le foie; et M. Claude Bernard n'en voulut pas démordre. Il eut le fanatisme de tout inventeur de fait isolé. C'est égal, un bon fait de physiologie descriptive était posé, la spécialité consentait à mettre en œuvre les immenses ressources dont elle dispose.

La question n'en devait pas rester là. Un chimiste, bon écrivain et bon penseur, suffisamment instruit pour aborder le sujet, M. Louis Figuier, est venu agrandir le champ de cet horizon restreint et la série n'a eu qu'à s'applaudir. M. Claude Bernard avait posé un principe, M. Louis Figuier a voulu voir s'il était juste et il s'est adressé aux conséquences, le seul critérium qui fût à notre disposition. Il a bien fait, et nous applaudissons de tout cœur à la voie qu'il a ouverte ; elle est des plus fécondes et dans la question présente il a toute raison pour lui. Le sucre est un principe façonné de toute pièce par les plantes, il n'y a donc pas besoïn d'un organe zoologique pour le créer. Suivez l'aliment depuis son introduction jusqu'à son arrivée et vous verrez alors ce qu'il devient. La veine-porte le centralise ; étudiez le sang dans la veine-porte et vous y trouverez du sucre. Direz-vous que c'est la veine-porte qui l'a produit? Qu'il aille au foie, rien de plus clair ; qu'il s'y retrouve, rien de plus simple ; qu'il s'y transforme, rien ne s'y oppose ; qu'il n'y fermente pas, cela n'a rien d'étonnant : l'évolution alimentaire continue, voilà tout, et le foie doit en être un précieux instrument. Nous n'avons qu'à nous réjouir de voir soulever de semblables problèmes, du choc des opinions jaillira la lumière, mais tout observateur sériaire est sûr de la victoire. *Série oblige ;* il ne faut pas s'arrêter en un point, et si nous rendons grâces à M. Claude Bernard pour avoir cherché consciencieusement une fonction au foie, nous engageons M. Louis Figuier à persévérer dans la voie qui lui est ouverte, celle de la *transmutation sériaire* de l'aliment depuis son introduction jusqu'à l'excrétion dépuratrice la plus minime. C'est là seulement qu'est toute la vérité. En attendant, que les adversaires combattent, mais que les immobilistes ne triomphent pas de l'incertitude de la lutte, car ils sont certains de payer les pots cassés. Ils peuvent sourire de pitié devant tant d'efforts que demande la science, mais rira bien qui rira le dernier.

M. Claude Bernard n'a pas voulu non plus que le pancréas ne servît à rien et il a cru reconnaître que son suc émulsionnait les corps gras, lesquels ainsi atténués passent mieux dans les chylifères. Bravo! voilà des faits. Puisez ainsi à toutes les origines, plus de dates, plus de racontages, des rapports toujours et partout et la série naturelle nous sera mieux acquise quand sur sa route toute obscurité aura été enlevée.

Quant à la suite de la fonction digestive, l'absorption est un acte fort complexe qui tient au concours de plusieurs systèmes et la progression y existe encore plus que partout ailleurs. Il y a là des considérations de contact entre l'aliment et la surface organique poreuse, ce qu'on appelle l'endosmose; il y a l'action nerveuse et surtout l'action circulatoire. La première phase de la transformation alimentaire cesse alors. La défécation, acte dépurateur, entraîne le résidu par les organes que nous avons étudiés, aidés par la grande synergie musculaire plus tard, ce que nous verrons en déroulant la fonctionnalité nerveuse.

L'aliment est métamorphosé de deux manières, on n'en a envisagé qu'une, parce que la série et le rapport sont lettres closes pour nos savants. La plante transmute la matière minéralogique en une foule de substances plus élevées en évolution. Qu'un animal les absorbe! croyez-vous que la plante n'aura pas parcouru pour lui tout un premier degré de phase digestive? Cela est si vrai que des synthèses zoologiques inférieures sont dévorées par des supérieures qui y puisent des aliments tout préparés et qui ont subi pour ainsi dire une seconde phase de transmutation. C'est cette première matière qu'il faudrait d'abord approfondir, on n'aurait plus qu'à voir ce qui s'y adjoint sous l'influence de l'organisme qui s'y attelle ensuite et l'on serait dans le vrai et dans le complet. La chimie sera là d'un grand secours. Tout ce qu'on sait de raisonnable à cet égard vient d'elle, elle a opéré des sériations magnifiques depuis le ligneux jusqu'à l'éther, depuis la fécule jusqu'à l'alcool; demandons-lui encore, travaillons de concert avec elle, animons sa puissante cornue par la notion de tous les rapports organiques, nerveux, circulatoires, extérieurs même, et nous n'en serons pas réduits au faible langage que l'on expose aujourd'hui. Les viandes, vous dit-on, se transforment dans l'estomac, sous l'influence du suc gastrique, en un principe soluble, l'albuminose, laquelle est absorbée directement dans l'estomac par les veines, ainsi que les boissons.—La fécule se transforme en glucose et en sucre, cela est plus satisfaisant que le chyme et le chyle; et la veine-porte, aboutissant de toute la circulation veineuse digestive, me semble aller trop vers le foie, qui est un organe énorme, pour que là ne s'opère pas un grand travail, lequel va se continuer au poumon.

Le suc pancréatique émulsionne les corps gras. Les chylifères, vaisseaux lymphatiques intestinaux, conduisent ce produit complexe dans la veine sous-clavière gauche, et dans le cœur. Veine-porte, chylifère, veinosité générale, se confondent pour aller en commun s'adjoindre l'oxygène au poumon, puis tout retourne au cœur, et le produit va dans le corps entier s'atténuer, se transmuter de nouveau dans chaque capillaire, dans chaque interstice. C'est là que se passe l'assimilation dont on a reconnu toute la puissance en colorant ainsi des os par la garance mêlée aux aliments, excellent fait de biologie qu'on regrette de ne trouver qu'à l'état d'exception! De tant d'actes divers, présidés depuis le bas jusqu'au haut de la série, tant par les forces extérieures que par les forces nerveuses, résulte la nutrition, laquelle, grand exécuteur des ordres de la progression, permet l'accroissement des synthèses dans leurs éléments et leurs organes. Puis, enfin, une défécation générale, que nous appelons fonction dépuratrice, et dont nous avons étudié les organes, termine ce grand cycle qui est bien simple à concevoir quand on ne l'embrouille pas des distinctions scolastiques oiseuses, et qu'on tient compte de tous les rapports.

Croit-on que la circulation soit bien nébuleuse quand, partant de la sériation organique que nous avons donnée, sachant que tout se réduit là à des actions mécaniques calculables, on l'adjoindra, ce grand auxiliaire de répartition moléculaire intra-synthétique, à tous les autres efforts qui sont en même temps réalisés dans cette synthèse animale si compliquée et à laquelle on a donné le nom d'économie ! Oui, l'économie animale nous offre une distribution, un balancement admirable d'organes et de fonctions, mais il faut les réunir à l'ensemble, sans cela nous resterons dans le livre ou le cadavre, et je ne sais lequel est le plus pernicieux !

La grande question qui a permis aux physiologistes d'avoir un peu de souffle dans la fonction circulatrice, est une dépendance du domaine de l'anatomie descriptive ; c'est l'étude du sang que nous avons ébauchée à la progression de l'élément formateur, nous n'avons donc pas à y revenir. Constatons seulement que la fonction circulatoire progresse comme tout le reste ; c'est notre marotte, si vous voulez, je désire qu'elle devienne celle de tout le monde : on est par trop immobiliste aussi, pourquoi se piquer de science quand on en rejette la première condition?

A l'origine, les petites synthèses zoologiques initiales n'ont pas de circulation, il n'y a rien à faire circuler; l'absorption endosmotique suffit très-bien, la nutrition se fait sur place et la dépuration s'opère en même temps. Figurez-vous la molécule nutritive en excès qui se façonne dans l'espace intermédiaire, elle oscille sous l'influence des forces extérieures, encore très-puissantes à cette heure, sous l'influence de l'organisation elle-même des deux membranes qui vivent, et ont ce que dans le jargon scolastique on a appelé de la tonicité. Sous cette pression, le faible tissu cellulaire se tasse, s'écarte, se canalise un peu; le vaisseau s'ébauche, et un courant imperceptible encore est déterminé d'avant en arrière et d'arrière en avant : voilà le début; vous n'ignorez pas que le mouvement n'en restera pas là. Les centres impulsifs se creusent, se façonnent ensuite, se multiplient et se concentrent suivant les lois évolutionnaires. Le dehors n'a plus tant d'action, la respiration établit elle-même un tirage, la nervosité intervient, les matériaux à véhiculer augmentent, tout suit le même tourbillon. Le sang devient un liquide complexe qui ne conserve d'homogénéité qu'en étant brassé continuellement dans les vaisseaux. La circulation est la grande pourvoyeuse des éléments, des organes et des synthèses; elle se plie à toutes les exigences. Le calme existe aux capillaires qui représentent l'oscillation première, la tempête gronde au cœur, et souffle dans les artères; le fameux torrent circulatoire n'est pas une figure de rhétorique, c'est une réalité. L'absorption, la nutrition, la dépuration surtout sont liées à cette progression gigantesque qui, simple oscillation d'un globule à l'origine, arrive à être le bouillonnement de plusieurs litres de sang. Quant au pouls veineux, et toutes autres questions analogues, c'est de la mécanique pure, de l'hydrostatique, etc., les phénomènes analogues sont régis par des lois analogues; la physique règle ce qu'il y a de physique dans l'économie; les forces vitales sont en surplus, c'est que l'évolution zoologique est plus élevée, voilà tout. Ce frottement, cette rapidité, les ruptures d'équilibre, les résolutions constantes de synthèses en éléments, et d'éléments en synthèse, jointes à la respiration, qui accomplit l'acte complexe qu'on appelle combustion, ce qui ne veut rien dire du tout : tout cela, joint à l'action nerveuse, détermine une production de chaleur qui a fait nommer les animaux à sang chaud ou à sang froid. Cette dénomination est le comble de l'absurdité et tient à ce qu'on prend la chaleur pour un être, tandis que ce n'est qu'un rapport. La chaleur extérieure est un résultat, elle se dégage des corps en certaines circonstances, elle se dégage du soleil ; l'animal la recueille, en est impressionné, mais ses propres phénomènes organiques en dégagent également plus ou moins, suivant leur intensité. Plus tard, il y en aurait trop, aussi la dépuration y obvie, la sueur forme une transpiration qui enlève du calorique au corps animal, et l'équilibre se rétablit, à moins que le dehors ne soit trop froid, auquel cas l'animal à sang chaud double sa fourrure ou ses paletots, mais se congèle bel et bien, si le milieu calorifique est insuffisant.

Que de questions surgissent à l'esprit quand on entre dans cette large voie de la sériation ! Je ne puis les aborder toutes, car je ne fais pas de spécialité. Je ne fais que traverser la zoologie, et pourtant que d'épis on y pourrait glaner !

La fonction dépuratrice est une dépendance immédiate de toutes les transmutations que nous venons d'indiquer. Il y a une dépuration intestinale, bile, résidus muqueux, fèces, etc. ; il y a une dépuration respiratoire, eau, acide carbonique, air non employé; il y a une dépuration aqueuse et volatile, la sueur; plus l'épiderme qui s'écaille, les poils qui tombent, les tests qui se renouvellent ; il y a une dépuration urinaire, beaucoup plus tardive à apparaître ; c'est qu'elle tient au rejet d'éléments solides intersticiels qui n'existent pas encore. Les carbonates et phosphates de chaux, d'ammoniaque ; l'urée, cette grande condensation azotée : tout cela passe là, d'abord à l'état presque concret, plus tard dilué par l'eau en plus ou moins grande quantité. La circulation détache de petites molécules aux capillaires, les recompose et les ramène à l'organe dépurateur. Rien n'est simple comme cela ; que de volumes on a entassés pourtant pour arriver à ne le pas dire !

Un autre ordre de dépuration a été nommé récrémentitiel ; le principe est le même, les éléments excrétés seuls sont différents, ils sont même souvent repris par la circulation, et ne sont définitivement rejetés qu'après plusieurs phases d'emplois successifs. Là sont la salive, la sérosité intersticielle du tissu cellulaire et des séreuses; la synovie des articulations, l'ovule, le sperme, le lait plus tard, toutes choses qui n'apparaissent qu'à leur moment, et que la série montrera dans toute leur rectitude et leur étendue. Oui, regardez-la toujours, cette série si lucidifiante, regardez-la comme la seule échelle de Jacob, qui vous mènera au paradis plantureux de la science ; regardez-la, consultez-la, étudiez sous son égide, et vous ne regretterez pas les quelques heures d'ennui que vous aura imposées mon livre, comme tout autre. Oubliez le moyen, mais gardez le résultat ; ignorez-moi, ignorez mon ouvrage, mais rappelez-vous que tout progresse, et que la science est la perception des rapports.

CHAPITRE XL.

Sériation des synthèses zoologiques.

Nous voilà arrivés, à travers les éléments, les organes et les systèmes, aux synthèses zoologiques, degré plus élevé, qui nous mènera aux collectivités. Les synthèses sont sériées comme les éléments et les organes ; mais, comme elles sont délimitées par une forme bien appréciable, le vulgaire les a nommées, et le savant n'étant pas encore à la hauteur de la série, les a tout bonnement classées. Les synthèses zoologiques constituent ce qu'on appelle vulgairement des animaux, de même que les synthèses phytologiques sont appelées plantes, et les synthèses minéralogiques, des corps ou des minéraux. C'est donc sur ces synthèses que les classificateurs se sont acharnés, et le Prince de la science, dont nous allons tout à l'heure raconter les exploits, posa hardiment un jour cette grande formule : la classification c'est la Science. N'ayant pas la science, il apporta une classification et, sa formule lui servant d'argument, tous les adeptes s'inclinèrent devant cette surnaturelle révélation.

Les classifications ne sont pas nées d'hier, le besoin de classer tient à l'organisation inductive de l'homme. Une classification est la concentration des notions, ni plus ni moins, et pour être utile elle n'a pas besoin d'être complète.

On est convenu d'appeler artificielles les classifications qui ne portent que sur un seul caractère auquel on mesure toutes les synthèses, car la classification ne commence qu'à ce haut degré de concentration organique. Si l'on avait sous les yeux toutes les classifications qui ont surgi dans le champ de l'humanité préparant la science, on verrait que loin d'être la science, les classifications n'expriment qu'une science de plus en plus faite. Avec la science la classification devient inutile, si ce n'est pour étiqueter consciencieusement un musée.

Ce seul caractère, qui est la base des classifications dites artificielles, ressemble terriblement à un élément pris très-haut pour qu'il ait plus de chance d'être contenu dans le plus grand nombre possible de synthèses ! Les exceptions seront brisées et on aura du moins un petit domaine assez facile à embrasser ; ce sera un progrès déjà, puisqu'on aura tracé un premier cercle. L'humanité se répète souvent ce proverbe : Qui trop embrasse mal étreint.

Ce caractère considéré seul est bien la renonciation la plus authentique au rapport réel, aussi n'y a-t-il qu'un seul rapport cherché, celui de la synthèse avec le caractère choisi. Le premier classificateur après les premiers sages qui avaient distingué ces éléments si complexes : l'eau, la terre, l'air et le feu, ce qui n'était pas fort de sériation réelle, le premier classificateur est Aristote. Il alla plus loin, mais se plongea dans le plus profond arbitraire. Il vit à peu près ce qu'il y avait en haut de l'échelle, parce que c'était le plus gros ; on lui doit la fameuse classification en poissons, reptiles, oiseaux et mammifères, dont on n'est pas sorti depuis.

Linné, génie immense, voulut aussi classer la grande bibliothèque naturelle ; comme tous ses devanciers et ses successeurs, il commença par les rapports les plus élevés et ne classa que les synthèses les plus grosses. Sa classification la plus célèbre est d'abord celle qui a donné lieu aux fameux règnes : *mineralia crescunt, vegetalia crescunt et vivunt, animalia crescunt, vivunt et sentiunt* ; puis sa belle quoique insuffisante classification botanique. Ce grand homme avait compris au moins qu'il devait prendre l'organe le plus élevé comme rapport ; il avait découvert les sexes des plantes, il choisit l'organe du sexe mâle, l'étamine, il ne pouvait mieux faire pour son temps. Quant aux animaux, il sortit à peine de la classification aristotélique, et chacun sait quel salmigondis constituait sa classification des vers.

Pendant ce temps s'élaboraient les éléments de la science future, aussi les rapports venaient de plus en plus frapper les intelligences. Les antiques classifications furent perfectionnées, mais on se fit une étrange illusion. Tout rapport perçu mène tout droit à la série, aussi ce nom sacramentel a-t-il été souvent prononcé avant qu'on en ait vu toute la profondeur.

Les de Jussieu, renonçant à la science entière, se taillèrent un domaine dans la phytologie; dans ce que l'on considère comme le règne végétal. Les faits abondaient déjà, ils débordaient les adeptes, ces illustres personnages sentirent qu'ils ne pouvaient que perfectionner l'immortel auteur du *Systema naturæ*. Ils classèrent donc par l'organe sexuel mâle, mais y ayant adjoint comme rapport la disposition, et tenant compte dans la subordination des caractères de pas mal d'autres rapports dans la plante, ils offrirent au monde une classification modèle qu'ils eurent la bonhomie de considérer comme naturelle, tant le rapport est bien la science de la nature. Ils avaient fermé la porte aux classificateurs futurs, la Série seule en leur passant sur la tête pouvait arriver, non pas à leur ôter leur gloire, mais à les détrôner de l'empire chimérique qu'ils avaient fondé dans un coin de la série naturelle. Avec cet empire tomberont la classification naturelle des minéraux par la forme cristalline et la classification naturelle des animaux par le système nerveux; artifice agrandi, négation par non-formation de la science réelle, voilà à quoi se réduisent ces classifications que l'on doit révérer comme les produits de l'humanité en travail, mais qu'il faut renverser comme de vieilles masures, si elles veulent se dresser devant le cordeau inflexible de la grande Série.

Pour nous, la classification, si l'on en veut une, n'est que l'énoncé de la science réelle constituée par la série en termes communs et différentiels qui prouvent à l'œil comme un schématisme linéaire qu'il y a unité de direction et progression de résultats. Mais, avant, comme on ne dégage la science qu'en expulsant l'erreur, et puisque, en zoologie surtout, la prétendue classification naturelle est la plus épaisse nébulosité qui obscurcira la route de l'avenir, je veux y insister pour prouver au public qu'il a été abusé par l'autorité d'un grand homme, et aux adeptes, qu'ils se sont trompés. Leur caractère de savant les force à se détromper au plus vite, sinon ils seront accusés de faire trafic de l'erreur. Ils ne le souffriront pas, j'en suis sûr; ils ne voudront pas vivre de l'imposture, quand ils peuvent être les ministres de la vérité.

Les de Jussieu étaient morts en nous léguant leur testament phytologique. Buffon était mort en nous léguant sa *pose* si belle, ses aperçus si grandioses, mais malheureusement trop vagues. Ses manchettes ne l'empêchaient pas d'écrire en style académique, mais il eût craint de les chiffonner en disséquant. Il laissait aux anatomistes qui viendraient après lui le soin de confirmer ses grandes conceptions : ils n'y ont pas manqué. Du scalpel, par rapport à l'ouvrage en quatre-vingt-dix volumes, on peut dire ce que le poëte a dit du livre par rapport à la cathédrale : ceci tuera cela. Un homme simple s'arma du scalpel ; la révolution française avait emporté les manchettes de Buffon dans la tourmente. Cet homme jeune, plein d'ardeur, à l'esprit entreprenant, alla jusqu'au sol de l'Égypte demander des productions zoologiques. Brave comme un Spartiate aux Thermopyles, il fit lâcher prise au léopard anglais qui voulait saisir ses collections. Cet homme, travailleur infatigable, amassa des trésors scientifiques, et, aussi généreux que brave, il ouvrit sa bourse à un homme jeune comme lui, moins bien placé que lui; il partagea avec son collègue, qu'il adoptait comme son ami, sa chambre, sa fortune et ce Muséum qu'il avait ébauché avec les bêtes fortuitement enlevées de la barrière du Combat; cet homme était Geoffroy Saint-Hilaire; son protégé, c'était Cuvier.

Cuvier, nature hautaine, intelligence brillante, cerveau bien organisé, s'empressa d'accepter une position dont il se sentait digne. Il travailla de concert avec son ami, mais moins convaincu, moins enthousiaste, moins croyant que Saint-Hilaire, il n'alla braver aucun danger, il attendit la fortune au Muséum, pendant que Geoffroy cherchait la science jusque dans le désert. Ces deux hommes n'étaient pas nés pour vivre ensemble : Cuvier n'était pas taillé pour être le Pylade de son généreux Oreste. Geoffroy avait la prévision de la science future, Cuvier ne rêvait qu'au moyen de tirer parti de sa position. Il voulait travailler pour sa gloire, ses fossiles le prouvent, puisqu'ils sont sa plus grande inconséquence; il fut là vrai malgré lui : l'ambition sert ainsi l'humanité en faisant faire des inconséquences utiles aux grands hommes égoïstes qui sans cela ne lui légueraient rien. La philosophie anatomique, c'est-à-dire la recherche des rapports entre la composition des organes, voilà Geoffroy avec l'avenir; l'anatomie comparée, ou les archives du passé et du présent laissées comme dernier mot de la science, voilà Cuvier. L'un devait arriver à formuler le hardi principe de l'unité de composition avec ses conséquences; l'autre devait libeller une classification avec ses restrictions. Et Geoffroy Saint-Hilaire, avec son bon cœur, devait admirer l'éloquence de son ami d'autrefois, et Cuvier devait anéantir sous ses fleurs de rhétorique, qui cachaient mal le venin de la rancune, son bienfaiteur qui dut reconnaître en lui pardonnant qu'il avait réchauffé dans son sein le plus mortel ennemi du progrès et son plus furieux antagoniste.

C'était en 1830, l'Institut de France assemblé en Aréopage devait juger une question qui n'était peut-être pas de sa compétence; mais comme la Justice, il allait prononcer et son jugement aurait force de loi. Geoffroy, vieilli par le labeur et la souffrance qu'éprouve tout homme qui songe à l'avenir sans savoir s'il le prépare utilement, Geoffroy avait porté à cette assemblée, dont il était membre, sa grande affirmation de l'unité de composition. Illustre vieillard, il fallait qu'il ressentît encore tous les feux de sa brûlante jeunesse pour apporter la lueur de l'avenir à un *conciliabule* qui n'était là que pour conserver les notions acquises, mais nullement pour en tirer les conséquences ou l'application.

Que l'unité de composition fût discutable, nous l'avons démontré, mais était-elle sans fondement? Il s'en fallait bien. Geoffroy avait quarante ans de travaux à l'appui, et il avait le courage de ses opinions. L'assemblée eût sans doute enterré la proposition dans ses archives comme elle le fait si souvent, cela la touchait peu d'ailleurs, cela regardait tout au plus la section des anatomistes. Mais non, un danger se cachait sous roche, l'IMMOBILISME était attaqué avec des arguments formidables qui, pour s'arrêter au principe incomplet de l'unité de composition, menaient droit à la série; c'était la base même de l'édifice qui était menacée; Geoffroy arrivait à nier le sexe, l'espèce, etc., il déclarait toute classification impossible; la discorde était au camp d'Agramant. Un public intelligent se passionnait dans la querelle, et au delà du

Rhin, le premier génie de l'Allemagne, Gœthe se faisait le champion de Saint-Hilaire et applaudissait à la hardiesse d'une conception qu'il avait caressée lui-même si longtemps.

Qui va répondre? qui va parler? Silence! un maître est dans l'enceinte. Il y a maintenant un prince de la science qui va régenter l'humble travailleur. Cuvier se lève et va sermonner son protecteur au nom des règnes, des ordres, des embranchements, des familles, des genres, des espèces et des variétés. Il n'a qu'une classification, il la dit naturelle, l'assemblée n'hésite pas, la raison est étouffée par le préjugé, on clôt la science avec la serrure de la classification, et si l'intelligence répugne à cela, on n'en reparlera plus, ce sera chose jugée; et même un jour, quand Cuvier aura disparu de la scène, quelque adepte obscur, voulant remporter sur le vieux Geoffroy un facile triomphe, ranimera la question. Le vieux lion méprisera l'insecte qui, ne sachant où fuir, se réfugiera dans l'infamie et reprochera à ce respectable vieillard d'attaquer la mémoire du grand prince défunt: voilà l'histoire, que chacun juge. Nous allons maintenant montrer l'inanité de la classification de Cuvier et l'insuffisance de toute autre semblable; c'est encore la meilleure des mauvaises.

Qu'y avait-il au fond de cette classification sacro-sainte qui la rendit naturelle? D'abord Cuvier se taillait un domaine dans la zoologie, comme de Jussieu avait tracé le sien dans la botanique, mais il y mettait plus de solennité parce qu'il était dans une phase plus élevée, aussi ses conséquences immobilisatrices étaient-elles plus pernicieuses.

Successeur d'Aristote et de Linné, fuyant la série

comme la peste, n'osant pas s'éclairer à la grande lumière qui s'était dégagée de ses fossiles, il ne chercha nulle part l'élément pour le faire progresser. Il induisit tout d'abord les plus grands rapports comme on l'avait fait avant lui, encensa les règnes minéral, végétal, animal; au delà les prédécesseurs n'avaient rien vu, il ne se crut pas obligé d'y voir davantage. Après avoir cherché, non pas des rapports, mais des différences entre ces règnes pour bien les isoler dans un satisfaisant immobilisme, il aborda l'empire qu'il voulait régenter, c'était la zoologie.

Comme Aristote, comme Linné, il classa par en haut, parce que c'était le plus facile et que l'immobilisme semblait briller là plus que partout ailleurs. Les de Jussieu avaient eu plus de bonne foi, ils avaient établi des sections inférieures, ce qui ébauchait déjà une progression. Cuvier s'en garda bien. Jusqu'ici je ne vois rien de bien naturel dans la méthode ; attendez ! On va choisir un seul organe fondamental qui sera le nœud de la classification ; c'est ce qu'il y a de plus artificiel au monde ; mais comme dirait le médecin de Molière : nous avons changé tout cela.

L'organe est bien choisi d'ailleurs, comme l'étamine est bien choisie, comme la forme cristalline est bien choisie; mais si l'organe nerveux est celui qui exprime la plus grande relation, il progresse toujours du moment où on le rencontre jusqu'à son apogée; il y avait donc chance pour que le plus grand nombre possible de synthèses s'y rapportassent plus ou moins.

Voilà l'organe choisi, voyons quel usage notre dictateur va en faire? La classification, c'est la science, dit-il; or, la science, il le savait mieux que personne, marche de bas en haut, mais il lui faut des types à tout prix, des compartiments prétendus différents. Au lieu de constituer son point de départ, il constitue son point d'arrivée : L'HOMME, pourquoi ? Ce serait à lui de le dire, mais c'était pour prouver L'IMMOBILISME : l'homme étant ainsi supposé fait comme cela de toute éternité. Maintenant il va poser les grands échelons, il y aura DES VERTÉBRÉS, DES ARTICULÉS, DES MOLLUSQUES, DES RAYONNÉS ; quel rapport y a-t-il entre eux ? Aucun, ils diffèrent du tout au tout ; le système nerveux même est ici un élément de différence ; c'était le triomphe de la doctrine, aussi ne peut-on reprocher à ce système le manque de suite, c'est son plus beau titre de noblesse. Pourquoi diable y a-t-on mis une *échelle,* on était tout monté, pourquoi redescendre ? C'était peut-être pour faire comme le héros de Corneille

« Qui, monté sur le faite, aspirait à descendre. »

L'embranchement, la classe, la sous-classe, l'ordre, la famille, le genre, tout cela est fixe, indépendant; si l'on veut bien les mettre à la dérive les uns des autres, c'est par pure exigence de l'intelligence, qui veut une classification. On livre une marchandise contradictoire, que voulez-vous ? Les sauvages emplissent leur estomac de terre quand ils n'ont rien de mieux à lui offrir ; l'estomac, le cerveau et la nature ont horreur du vide ; c'est fâcheux, mais c'est comme cela.

Eh bien, on vous laissera attaquer l'embranchement, la classe, l'ordre, la famille et le genre, on en fait bon marché, parce que ce sont de pures œuvres d'imagination qu'un homme peut envisager à sa guise ; mais on vous arrêtera à l'*Espèce*, qui ne doit pas être discutée mais adorée à genoux, comme la plus haute manifestation de l'IMMOBILISME. L'espèce qui prend corps dans une synthèse zoologique limitée et qui sort tout armée du germe, de l'*Œuf*, pour mieux dire, créé de toute éternité pour la reproduire. La variété, on la nierait volontiers, elle est assez malsonnante, elle se permet de déranger des plans éternels, en faisant broncher le germe sous l'influence des milieux ; les milieux, chose anarchique au premier chef, qui ne valent pas mieux que les rapports, qu'on ne saurait trop négliger.

Dans un pareil système on regarde par l'autre bout de la lunette, on classe de haut en bas ; mais aussi comme consolation les organes sont subordonnés aux fonctions, lesquelles sont subordonnées au mystérieux immobilisme qu'on adore sans le comprendre : voilà qui est se tirer habilement d'affaire.

Et vous prétendez que la classification c'est la science et que votre classification est naturelle ! Alors périsse toute classification si la meilleure choque aussi grossièrement ce que la simple observation nous présente. Non, non, vous n'avez pas la science et vous ne vouliez pas qu'elle s'établît, sinon la bonne foi et la pudeur vous eussent imposé silence devant l'unité de composition, ou vous eussiez agrandi la proposition en révélant à votre adversaire la large et grandiose série dont il avait déjà le premier point. Il faisait entrevoir l'unité de direction ; il suffisait de venir affirmer le progrès.

Non, vous ne l'avez pas voulu, Georges Cuvier, et pourtant vous aviez recomposé des fossiles à l'aide de l'induction et du rapport; et vous saviez que les couches de la terre ne se sont pas déposées depuis l'humus jusqu'au granit, mais depuis le granit jusqu'à l'humus ; et vous saviez que le soleil ne tourne pas autour de la terre, mais que la terre tourne autour du soleil; et vous avez arrêté l'élan imprimé par l'école nouvelle, et tous les immobilistes vous ont applaudi. Si les symbolistes ne voient en vous qu'un doctrinaire, ce que vous êtes au fond, vous avez à leurs yeux assez fait pour être pardonné; mais la série vous trouve sur sa route, elle y rencontre vos adeptes aveugles qui ont votre faiblesse sans avoir votre génie et elle vous démasque au nom de la science, pour que vous ne trompiez plus personne; et la science sériaire qui se lève va vous montrer que dans votre petit domaine vous n'avez prêché que l'erreur.

Les synthèses zoologiques n'ont rien de plus miraculeux que les éléments que nous avons constitués, que les organes qui en résultent, que les systèmes ou appareils que constituent les organes. Elles sont un degré plus élevé, c'est tout, et les collectivités que vous ne nommez pas en sont un autre et la minéralogie, et la phytologie, et la zoologie ne sont que des phases d'une même série et l'anthropologie vient après et la cosmologie vient ensuite, et votre classification n'est qu'un *éteignoir* sous lequel vous avez voulu étouffer la VÉRITÉ.

Le terrain ainsi déblayé, nous n'avons qu'à continuer notre œuvre sériaire et à montrer, ce qui ne paraîtra guère douteux, que les synthèses zoologiques sont progressives.

Appuyé sur toutes les sériations organiques antécédentes, j'affirme que ces synthèses progressent comme milieux, qu'elles progressent comme formation et qu'elles progressent comme rapport, ce que je démontrerai dans l'étude de la fonctionnalité nerveuse et dans l'appréciation des collectivités.

Pour nous, la classification ne peut être qu'un résumé succinct d'études vraies ou incomplètes que l'on veut embrasser d'un coup d'œil. Ayant la science véritable, je n'ai qu'à la traduire, et ma classification, indiscutable comme la science elle-même, ne sera qu'un artifice répondant à un certain besoin de l'esprit. Peu importent les noms, ceux du vulgaire sont excellents pour les synthèses isolées ; mais les noms des rapports ne doivent être conservés que pour qu'on se reconnaisse dans les livres antiques, c'est de la pure synonymie.

Dans le coup d'œil général sur la sériation géologique, j'exposerai en bloc la science dans son ensemble, je vais ici en donner un avant-goût pour le sujet qui nous occupe, et en regardant les deux triangulations si simples que je vais tracer, on ne demandera plus, je l'espère, de classification.

Nous avons constitué l'élément zoologique avec ses qualités de deux membranes, c'est de là qu'il faut partir; puis prenant chaque membrane comme point de départ ultérieur, nous reconnaîtrons que l'interne commence à prendre la prédominance, ce que fait l'externe plus tard. Puis, il y a balancement entre elles, et la progression partant de ce nouveau degré, nous représente dans cette phase nouvelle les caractères précédemment épuisés. On va ainsi jusqu'au bout et l'on ne rencontre pas une exception. Si l'on tient compte des milieux comme rapport, si l'on tient compte des organes avec leur loi progressive que nous avons si souvent répétée, confusion à l'origine, division après, concentration à l'arrivée, on parviendra à sérier chaque synthèse jusque dans ses éléments les plus infimes; on fera enfin la science, en d'autres termes. Il vaut mieux se contenter de la science comme direction; mais si l'on voulait faire un inventaire des richesses zoologiques, on pourrait, en ayant de patients bénédictins qui s'attelleraient à la besogne et en construisant d'assez vastes salles pour recueillir les échantillons collectionnés, arriver à quelque chose de satisfaisant pour l'œil; mais pour l'esprit, ou pour mieux dire pour le sens inductif, la vie réelle est plus saisissante, et la nature paraît préférable au musée le mieux distribué.

Cela dit, voici les deux triangulations (SCH. 33 et 34). L'évolution zoologique exprimée par la première, c'est une grande section de la triangulation générale de la série; par la seconde, dans cette section, nous ferons, pour montrer la façon de procéder à l'étude, une coupe nouvelle représentée en grand.

Soit donc CD, la coupe zoologique faite sur la grande ligne sériaire AM. En C existe l'élément qui se façonne dans l'espace compris de 1 à 2, et je commence par la phase PROTO-ZOAIRE, ce qui en français veut dire phase animale élémentaire. Les classificateurs n'ont pas prévu ce degré; ils viennent d'en haut, et là se trouve pour eux la nébuleuse. Pour nous, s'y trouvent: les infusoires, les volvoces, les monades, etc.; nous y rencontrons même une collectivité, les polypes.

De 2 à 3, nous tombons dans la phase où la membrane interne ou digestive prédomine; je la nomme ENDO-ZOAIRE. Le terme zoaire reste commun, le mot *endo* veut dire dedans et exprime l'idée d'interne.

Les classificateurs ont eu une notion de cela, et quoiqu'ils aient dans les rayonnés distingué les acalèphes, etc., ils ont nommé en gros cela des mollusques, ce qui ne signifie rien du tout.

Nous passons ensuite à la phase remarquable où la membrane externe prédomine à son tour, elle et ses annexes, au détriment de l'interne qui rétrocède, comme nous l'avons parfaitement démontré déjà. Les classificateurs ont pris ici, comme partout, la conséquence pour le principe, et ont appelé ces synthèses des animaux articulés. Il y a eu même des discussions interminables sur la place à donner aux mollusques et aux articulés, *et adhuc sub judice lis est.*

Les uns mettent les mollusques en avant, les autres en arrière. Ceux qui classent par en haut comme Cuvier, les mettent à l'arrière comme inférieurs. Pourquoi? Ils n'en savent rien. S'il y a des ordres, quel rapport d'infériorité ou de supériorité doivent-ils présenter? Aucun. Il fallait les considérer dans leur essence, puisque essence il y a; et quant à l'échelle, les mollusques en constituant un degré, l'on descend aussi bien cette échelle s'ils sont en avant que s'ils sont en arrière. Pour nous il n'en peut être ainsi.

La grande supériorité des synthèses c'est la relation, de même que la supériorité organique est la concentration parcellaire et la distinction fonctionnelle. Les articulés ne sont, ni un embranchement, ni un ordre, ni un type; ils sont une phase. Les mollusques ou ENDO-ZOAIRES les précèdent parce qu'en tout ils ont moins de relation. S'ils ont certaines supériorités organiques dans le cœur, dans l'intestin, etc., ils ont une manifeste infériorité synthétique; le système nerveux est moindre, la membrane externe est

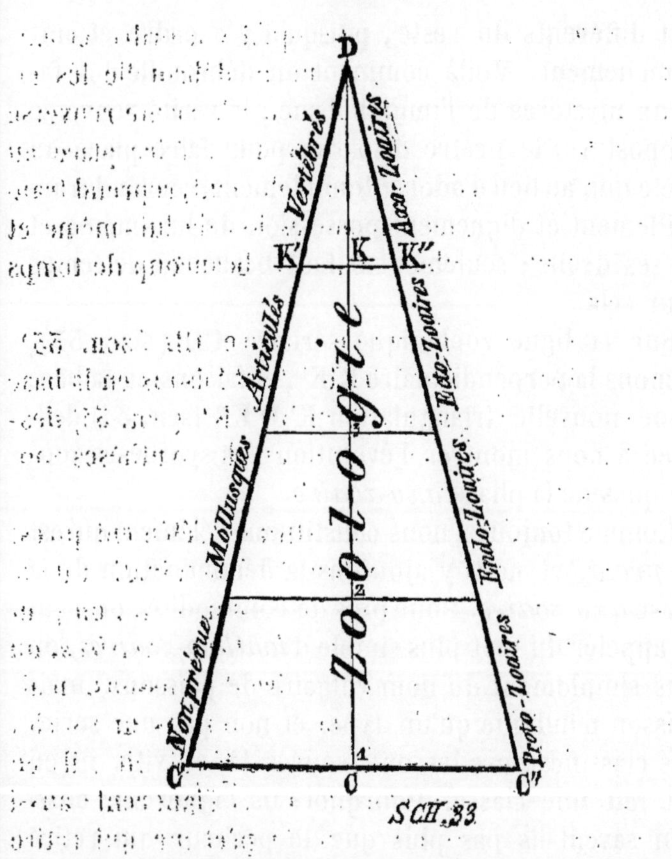

SCH. 33

presque nulle, les milieux parcourus presque toujours aquatiques ; la question est donc vidée.

Cette troisième phase est pour nous ECTO-ZOAIRE ; *ecto* exprime l'idée d'extérieur, ce n'est donc qu'une traduction de ce qui est réellement.

Passons; les deux membranes sont épuisées comme prédominance individuelle. Le développement se fait alors par l'axe ou par la moyenne, ce qui arrive toujours ; nous avons donc la phase AXO-ZOAIRE. Les classificateurs, fidèles à leurs habitudes, nomment par la conséquence ; pour eux ce sont des vertébrés, d'ailleurs fort différents du reste, puisqu'il y a ordre et embranchement. Voilà comment on débrouille les fameux mystères de l'immobilisme ; la vérité renverse l'imposture, le prêtre disparaît pour faire place au fidèle qui, au lieu d'adorer humblement, reprend tranquillement et dignement possession de lui-même et de ses droits ; seulement il faut beaucoup de temps pour cela.

Sur la ligne zoologique sériaire CD (SCH. 33), prenons la perpendiculaire K'K'', et faisons-en la base d'une nouvelle triangulation K' D K'' (SCH. 34) destinée à nous montrer l'évolution des synthèses zoologiques de la phase *axo-zoaire*.

Comme toujours, nous constituons l'élément qui est un *proto*, et nous y ajoutons la dénomination de la phase *axo-zoaire*. Pour plus de commodité, on peut les appeler du mot plus simple d'*ichthyo-zoaires*, ou plus simplement du nom vulgaire de poissons, mais poisson n'indique qu'un type, et non pas une série. Les classificateurs les ont trouvés là, et vite, ils en ont fait une classe. Pourquoi? ils l'ignorent; aussi n'en savent-ils pas plus que le pêcheur qui retire l'animal de son filet, et voilà comme la science est tournée en dérision sur le dos du savant, qui ressemble quelquefois par trop à l'âne portant des reliques.

Maintenant, les degrés de la phase antécédente vont se répercuter successivement dans cette sériation nouvelle ; nous aurons des *endo-axo-zoaires*, plus simplement *erpéto-zoaires* ou reptiles des auteurs ; puis des *ecto-axo-zoaires*, autrement *ornitho-zoaires*, oiseaux du vulgaire et des classificateurs ; puis enfin, des *axo-axo-zoaires*, que les savants ont

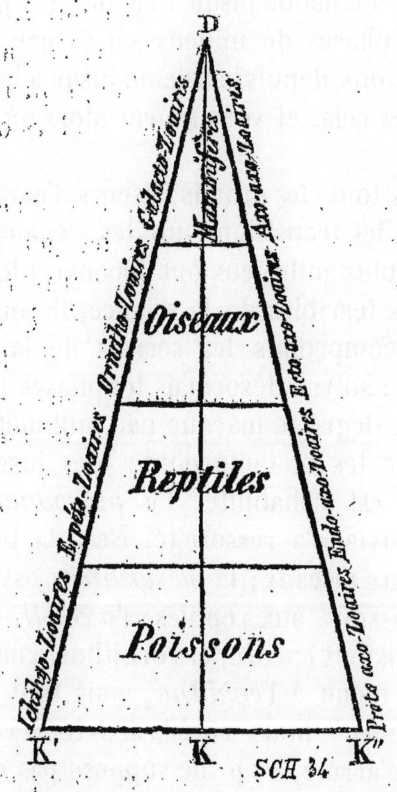

nommés, par la conséquence, mammifères, et que, pour l'harmonie et la réalité du principe on appellerait plus justement des *galacto-zoaires,* phase animale où le lait apparaît, caractère de relation suprême entre les parents et le petit.

Regardez bien, et calculez la progression des milieux! Le poisson vit dans l'eau, caractère d'infériorité, il n'a qu'un milieu. Le reptile suit toutes les phases depuis l'eau jusqu'à la terre, jusqu'aux arbres même, mais il est peu relatif, la phase *endo-zoaire* l'en empêche. L'oiseau va depuis l'eau jusque dans l'air, depuis le manchot jusqu'à l'aigle. Le *galactozoaire* a des phases de milieux sériés par les plus petites oscillations, depuis la baleine jusqu'à la chauve-souris. Étudiez cela, et vous saurez alors où vous en êtes.

Ce n'est pas tout : les grands faiseurs d'embranchements ont nié les transitions qui les gênaient, mais des confrères plus ambitieux ont découvert le pot aux roses. Enfants terribles de la science, ils ont considérablement compromis les secrets de la famille. Tout le monde suivra désormais les phases inférieures où chaque degré se marque par millimètre, personne n'ignore les métamorphoses des insectes, et l'*amphioxus* est réhabilité. Le *ptérodactyle* est mort, mais Cuvier l'a ressuscité, c'est la transition des reptiles aux oiseaux ; le *plésiosaure* est la transition des poissons aux reptiles ; l'*axolotl*, et la *lépidosirène* existent encore, et l'ornithorhynque n'est pas niable, il mène à l'*échidné ;* puis tout le reste s'ensuit. Patience ! nous révélerons tout cela ; aujourd'hui je m'arrête, et je ne suppose pas que personne nie que les synthèses zoologiques progressent et j'aurai, je l'espère, un peu guéri d'intéressants malades de leur monomanie des classifications.

CHAPITRE XLI.

Progression formative des synthèses zoologiques.

Il y a bien longtemps que je tiens la plume ; je devrai la reprendre encore, car je n'ai pas fini. J'éprouve le besoin de me reposer ; je débarrasserai donc pour un instant le lecteur de ma personne ; je cède la parole à un homme illustre, qui a versé de grandes lumières sur la composition organique. Compatriote de Gœthe, travailleur de bonne foi, Meckel, quoique non arrivé à la série, la pressentait pourtant, et, comme Geoffroy-Saint-Hilaire, il se précipitait dans la voie, au nom de l'unité de composition. Je vais évoquer ici son savoir, pour prouver au public que les savants consciencieux n'étouffent pas la science, et qu'on ne trouve pas toujours des Cuvier pour la renier, après s'être grandi à ses dépens. Geoffroy, Gœthe et Meckel sont de grandes autorités, et l'on peut se couvrir à leur ombre. Lamarck, aussi, classait par en bas, et il ne lui manquait que les lois de la série pour arriver au but qu'il entrevoyait. Il a été oublié aussi, ce grand homme modeste; l'avenir sera plus juste à sa mémoire. Un autre Allemand, Carus, s'est aussi lancé dans la route qui semblait bonne à tous ces honnêtes travailleurs du grand œuvre. Carus a étudié les organes de bas en haut, et c'est lui qui m'a servi de guide et d'autorité pour les faits. La grande lumière seule lui manquait ; il est presque entré dans la terre promise, pendant que

Cuvier se liguait avec Pharaon, pour ramener le peuple aux âcres oignons de l'Égypte.

Il y a moins de livres à faire qu'on ne l'imagine, il suffit d'apprendre à consulter ceux qui sont faits. Il faut savoir changer la clef comme en musique, il faut transposer quelquefois, ce n'est qu'une bagatelle quand on est prévenu. Je laisserai donc parler Meckel; il confirmera mes idées précédentes, et apprêtera la sériation embryologique qu'il me faudra aborder bientôt. Ce que j'en cite est extrait du premier de ses dix volumes d'anatomie comparée, page 514. Je ne veux rien lui enlever de son originalité; il défend l'unité de composition, et s'emporte vigoureusement contre les immobilistes.

Meckel recherchait les différences surtout; c'était un puissant analyste, mais il connaissait trop les faits, et avait trop l'esprit généralisateur, c'est-à-dire l'usage de son sens inductif cérébral, pour ne pas être frappé des rapports, et il avait trop de loyauté pour dissimuler ce qui lui semblait la vérité. Je m'incline donc devant un maître, en lui demandant pardon de l'abaisser à mon niveau.

Réduction des différentes espèces de variétés les unes aux autres.

« La généralité d'un même type d'organisation trouve de nouvelles bases dans la comparaison établie entre les différentes espèces de variétés ; on peut, en effet, démontrer que : 1° Les différentes espèces de la variété normale peuvent être ramenées les unes vers les autres; 2° Que l'organisation anomale peut être ramenée à l'organisation régulière.

« On fait rentrer les différentes espèces de la variété régulière les unes dans les autres, en démontrant :

« 1° Que le développement de l'organisme individuel obéit aux mêmes lois que celui de toute la série animale, c'est-à-dire que l'animal supérieur, dans son évolution insensible, parcourt essentiellement les degrés organiques permanents qui lui sont inférieurs; circonstance qui permet de ramener les unes aux autres les différences qui existent entre les diverses phases de développement, et entre chacune des diverses classes d'animaux.

« 2° Que les différences sexuelles se rapprochent du moins, quant à leur mode d'origine, des différences amenées par les phases de la vie.

« 3° Que l'on peut aussi comparer aux différences de sexe, de phase et de classe, les différences qui existent entre les diverses parties composant le même organisme.

« Si nous avons déjà fait remarquer plus haut que l'embryon des animaux supérieurs, avant d'atteindre sa perfection, parcourt plusieurs degrés d'organisation, il s'agit de démontrer ici que ces différents degrés correspondent à ceux que certains animaux ne dépassent jamais pendant toute la durée de leur vie. Il est, en effet, positif que l'embryon d'animaux plus élevés, nous citerons spécialement celui de l'homme et des mammifères, présente une analogie variable avec celui d'animaux plus inférieurs; analogie qui réside aussi bien dans les conditions de forme de certains organes que dans la conformation générale du corps, dans le nombre, la position, le volume proportionnel des organes, le tissu, la composition et les propriétés ou forces.

« Parmi les systèmes divers, la *peau* est, à l'origine et pendant un temps considérable de la vie embryonique, molle, unie, sans poils, comme on la rencontre constamment chez les zoophytes, les méduses, dans beaucoup de vers, de mollusques, de poissons et même chez les reptiles inférieurs. A cette période en succède une autre où le tissu cutané se revêt de poils nombreux et se montre même chez le fœtus de l'homme proportionnellement plus velu qu'il ne l'est par la suite, circonstance par laquelle l'embryon commence déjà à ressembler à des animaux plus élevés, chez lesquels ces parties épidermiques sont surtout fort développées. Un fait fort remarquable, sous ce rapport, c'est que les fœtus des nègres sont plus velus que ceux des blancs.

« Le *système musculaire* représente, pour les conditions de sa forme extérieure, et particulièrement par la division des muscles abdominaux le long de la ligne médiane antérieure, celui des mollusques acéphales testacés dont le manteau est ouvert en cet endroit.

« Par le défaut ou le défaut imparfait des tendons, ce système est analogue aux muscles des animaux inférieurs, spécialement des vers, où ces tendons manquent absolument.

« La mollesse, l'absence primitive de la disposition fibreuse, puis l'apparition de fibres grossières, la couleur pâle de ce tissu musculaire, la petite proportion de fibrine qu'il contient, sont autant de rapports communs avec le système musculaire des animaux inférieurs.

« 4° C'est particulièrement par le *système osseux* que sont fournis de nombreux termes de comparaison entre les états successifs de développement parcourus par l'animal supérieur, et les degrés divers d'organisation présentés par la série animale.

« Les conditions sur lesquelles reposent ces considérations sont :

« *a*. La forme des os en général. Chez les animaux inférieurs, comme chez l'embryon des animaux supérieurs, les os sont plus arrondis que dans les animaux plus élevés et qu'à l'état adulte.

« *b*. La disposition des os en particulier. Dans les animaux inférieurs, surtout chez les poissons et les reptiles, en partie aussi chez les oiseaux, un os est partagé, pendant toute la durée de la vie, en plusieurs portions qui, chez les animaux supérieurs, ne sont séparés qu'à l'état fœtal, mais qui ne tardent pas à se souder en un seul. Ainsi les différentes pièces dont l'occipital, le temporal, le sphénoïde, même plusieurs os de la face, sont composés, dans l'embryon des animaux supérieurs, restent séparées à divers degrés, pendant toute la durée de la vie chez les poissons et les reptiles. Chez les oiseaux également, les pièces inférieures du sphénoïde sont constamment isolées; leur *clavicule postérieure* est, de même, un point d'ossification plus développé du scapulum des mammifères.

« Quelques os propres de certains animaux vertébrés inférieurs sont aussi, d'après le même principe, souvent des pièces grossières isolées et non soudées, d'os analogues mais entiers que l'on trouve chez les animaux supérieurs : c'est là l'origine qu'il faut assigner, du moins en partie, à plusieurs côtes de poissons, à leurs apophyses épineuses accessoires, au nombre des articles des membres (les nageoires) que l'on trouve augmenté suivant la direction longitudinale dans cette classe et dans les cétacés.

« *c.* Le mode de développement des os dans la série animale, comparé aux progrès successifs qu'il fait dans l'embryon des animaux supérieurs.

« On voit d'abord se manifester, dans l'embryon, la portion dorsale ou l'arc des vertèbres. Examinez les céphalopodes, vous ne trouverez qu'une trace de rachis, qui correspond seulement à l'arc des vertèbres des animaux supérieurs.

» On a objecté à cette opinion, que j'ai émise dans mes cours : 1° L'absence de la moelle épinière; 2° La position de ce prétendu rudiment de rachis sur les muscles peaussiers, dont quelques-uns s'attachent même à sa face inférieure; 3° L'absence de cette partie, chez l'octopode, qui est pourtant au même degré que les autres.

» On sent d'abord combien est déplacée, ou du moins inutile, la réfutation publique d'une opinion qui n'a pas encore été imprimée. Mais, pour ne pas laisser sans réponse ces objections, nous dirons que la première n'est nullement fondée, car il se trouve, sous le cartilage dont il est ici question, deux forts cordons nerveux, d'où sortent en rayonnant les nerfs locomoteurs principaux, par l'intermédiaire de deux ganglions latéraux qu'il est facile de concevoir réunis dans la ligne médiane, de manière à constituer un cordon rachidien. La seconde objection est réfutée par ce fait, que, chez le calmar, ce même cartilage est presque entièrement entouré et couvert de muscles peaussiers. Le troisième argument est peu concluant par lui-même; car le défaut de ce rudiment vertébral dans l'octopode ne prouve qu'une chose, c'est qu'il existe des différences graduelles, même entre des animaux fort voisins. L'octopode manque également de cartilages latéraux qui existent manifestement chez la seiche et le calmar, et qui, dans ces derniers, correspondent à un cartilage, aidant à supporter les membres des poissons cartilagineux. Enfin, notre opinion a pour elle, outre le rapport de cette partie avec les cordons nerveux qu'elle recouvre et l'analogie qu'elle offre avec le développement du rachis de l'embryon des animaux supérieurs : 1° La nature cartilagineuse de la pièce dont il s'agit; 2° Son état de développement plus grand chez les cyclostomes, où l'arc vertébral, prenant une disposition articulée dans le sens de la longueur, reçoit de plus un corps non divisé.

« Le sternum et les cartilages costaux manquent dans la plupart des poissons et des reptiles inférieurs; ce n'est également que plus tard que l'on voit, dans l'embryon des animaux supérieurs, apparaître ces parties. L'os des iles est le premier qui s'ossifie parmi ceux qui composent le bassin de ces embryons; c'est l'unique pièce pelvienne qui existe dans l'orvet. La clavicule chez les animaux supérieurs est énorme à l'état embryonique, comme on la rencontre pendant toute la durée de la vie dans les poissons. L'état primitivement cartilagineux des os est évidemment une analogie avec celui qu'on rencontre dans les animaux inférieurs, parmi lesquels nous nommerons les *poissons* et les *céphalopodes*.

« 5° Les modifications subies par le *système nerveux* font passer l'embryon par plusieurs degrés inférieurs d'organisation. Chez presque tous les animaux placés au-dessous de l'homme, la moelle épinière occupe, pendant la vie entière, toute la longueur de la colonne vertébrale; dans les premiers, au delà du quatrième mois, cette disposition a cessé. Les deux moitiés latérales du cordon rachidien sont d'abord beaucoup plus séparées que par la suite; ce cas est constant chez les animaux articulés, dans toute la longueur du cordon et, chez les oiseaux, dans la région lombaire seulement.

« De même que, dans la série animale, l'encéphale s'élève progressivement au-dessus de tout le système nerveux, le cerveau au-dessus du cervelet, les hémisphères au-dessus des tubercules quadrijumeaux, de même, dans l'embryon des animaux les plus élevés, l'encéphale a un volume fort petit, comparativement au cordon rachidien et au reste du système nerveux; le cerveau est peu considérable en comparaison de la moelle allongée, et les tubercules quadrijumeaux sont énormes en proportion de toutes les autres parties de l'encéphale.

« Au commencement, toutes les parties de l'encéphale sont, dans l'embryon des animaux supérieurs, unies et lisses; peu à peu elles se plissent à leur face externe, dans le même ordre que celui observé dans la série animale; à l'état embryonique de l'homme, par exemple, comme à la condition permanente des poissons, c'est d'abord le cervelet, ensuite le cerveau proprement dit qui acquièrent des inégalités. Il en est ainsi parmi les mammifères, le cervelet seul est quelquefois plissé sans que le cerveau le soit, et ce sont précisément les animaux ayant les tubercules quadrijumeaux les plus volumineux et les hémisphères les plus petits, qui offrent cette disposition. Dans l'embryon des mammifères, et durant tout le temps de l'existence de tous les autres animaux, le cordon rachidien renferme une cavité, les ventricules du cerveau sont proportionnellement plus amples, parce que les parois en sont plus minces qu'à l'état parfait. Plusieurs nerfs, le nerf olfactif entre autres, parcourent aussi des degrés d'organisation inférieurs.

« La mollesse, la couleur grise, l'absence de différence entre plusieurs substances, rendent le système nerveux des animaux les plus élevés à l'état embryonique, parfaitement semblable à ce qu'il est dans les animaux inférieurs. Sous le rapport de la manifestation des facultés intellectuelles, le système nerveux s'élève aussi progressivement en passant, d'une manière fort remarquable, par tous les degrés.

« 6° Le *système vasculaire* n'est pas le moins fécond en nuances successives. Le cœur forme, d'abord chez l'embryon des animaux supérieurs, un renflement simple, allongé, peu sensible; ensuite il se manifeste plusieurs renflements de la même sorte qui se succèdent suivant la direction de la longueur; enfin, on voit se développer, dans le sens transversal, plusieurs divisions juxtaposées qui se communiquent d'abord entre elles par des ouvertures et se séparent ensuite par le développement d'une cloison parfaite.

« L'artère pulmonaire ne forme pas d'abord de tronc propre, mais elle naît de la partie inférieure de l'aorte thoracique. Chez les oiseaux, l'artère pulmonaire, persistante elle-même, communique avec l'aorte par deux branches; chez les mammifères, par une seule voie fœtale, le canal artériel.

« La veine-porte et le tronc inférieur des veines du corps (la veine-cave inférieure) communiquent dans le fœtus des mammifères au moyen du canal veineux.

« Comme les embryons des animaux plus élevés, les vers n'ont pas de cœur propre; les arachnides et les crustacés branchiopodes en ont un allongé; la cavité en est unique dans ces divers animaux et dans tous les crustacés; les mollusques acéphales et gastéropodes, les poissons et les batraciens, sont pourvus d'un cœur composé seulement de deux divisions disposées successivement; l'une est une oreillette, qui est la première, l'autre un ventricule. Chez les reptiles supérieurs, le ventricule est partagé imparfaitement en une cavité aortique et en une cavité pulmonaire.

« L'aorte et l'artère pulmonaire de ces mêmes animaux forment, d'une manière qui n'est pas également complète chez tous, un vaisseau unique, et les veines fœtales persistent chez eux durant toute la vie, ou la disposition qu'ils présentent est fort analogue à cette particularité.

« 7° Dans le *système digestif* de l'embryon des mammifères, les cavités buccale et nasale sont d'abord réunies, comme on le voit dans les oiseaux et la plupart des reptiles; dans les poissons, la voûte palatine n'est qu'incomplétement développée. Le canal intestinal de l'embryon de tous les animaux est aux premiers temps fort court, il conserve cette brièveté dans les animaux les plus inférieurs. Il n'offre point alors de renflement stomacal distinct, point de cœcum, en général nulle distinction de l'intestin en grand et en petit, conditions qui existent également pendant toute la durée de la vie, non-seulement chez les animaux les plus inférieurs, mais dans la plupart des poissons eux-mêmes.

« Dans quelques animaux, l'une ou plusieurs des conditions que nous venons d'énoncer sont quelquefois imparfaitement remplies. L'organisation du tube digestif s'arrête par anomalie, dans quelques individus, à un degré qui était antérieurement un état normal pour toute la classe.

« Le *foie*, primitivement composé de petits cœcums ou de petits canaux en doigts de gant, représente l'état d'organisation du foie des crustacés. Plus tard, la division de cet organe, en lobules unis lâchement entre eux, permet de le comparer au foie des mollusques. Par l'absence de la *vésicule biliaire*, cet organe ressemble au foie des invertébrés et des céphalopodes; son volume, considérable dans les premiers temps, représente la condition correspondante qu'offrent les animaux sans vertèbres et en général tous les êtres placés au-dessous des mammifères.

« La rate manque d'abord chez l'embryon des mammifères, comme on la voit constamment absente dans tous les invertébrés et dans les céphalopodes. Jusqu'à la naissance, le volume en est, comparativement à la taille du corps et au développement du foie, beaucoup moins considérable que postérieurement, chez tous les animaux inférieurs aux mammifères. Il y a peu d'exceptions à cette règle.

« Le pancréas semble d'abord s'insérer constamment dans le duodénum par deux conduits, disposition normale très-universelle dans tous les animaux situés au-dessous de l'homme.

« 8° Les termes à l'aide desquels l'*appareil respiratoire* peut être comparé dans la série animale et dans les progrès successifs de la vie des animaux supérieurs, sont multipliés par la circonstance que divers organes se chargent, l'un après l'autre, de la fonction respiratoire et que plusieurs, employés d'abord à cette fonction, disparaissent par la suite.

« Les vaisseaux ombilicaux et leurs ramifications, la membrane du chorion et le placenta, correspondent aux développements de la peau extérieure, au moyen desquels une foule d'animaux et précisément d'animaux inférieurs respirent. Ces développements sont les branchies. On voit également le système cutané être d'autant plus respiratoire que l'animal est plus inférieur.

« Plusieurs animaux, surtout des poissons et des batraciens inférieurs, pourvus de branchies et de poumons, à l'état parfait, respirent particulièrement ou même uniquement par les premières; de même, chez l'embryon des mammifères, des poissons et des reptiles, on voit les branchies servir seules d'organes respiratoires.

« Des reptiles un peu plus élevés, les batraciens supérieurs ont de même passagèrement des branchies et des poumons, et les larves des batraciens sans queue respirent au commencement par des branchies extérieures, ensuite par des intérieures, qui disparaissent à l'époque où la respiration par les poumons s'établit. Ces animaux parcourent, par conséquent, d'abord l'organisation de plusieurs vers, ensuite celle des poissons, pour s'élever, en dernier lieu, à celle des reptiles. On voit l'embryon des squales, des raies, offrir aussi, comme les vers, des branchies extérieures.

« Les perfectionnements et les accroissements des poumons ne s'effectuent dans la série animale que par degrés insensibles. La même gradation s'observe dans les phénomènes que subit cet organe chez les mammifères les plus élevés; à l'origine, il est d'une petitesse relativement fort considérable et imparfait; les cellules en sont grossières et il n'offre pas la moindre trace de cartilage dans sa substance.

« L'embryon des animaux supérieurs, dépourvus, à l'origine, d'organe respiratoire, ou passager ou persistant, est en cela comparable à ce que l'on rencontre dans une foule d'animaux des dernières classes, privés à jamais d'organe respiratoire distinct de la peau et du canal intestinal.

« Le thymus, auquel il faut, par tant de raisons, attribuer une part importante dans l'acte de la respiration, manque d'abord dans l'embryon des animaux supérieurs, comme il manque dans la série animale jusqu'aux reptiles, où il est persistant, tandis qu'il n'est que passager chez les oiseaux et les mammifères. Cette organisation passagère chez la plupart des mammifères se manifeste même d'une manière permanente dans d'autres animaux de la même classe. Ainsi le thymus existe pendant toute la vie chez plusieurs rongeurs, carnassiers et cétacés.

« 9° Dans l'*appareil urinaire*, le volume d'abord énorme des reins est une analogie, surtout avec les poissons; leur structure lobée est l'organisation constante des animaux de cette classe, de plusieurs reptiles, des oiseaux et de beaucoup de mammifères inférieurs.

« Le volume primitivement considérable des *capsules sus-rénales* dans l'homme rappelle le développement remarquable et persistant de ces organes chez les singes et plusieurs rongeurs, chez lesquels, avant d'avoir atteint ces dimensions exagérées, on les trouve, au contraire, proportionnellement petites, comme elles sont régulièrement dans les oiseaux et les reptiles. L'*allantoïde* me semble correspondre à la vessie des reptiles; elle est, en effet, le réservoir de l'urine, mais elle ne la reçoit pas immédiatement des uretères qui s'y insèrent ; la minceur des parois est un autre point de ressemblance.

« 10° On trouve d'abord l'*appareil générateur* dépourvu d'organes excitateurs, dans l'embryon des animaux les plus élevés comme chez les individus parfaits des classes les plus inférieures et même chez beaucoup d'animaux supérieurs encore. A leur première apparition, ces organes d'excitation sont fort développés. Ils présentent les mêmes conditions proportionnelles dans beaucoup de mollusques, dans plusieurs chéloniens, spécialement dans les tortues, dans quelques oiseaux et chez beaucoup de singes. Les organes les plus essentiels, les *ovaires* et les *testicules,* sont aussi, dans le commencement, en proportion beaucoup plus volumieux qu'à l'état adulte. Dans les animaux inférieurs, une même prédominance de volume se manifeste d'une manière persistante.

« Le canal du pénis des mammifères ne parvient pas, aux premiers temps, à l'extrémité antérieure de cet organe, mais il n'existe qu'un sillon, comme le présentent plusieurs reptiles et mollusques pendant toute leur vie.

« Les testicules sont situés dans la cavité abdominale du fœtus des animaux les plus élevés; quelques mammifères et tous les êtres qui leur sont inférieurs sont dans la même condition. La matrice, dans l'espèce humaine, offre successivement plusieurs degrés que l'on rencontre en observant l'utérus dans la série animale ; tel est son état bicorne et sa non-distinction des trompes.

« L'*absence de la différence sexuelle*, qui a lieu chez tous les animaux supérieurs, représente aussi le défaut de distinction semblable que l'on rencontre à toute époque, chez quelques poissons, chez beaucoup de mollusques et dans la plupart des animaux inférieurs à ceux-ci, à l'exception des insectes, des arachnides et des crustacés.

« 11° Parmi les *organes des sens*, la langue est d'abord fort petite ; elle diminue aussi de volume en descendant l'échelle des êtres, à partir des mammifères. Le nez externe est, à l'origine, sans saillie dans l'embryon de l'homme et la formation de l'organe olfactif est d'abord moins composée à l'intérieur ; ce qui rentre dans ce que l'on observe dans la série animale, où ce rapport est insensiblement moins développé.

« L'état à nu de l'œil, chez l'embryon, rappelle déjà la position découverte que cet organe affecte chez plusieurs mammifères, pendant le sommeil, mais surtout le manque de paupières chez les poissons, plus encore chez les mollusques, les insectes et les classes voisines. La membrane pupillaire, dans l'embryon des mammifères, me paraît aussi présenter une analogie avec l'œil des insectes où l'expansion nerveuse est séparée de la lumière par des enveloppes.

« L'oreille externe ne se trouve d'abord dans aucun embryon ; elle disparaît également chez plusieurs mammifères, particulièrement chez les cétacés ; plus bas, dans l'échelle, elle n'existe plus. L'oreille interne, par le volume d'abord considérable et la position à nu du labyrinthe membraneux, représente surtout fort distinctement ce que l'on rencontre dans les invertébrés les plus inférieurs.

« 12° La forme extérieure de tout le corps, chez l'embryon et l'animal imparfait, offre, en général, des degrés de formation inférieurs. La tête est, en effet, primitivement fort petite, en proportion du tronc; elle est même à peine indiquée, comme chez les invertébrés. Les membres manquent d'abord, apparaissent ensuite en forme de moignons qui grossissent peu à peu, s'articulent, se divisent dans le sens de la longueur et de la largeur; l'extrémité postérieure du tronc se termine, dans toute la série, par une queue diversement distincte, qui disparaît plus tard.

« On a élevé diverses objections contre le parallèle établi entre les accroissements successifs de l'embryon et les états différents de développement qui forment les degrés de la série animale, parallèle indiqué déjà par Aristote, beaucoup plus tard, par Harvey, et dont toute l'exactitude a été appréciée de nos jours par plusieurs physiologistes, au nombre desquels je citerai Kielmeyer, Autenrieth, Carliste, Oken, Walther, Blumenbach, si jeune encore dans sa vieillesse, Tiedemann, Carus, de Blainville et moi-même. C'est ici le lieu d'examiner les divers arguments dont on a fait usage; car les preuves, qui démontreraient l'inexactitude de cette comparaison, seraient autant de coups portés à la validité de la loi qui ramène toute l'organisation à un type commun.

« On a attaqué cette loi de deux manières : ou l'on a nié l'exactitude des vues sur lesquelles elle repose; ou l'on a cru devoir renfermer en des limites plus étroites l'analogie qui l'établit, tout en l'admettant. Le premier mode d'argumentation a été récemment mis en usage; mais, il faut le dire, avec plus de violence que de succès.

« Voici ce que l'on oppose :

« 1° Le premier germe de chaque organisme contient, dès le principe, les linéaments de cet organisme à l'état parfait; il a donc en lui la disposition future de toutes les parties qui doivent le composer;

« 2° Il est difficile de démontrer avec exactitude et avec des preuves irrécusables à quelle espèce organisée commence le règne animal, et d'indiquer les classes et les genres que parcourt le germe de l'embryon humain dans son développement, s'il les parcourt tous ou seulement quelques-uns, s'il en omet certains, et pourquoi. Enfin quand il se trouve aux différents degrés d'organisation;

« 3° Il est arbitraire d'envisager les animaux soit comme parfaits, soit comme imparfaits, chacun d'eux étant également parfait dans son espèce;

« 4° Quelques autorités, particulièrement celles d'Aristote et d'Harvey, sont citées inexactement.

« 1° Il est facile d'apprécier le peu de force de semblables objections. Qu'établit, en effet, le premier principe posé? Rien autre chose que, pour qu'un germe puisse former un organisme déterminé, il faut qu'il ait en lui les dispositions nécessaires; mais *il ne prouve nullement que, pour atteindre réellement le degré de l'organisme parfait auquel il doit son origine, il ne soit pas obligé de parcourir certains degrés d'organisation inférieure*. Il est évident que ces deux propositions ne sont en aucun point contradictoires; la question se borne donc à savoir si et comment l'expérience démontre que ces degrés d'organisation inférieurs, mais passagers, que M. Feiler ne refuse pas d'admettre, coïncident avec des degrés correspondants, reproduits d'une manière permanente par les animaux situés au-dessous de l'organisme dont il s'agit;

« 2° La difficulté alléguée, en second lieu, que l'on rencontre à classer les animaux de manière à satisfaire parfaitement à toutes les exigences et à établir un parallèle exact, l'impossibilité qui existe surtout de donner les raisons de tous les phénomènes de la nature, n'ont rien de contraire à l'opinion que nous avons émise.

« Il est également indifférent pour cette même opinion que l'embryon humain parcoure tous les degrés organiques, ou seulement quelques-uns d'entre eux, s'il résulte de faits certains qu'*il en parcourt plusieurs*, qu'il les parcourt *toujours*, et que, par conséquent, les analogies en question ne sont pas *accidentelles*. N'est-il pas évident, en effet, que l'embryon d'un animal pourvu de membres, tant qu'il en est privé, est analogue, sous le rapport de cette partie de la structure, aux animaux auxquels ils sont constamment refusés? Que l'embryon d'un animal à sang chaud, tant qu'il existe une communication entre les deux ventricules du cœur, ressemble, par cette particularité, à un animal à sang froid?

« Il est certain que tant qu'un organe déterminé présente, chez l'embryon d'un animal supérieur, une forme donnée, identique à celle que l'on rencontre pendant toute la vie d'un animal appartenant à une classe inférieure, cet embryon, sous le rapport de cette fraction de son économie, appartient à cette même classe.

« Ce n'est que par des recherches ultérieures que l'on pourra résoudre la question de savoir à quelle époque l'embryon se trouve à un degré déterminé d'organisation.

« 3° Le troisième argument est, s'il est possible, moins probant encore que les autres. Comment, en effet, à moins d'être entièrement étranger à l'anatomie comparée, pouvoir nier le perfectionnement insensible de l'organisation animale? Nul doute que chaque animal, lorsqu'il atteint le point de développement que ne dépasse pas son espèce, ne soit *parfait* quant à cet état d'accroissement lui-même; mais une espèce est plus *imparfaite* qu'une autre

« 4° Il est inutile de dire que le dernier argument est absolument sans fond; il résulte toutefois de la confrontation des passages cités, que les assertions sur lesquelles on l'a fondé sont inexactes.

« N'y a-t-il donc pas eu beaucoup de légèreté à lancer si prématurément l'anathème contre une opinion qui a besoin peut-être de traits moins faciles à émousser pour éprouver quelque atteinte, et ne s'est-on pas trop hâté quand on a dit que les arguments dont nous venons d'apprécier la force « allaient faire rentrer dans son néant « primitif le rêve du prétendu parallèle établi entre le dé- « veloppement de l'embryon des animaux supérieurs et la « série animale. »

« D'autres auteurs qui ne rejettent pas entièrement cette manière de voir, croient cependant devoir assigner à son application des bornes plus rapprochées, en faisant observer que, dans les premiers vestiges déterminés de l'organisation, il se prononce une tendance continuelle à atteindre le type propre, et que l'on a poussé trop loin le parallèle établi entre l'embryon et la série animale, en perdant de vue le caractère de l'espèce humaine, qui est toujours prédominant. On a été plus loin, on a même déclaré que l'analogie entre le développement de l'embryon et les degrés d'organisation qui forment la série animale, était très-imparfaite.

« L'inexactitude prétendue de certaines comparaisons a été alléguée pour ôter quelque force à la justesse de ces parallèles. C'est ici qu'il faut ranger la remarque faite par Osiander : « que le placenta, considéré comme organe respiratoire, ressemble au poumon proprement dit, autant qu'une *houppe à poudrer* ressemble à un *soufflet.* » Ce contraste de forme extérieure n'est cependant pas tellement contraire aux usages assignés au placenta, que cet organe et les branchies n'aient réellement beaucoup de ressemblance avec le premier des instruments cités pour faire sortir une opposition. Les autres faits rapportés par Osiander comme objections, telles que l'homogénéité de couleur du sang de la veine ombilicale et de l'artère du même nom, la nature presque gélatineuse de la fibrine contenue dans le sang du fœtus, la formation de l'embryon avant la manifestation du sang, ne prouvent rien contre l'exactitude de la comparaison établie entre le placenta et le poumon; car, s'il existe sous ce rapport une différence dans l'embryon des *oiseaux,* on n'en rencontre, au contraire, aucune entre le sang artériel et le sang veineux des *poissons;* du reste, la fibrine du sang n'est dans aucune dépendance de l'action respiratoire, et avant la formation des branchies, les fonctions qu'elles sont appelées à remplir peuvent être exercées par d'autres organes.

« Quelles qu'aient été les objections élevées contre le parallèle qui fait l'objet de cette discussion, il ne me semble pas moins aussi exactement établi qu'il est possible d'en rencontrer entre deux objets non identiques. »

Ainsi écrivait Meckel en 1826; chacun reconnaîtra quelle lumière colorait alors l'horizon de la zoologie. La série animale est invoquée, le perfectionnement graduel amenant la variété par oscillations minimes, y est tout au long. Élargissez le champ, que la série vienne là, comme application réelle de l'esprit humain, parcourir l'ensemble de nos connaissances au lieu d'une simple section, et tous les *a prioristes* contre lesquels se débattait si victorieusement l'illustre anatomiste n'oseront même plus se montrer, car ils seront démasqués, et n'auront pour devise que préjugés et hypocrisie.

On conçoit maintenant qu'en 1830, Geoffroy-Saint-Hilaire vint déposer à la tribune de l'Institut de France le fruit de quarante ans de travaux et de méditations ; on conçoit quelle force il pouvait mettre à sa défense! car il n'attaquait pas, il constatait seulement, et pourtant, il eût pu foudroyer la fameuse échelle classificatrice avec ses échelons, et ceux qui la descendaient si grotesquement. Il croyait plus loyal de la nier dans sa conscience, il était trop modeste et trop poli pour employer le sarcasme, et Cuvier savait qu'il triomphait sans gloire, puisqu'il triomphait sans péril ; personne, je le suppose, ne lui enviera sa victoire.

La cause est entendue et, devant le lecteur comme devant la postérité, le jugement sera sans appel; mais, comme la science est supérieure aux grands hommes qui la préparent, et aux ogres qui voudraient la dévorer, je vais maintenant continuer ma tâche. Les synthèses sont constituées progressives; il faut les voir agir, il faut sérier la fonctionnalité nerveuse.

Je vais enfin pouvoir m'appuyer sur le fonctionnement de notre intellect; ce sera le grand phare élevé pour éclairer ce qui précède, et pour ne pas sombrer sur les écueils que cachent les brisants où nous aurons encore à naviguer.

CHAPITRE XLII.

Sériation fonctionnelle nerveuse.

En abordant ce qu'il appelle la physiologie du système nerveux, le savant officiel, qui n'a d'ailleurs en vue que l'homme, qui seul lui paraît digne d'être étudié, le savant officiel tousse, crache, se mouche, se gratte l'oreille, fait la bouche en cœur, et prend toutes les précautions oratoires imaginables pour annoncer qu'il s'en tiendra à l'expérience, mais qu'il se gardera bien de toucher aux grandes questions qui, dit-il, ne sont pas de son domaine, etc., etc.; puis il se rassure peu à peu, et, maître de son sujet, il va, il va, s'enivre de ses propres paroles et, ma foi, les grandes questions auraient grande chance d'être soulevées, si notre docte personnage en avait la solution.

Pour nous, rien n'est plus simple que d'entrer de

plain-pied dans la fonctionnalité d'un organisme que nous avons longuement sérié ; nous irons d'un bout à l'autre, et sans soulever de questions indiscrètes, vu que nous n'en connaissons pas de telles, scientifiquement parlant; nous démontrerons que la fonctionnalité nerveuse progresse depuis l'élément zoologique jusqu'à l'homme, puisque l'organisme nerveux progresse sans interruption dans cette longue et large évolution.

La fonctionnalité nerveuse est une de celles qui ont été le plus approfondies par le superficiel et peu sériaire *a priori ;* des régiments de noms sont dressés en bataille, sur cette vaste esplanade de la nervosité ; ce sont autant de symboles qui expriment des degrés et des directions ; la science n'a pas à en tenir compte ou elle les doit vigoureusement rectifier ; on s'en servira après tout à son aise, ils ne présenteront plus aucun péril ; la chose exprimée se manifestant en organes, lesquels se prêtent assez peu à l'*a priori,* qu'ils convainquent notoirement d'ignorance par leur révélation. On peut tolérer parfaitement le mot *exprimant,* lequel en ce cas en vaut bien un autre, nous serons en cela aussi accommodant que possible : la nominalité ne nous effraye jamais, pourvu que la réalité la pénètre.

Aurais-je pris moi-même des précautions oratoires? Pas du tout. Je fais seulement un petit avertissement, pour qu'on ne s'imagine pas que nous soyons ici dans l'insolite et l'extraordinaire ; nous sommes tout bonnement à un degré de nos sériations, et vous verrez que ce ne sera pas le dernier; cependant il est bon d'y prêter une certaine attention.

Rappelons d'abord un peu nos grandes lois : les

organes sont subordonnés aux milieux, les fonctions sont subordonnées aux organes; la progression s'opère en partant de la confusion d'organe et de fonction, en passant par la division parcellaire, laquelle mène directement au progrès par la concentration des parties et la distinction des fonctions.

Cela peut bien maintenant passer pour un axiome, nous n'avons ici qu'à en faire l'application. C'est peut-être là que la loi brille de son plus vif éclat. N'oublions pas la grande sériation organique nerveuse déjà exposée, et nous reconnaîtrons que la fonctionnalité nerveuse est schématiquement écrite dans la disposition même du système nerveux.

A l'origine, quand l'élément zoologique apparaît, il est péremptoirement dominé par l'extérieur, dont les forces sont, relativement à lui, gigantesques. La relation est alors presque uniquement extra-synthétique. L'animal jouit alors, en vertu de sa composition générale, d'une réaction contre le milieu qui l'impressionne ; c'est cet état que les scolastiques appellent de l'irritabilité. C'est la qualité produite par des plantes fort évolutionnées que l'on nomme des sensitives. Là, pas de nerfs et encore moins de ganglions. Le progrès manifeste bientôt ces organes, nous allons assister à leur fonctionnement.

Dès qu'il y a un nerf et un ganglion, il y a ébauche du fonctionnement intra-synthétique ; c'est toujours le milieu qui agit, mais c'est le nerf qui s'impressionne, comme on dit ; il perçoit cette action qu'on nomme une sensation, il la transmet au ganglion, synthèse organique qui synthétise en lui-même cette action, et détermine la réaction qui préalablement était déférée à la synthèse zoologique entière. La synthétisation d'une sensation quelconque à un degré quelconque, par la sériation ganglionnaire, depuis le premier terme jusqu'au cerveau, est ce que nous appellerons une *induction*. Le ganglion peut donc être considéré comme un sens inductif; il ne restera pas toujours à ce degré infime, il progressera comme formation, et ses qualités inductives progresseront en même temps.

Les animaux, à cette deuxième phase, sont doués de ce qu'on a appelé la sensibilité; il y a moins de confusion qu'à l'origine, mais, comme on voit, ce n'est pas encore bien fort de distinction fonctionnelle.

Je serai obligé de faire un peu le parallèle entre l'organisme et la fonctionnalité, on suivra ainsi beaucoup mieux leur succession et leur constante solidarité.

La philosophie, qui a tant fait de rabâchages sur ce qu'elle a appelé les facultés de l'homme, avait, par l'organe de son grand prêtre Descartes, accusé son ignorance et sa quiétude parfaite à l'égard des facultés des autres synthèses zoologiques. Tous les animaux sont rangés d'un trait dans la classe des automates, ce qui était un brevet de non-étude sur leur personne qu'on se délivrait à soi-même. On conviendra que c'était traiter assez cavalièrement la science que de tailler à son gré dans le terrain qu'elle présente; mais cela se faisait alors. C'était même beaucoup de hardiesse que d'étudier l'homme, il fallait absolument flétrir ce qui le précède, pour le laisser seul trôner sur le piédestal qu'on lui avait élevé depuis plusieurs milliers d'années.

C'est uniquement pour élargir le fossé infranchissable des différences qu'on avait fabriqué un mot qui, comme tous les autres, doit clore la bouche à tout scrutateur du réel : ce qui, dans la fonctionnalité relative ou nerveuse, était manifesté par les autres synthèses zoologiques que l'homme, à quelque degré qu'elles fussent, était réputé tenir à une certaine chose que l'on dénommait par l'appellation d'*instinct*.

Puis venait le beau et intarissable parallèle entre l'instinct et la raison, entre la brute automate et l'homme-pensant, entre la matière et l'esprit. Il y en a comme cela des volumes, et les philosophes ne tariraient pas, si on voulait les écouter.

Tout cela est oiseux et ridicule, et dans la sériation rapide que je me propose de faire de la fonctionnalité nerveuse, je n'en aurai aucun souci, je passerai en revue degré par degré cette fonction-là comme toute autre. Si elle est plus longue, c'est qu'elle est plus importante, mais elle a des organes en proportion, et les prétendus automates en ont tant, que, ma foi, quand on finit par trouver les ficelles qui les font mouvoir, on est effrayé du nombre qu'il en faut pour mettre la bête en action, et ce pauvre petit mot d'instinct me paraît bien étroit et mesquin pour rendre compte de tout cela.

Reprenons notre sériation à sa deuxième phase que nous avons vu qualifier du nom de sensibilité. Comment allons-nous procéder pour dérouler ce long écheveau d'organes et de fonctions parallèles? Cela sera bien simple, il suffit de n'avoir pas d'*a priori,* et de se contenter de constater autant que faire se peut ce qui en est au juste.

Nous n'avons pas à décrire les organes, ils le sont au centuple, toute la synthèse zoologique est reconstituée maintenant d'un bout à l'autre de la série, tous les degrés nous en sont encore présents ; les milieux extérieurs et intérieurs sont chacun à sa place. Un enfant achèverait notre besogne, et pourtant c'est une des plus ardues qui me restent, précisément parce que j'ai le malheureux honneur de m'adresser à un public pour lequel on a embrouillé tout cela à plaisir.

Eh bien, procédons comme si de rien n'était. Que voyons-nous comme direction des formations organiques? Nous remarquons une surface extérieure de l'animal, qui reçoit toutes les impressions du dehors. La protection domine. Mais peu à peu certaines portions se spécialisent pour recevoir ces impressions à la surface, comme nous avons vu; au dedans, le cordon nerveux se spécialise pour les transmettre, et le ganglion se spécialise pour les synthétiser ou les induire. Voilà donc trois degrés : 1° l'organe impressif; 2° l'organe perceptif; 3° l'organe inductif. Tout est là. Maintenant il y a, de plus, des organes de réaction, ce sont surtout les divers instruments moteurs, qui, d'abord confondus dans la membrane externe non évolutionnée, se dégagent peu à peu, depuis les cils vibratiles, les ambulacres, le manteau et le pied des mollusques, jusqu'aux segmentations nombreuses des insectes, jusqu'aux leviers gigantesques des vertébrés, etc.

Eh bien, si la première direction qui va du dehors au dedans, de la surface à la profondeur, constitue l'action de l'extérieur sur la synthèse zoologique, la seconde, qui va du dedans au dehors, de la profondeur à la surface, constitue la réaction, laquelle arrivera à avoir des organes nerveux distincts de la première, qui domine d'abord ; puis elle aura aussi des centres inductifs qui alors synthétisant la réaction à accomplir, amèneront le puissant résultat de la synergie.

Avec cette première donnée qui est applicable dès le début, et en tenant compte de la confusion fonctionnelle qui caractérise tout degré inférieur de la série, je puis nettement définir l'instinct, que je mettrai fort bas. *La confusion de la sensation et de l'induction,* dans un même organisme nerveux, amène immédiatement une réaction à une sensation perçue, ce qui est, à proprement parler, l'*instinct.*

Il ne fallait donc pas en faire tant de bruit, de ce mot *instinct,* dont je conserve l'usage pour montrer clairement combien on était loin de compte, en s'en tenant à lui pour tout expliquer. Il grandira avec le reste, cet instinct, mais son fonctionnement, bien que toujours d'un emploi très-fréquent, sera le degré le plus inférieur de la fonctionnalité nerveuse partout où il se montrera.

Nous n'avons maintenant qu'à poursuivre et à voir grandir la puissance de la nervosité avec la progression de la synthèse zoologique elle-même ; tout cela s'opère par des distinctions fonctionnelles successives, se dessinant dans des organes de plus en plus concentrés.

Le système nerveux commence d'abord par multiplier ses filets et ses ganglions qui, d'ailleurs, sont fort peu nombreux à l'origine. Il y a là instinct au premier chef, puisqu'il y a confusion partout, dans le nerf comme dans les ganglions, lesquels sont à la fois organes de rapport extérieur ou actif, et organes de rapport intérieur, nutritif ou répartiteur; le dehors est encore prépondérant, mais le travail est engagé, il ne cessera pas de sitôt.

Nous avons vu que le centre nerveux le plus important gravite vers le pôle supérieur ; c'est là aussi que se dessinent les sens, portion de la membrane externe appropriée à des impressions spéciales. Ils viennent, nous l'avons reconnu, les uns après les autres, se compliquent de plus en plus, quoique l'élément extérieur reste toujours le même, ce qu'il ne faut pas oublier pour comprendre leur action que nous ne voulons pas ici examiner en détail, parce que ce n'est qu'un point relativement à la série naturelle que nous étudions; ils sont à leur place, on n'a rien à nous demander de plus.

Je n'ai qu'une chose à faire remarquer, c'est l'idée absurde qu'on se fait de leur fonctionnalité de premier degré par rapport aux autres degrés qui suivent. Leur fonction paraît fort naturelle, puisqu'on la constate à chaque instant, quoiqu'on ne s'en rende compte que par des études fort approfondies. Il y a là des questions de polarité fort remarquables à élucider, comme on l'a fait déjà pour la lumière.

La succession de tant de formations organiques aboutit nécessairement à des élaborations fort différentes de l'élément impressionneur, lequel n'est pas du tout matériel comme on l'imagine; mais le sens, impressionné par le *mouvement* que sous une forme et avec une intensité déterminées dégage un fonctionnement matériel extérieur, transmet, à l'aide d'un cordon nerveux situé profondément, à deux ou trois degrés d'organes inductifs successivement formés, la VIBRATION *spéciale* qu'il *édicte,* laquelle se trouvera d'autant mieux *élaborée* que l'organisme sera plus compliqué, comme nous allons le reconnaître dans un instant.

Son ou lumière, odeur ou saveur, tout cela n'indique donc que des rapports fort complexes, dont on n'analyse plus les conditions, parce qu'ils nous sont habituels et que les noms simples que nous leur donnons nous font croire à une simplicité constitutive qui n'existe pas du tout. Il est bien mal aisé quand, imbu de nominalités stériles, on néglige les milieux et les rapports pour ne voir que des faits aussi simples les uns que les autres, de rectifier une erreur qui est pour ainsi dire native dans l'humanité. On se plaît à l'augmenter encore par la scolastique bavarde qui, avec ses noms emphatiques, ne fait qu'une mauvaise algébrisation de notre fonctionnement nerveux, sans jamais donner à ces mots les valeurs qu'ils ne font que représenter.

J'insiste à cet égard, car il y a vraiment *hallucination* dans cette direction, on le reconnaîtra par une étude consciencieuse de la réalité. Pour ma part, je vais si strictement sérier tout cela d'un bout à l'autre, que l'outrecuidance nominative sera prise dans un réseau de réalités, dont il lui sera bien difficile de sortir par ses ambitieuses appellations.

A l'origine, quand l'animal présente comme prédominante la phase de la membrane interne, le système nerveux, tout en étant soumis à des perceptions extérieures assez nombreuses, les spécialise peu, et le plus gros de la fonctionnalité attient à la relation intra-synthétique ; elle est attachée à la nutrition, à la formation des organes, et, de plus, à la répartition générale de l'élément formateur, partout où besoin en est, pour conserver ou pour agrandir, suivant les grandes lois de la progression qui se sont appliquées sous nos yeux dans l'évolution des divers systèmes organiques.

Les cordons nerveux ne sont alors que d'une sorte et les ganglions nerveux ne présentent pas grande différence dans leur qualité inductive.

Un des premiers points qui se distinguent, c'est la fonctionnalité nerveuse sensorielle, ou celle des impressions spécialisées. Elle est d'abord confondue avec l'ensemble, et le sens le plus général, le toucher, conserve toujours ce caractère-là. Mais chez les crustacés, on voit un petit ganglion détaché de la masse ganglionnaire œsophagienne, être chargé d'induire les impressions perçues par l'œil et le nerf qui y aboutit. Si l'on étudiait bien tout cela de près, en renonçant à l'absurdité des courants nerveux, et des identités plus ou moins grandes de la nervosité et de l'électricité, on arriverait sans doute à constater des différences plus nombreuses.

Qu'apprendrait, en effet, un courant nerveux? Une direction, rien de plus, et ce n'est pas ici ce qui importe. Quant à l'électricité, elle-même n'est qu'un résultat puissant du fonctionnement de la matière minéralogique; la nervosité, quoique pouvant être l'électricité animale, sera à un degré supérieur sans contredit, et ce n'est pas à l'apogée, mais au début que la différence paraîtrait minime. C'est une étude sérieuse à entreprendre, et voilà tout. Jusqu'à ce qu'elle soit faite, tenons-nous-en à l'indiscutable; il est assez important aujourd'hui pour s'affirmer au grand jour; continuons, vous l'allez bien voir.

En histoire naturelle, on a étudié curieusement et

sans méthode ce qu'on appelle les mœurs des animaux, on s'en est beaucoup amusé quelquefois ; il semblait que ce fût un jouet donné par la nature à ses grands enfants, les hommes, pendant qu'ils faisaient leurs dènts, c'est-à-dire qu'ils préparaient la science véritable. Le plus souvent, on s'en est étonné, ce qui devait être, on n'y comprenait rien. L'*a priori* pourtant finit par jeter là sa grande ombre, et alors on crut savoir, quoique par le fait on fût plus rassuré qu'instruit. Eh bien, ces mœurs des animaux qui mériteraient bien que quelque Réaumur sériaire daignât s'y appliquer, sont tout bonnement le fonctionnement nerveux de ces premières phases zoologiques à son plus haut degré d'induction ganglionnaire. Les collectivités nous révéleront un coin du mystère ; pour nous, nous n'en avons pas présentement besoin, nous allons rencontrer tant de centres inductifs distincts, que le scalpel a marqués de son tranchant, que, le principe étant forcément admis, les conséquences ne seront qu'un degré de plus ou de moins.

Passons de suite aux vertébrés, c'est-à-dire à cette phase *axo-zoaire* où, les deux membranes étant épuisées comme prédominance individuelle, le développement se fait suivant l'axe ou la moyenne. Cette phase est caractérisée par l'apparition de centres inductifs nerveux tellement évidents, que les doctrinaires eux-mêmes ont été obligés d'y reconnaître divers systèmes. Mais le rapport, messieurs, le rapport, où le prendrez-vous ? N'oubliez donc pas ce qui précède, et vous reconnaîtrez sans hésiter ce qui suit. Les articulés mènent la transition jusqu'à ses limites les plus oscillatoires ; le grand sympathique, c'est-à-dire la nervosité nutritive, se sépare de l'ensemble tout en s'y reliant ; voilà le grand progrès, il y a en bien d'autres en perspective.

Les synthèses zoologiques vont devenir de plus en plus indépendantes dans le milieu qui les contient, elles seront plus vivement impressionnées ; leurs perceptions seront plus nettes, mais l'induction ne sera pas seulement sensitive, elle sera en même temps réactionnelle ou synergique. Si la membrane interne a le grand sympathique comme système personnel, la membrane externe va aussi avoir le sien, qui se subordonnera le premier : c'est la moelle épinière. Au-dessus domine le cerveau, qui se subordonnera les deux autres, et par conséquent l'ensemble synthétique. Si nous tenions à avoir un jargon spécial, nous appellerions le grand sympathique l'*endo-nerf,* la moelle épinière l'*ecto-nerf,* et le cerveau l'*axo-nerf.* Nous n'y tenons pas ; vous reconnaîtrez alors qu'il vaut mieux avoir des choses que des mots. On nomme toujours ce que l'on a, mais on ne connaît pas toujours ce que l'on nomme.

Je commencerai par me débarrasser d'un phénomène remarquable, auquel on a voulu faire jouer un rôle assez mal expliqué, je veux parler du *mouvement réflexe.* La découverte de ce fait de physiologie suffit, à lui seul, pour prouver l'inconvénient qu'il y a de procéder par les degrés les plus élevés en négligeant tous ceux qui précèdent. Le mouvement réflexe est de l'instinct au premier chef, c'est-à-dire la confusion de la sensation et de l'induction ; c'est, de plus, un phénomène de nervosité du premier degré, il est donc fort simple. Mais, voici ce qui a surpris les physiologistes, ils avaient opéré sur des animaux supérieurs, lesquels, comme nous l'allons voir, étaient munis de centres inductifs considérables, auxquels on rapportait toutes les actions que l'on observait. Le hasard ayant porté à agir sur des cordons nerveux après ablation des principaux centres, on remarqua un mouvement subit, et, comme le centre n'était plus là, on fut fort embarrassé, et toujours, suivant l'habitude, on nomma d'après la conséquence, au lieu de reconnaître simplement le principe. Ce mouvement tient tout bonnement à l'action persistante d'un centre inductif de premier degré, lequel, quoique relié à l'ensemble, continue à accomplir sa fonction minime quand même le centre supérieur est détruit, de même qu'autrefois il l'exerçait à l'état de centre inductif principal, lorsqu'il n'y en avait pas d'autre que lui.

Cette découverte qui eût dû être faite beaucoup plus tôt et qui n'a étonné les observateurs qu'en vertu de leurs idées *a priori,* est fort importante au demeurant. Elle indique une division de fonctionnalités dans les centres successifs, de façon que les supérieurs n'ont qu'à régler l'harmonie de l'ensemble, et à accomplir de plus la fonctionnalité spéciale qui leur incombe. Cela simplifie la question, car toute la besogne nerveuse est loin d'être à la charge du cerveau, par exemple, dans lequel même le progrès amène la formation de centres inductifs fort supérieurs, qui sont toujours suppléés par d'autres centres antécédents, ce qui permet à la fonctionnalité de s'accomplir aisément, mais non sans fatigue. Nous verrons tout à l'heure, dans le sommeil, que presque tous ces centres ont besoin de repos, mais, au lieu de divaguer, nous toucherons tout du doigt, et il n'y aura plus à y revenir. Le mouvement réflexe, qu'il s'exerce sur un cordon sympathique, sur un cordon médullaire ou sur un cordon sensoriel, est toujours la même chose. C'est un premier degré de fonctionnalité nerveuse, qui agit forcément lorsqu'il y a contact entre un élément extérieur et le nerf: que cet élément soit alimentaire, c'est-à-dire intra-synthétique; qu'il soit extérieur, comme un corps qui impressionne la surface de la synthèse zoologique; ou qu'il s'agisse de la lumière, par exemple, qui frappe l'organe visuel. N'a-t-on pas remarqué après avoir enlevé l'œil, et stimulé avec une aiguille le bout du nerf optique, qu'il y avait perception non pas d'images, les conditions n'y étaient plus, mais impression lumineuse? Cela éclaire considérablement la question, et je tenais à le faire bien sentir.

Ce point éclairci, et pour moi il est primaire, quoiqu'il se représente jusqu'au plus haut degré, en s'alliant avec d'autres formations, je n'ai plus qu'à exposer brièvement la marche de la nervosité dans les phases successives qu'elle présente. Le progrès se fera partout, dans les cordons aussi bien que dans les centres. Tout cela se résout au fond en distinction et en solidarité, provenant comme origine d'une confusion commune: ce n'est guère embrouillé.

Si l'on a encore présente l'exposition que j'ai faite de la progression formative de l'organisme nerveux, on doit reconnaître aisément les distinctions qui s'y opèrent. La moelle épinière qui vient de naître est d'abord fort simple, elle induit avec des cordons uniformes toutes les sensations et les réactions périphériques; elle s'épanouit dans le cerveau, lequel est fort simple aussi et induit à l'aide de nerfs, déjà distincts des médullaires, les sensations spécialisées au pôle supérieur par les organes des sens qui s'y ouvrent et s'y disposent successivement. Il y a évidemment supériorité sur ce qui précède, mais infériorité notoire sur ce qui va suivre. Le principe de la progression ne changera pas, c'est toujours de la distinction fonctionnelle et de la solidarité résultant de la concentration même des parties formatives.

La moelle sort de sa confusion originaire pour se distinguer en deux faisceaux, qui longtemps isolés finissent par se concentrer, et à la fin on arrive à une perfection ainsi constituée. Tout ce que nous allons dire n'a rien d'hypothétique, les expériences physiologiques l'ont péremptoirement démontré. Charles Bell, Legallois, Flourens et Longet ont définitivement éclairé ces points de la nervosité, et ceux-là, débrouillés, permettent d'éclairer le reste ; nous irons donc droit au but sans broncher d'un iota.

La moelle épinière, à son apogée, présente : 1° un faisceau postérieur, centre inductif des sensations périphériques générales de l'animal ; 2° un faisceau antérieur, centre inductif des réactions périphériques, ou centre synergique de la muscularité corporelle ; 3° deux sortes de nerfs distincts seulement par leurs racines qui plongent dans l'un ou l'autre faisceau pour y puiser leurs qualités respectives, et se réunissent bientôt pour aller en commun se répandre à la périphérie impressive, et à la périphérie réactionnelle ou musculaire. Les racines postérieures présentent : 4° un petit ganglion, centre inductif du premier degré, qui doit entrer pour beaucoup dans l'action réflexe et qui, dans tous les cas, est l'analogue de tant d'autres que nous avons reconnus et que nous reconnaîtrons encore. Des nerfs reconstitués de la moelle partent des filets qui vont établir la solidarité avec le sympathique, en s'y mêlant intimement. Il y a donc ici, d'une manière flagrante, distinction et solidarité. Continuons, pas la moindre exception ne surgira, et l'on sera étonné de la simplicité d'application d'un organisme auquel on prêtait gratuitement une obscurité qu'on y avait accumulée à plaisir. Quant aux plexus, c'est une pure question d'arrangement qui mène encore à une solidarité plus grande et à une plus grande netteté d'action; ils doivent sans doute être des centres inductifs nécessités par l'agrandissement du rayon de la fonctionnalité. On rencontre même sur certains cordons périphériques certains petits ganglions qui ont le même office; mais ce ne sont que des valets subalternes, remontons au sommet de l'administration.

Les nerfs sensoriels, qui se distinguent des médullaires, quoiqu'ils en soient la continuation, sont tous rangés à la base du cerveau, et même ils tendent de plus en plus à rétrocéder vers la partie postérieure. Ils sont aussi de deux ordres. Les sensitifs, tous munis de ganglions inductifs, président aux perceptions spécialisées, ou animent cet important pôle supérieur qui constitue la face. Quant aux moteurs, ils sont plus simples, moins nombreux, mais au lieu d'être purement moteurs, ils sont ce qu'on appelle expressifs, ce qui est une réaction bien plus relevée que la musculaire simple. Vous voyez qu'à aucun degré ne manquent ses moyens et ses instruments.

Revenons à la moelle. Nous l'avons laissée munie de ses faisceaux et de ses nerfs, mais elle gravite vers le pôle supérieur; ses faisceaux s'écartent pour occuper l'espace qui s'offre à elle, nous avons reconnu cela dans le fameux *calamus scriptorius*, cette plume à écrire des auteurs, qui l'ont enfin retirée de la bouteille à l'encre où ils l'avaient plongée si longtemps. Eh bien, il est patent aujourd'hui que là se trouve un centre inductif puissant qui préside à la *synergie respiratoire*. Voilà donc une distinction nouvelle. Cela ne pouvait exister chez les poissons, où la respiration est en grande partie commise aux forces extérieures, mais peu à peu le poumon prend droit de cité et ses fonctionnalités sensitive et motrice doivent être séparées de la fonctionnalité génitale, le sommeil pourra alors avoir lieu sans asphyxie. On a même été jusqu'à trouver le point précis où s'opère cette grande synergie, mais on l'a faussement appelé *nœud vital*. D'abord, ce n'est pas un nœud ; ensuite, ce point n'est pas plus vital que les autres : si sa lésion amène la mort ou la cessation de l'évolution synthétique, c'est qu'une des conditions fondamentales assignées à l'élément zoologique, l'air, manque subitement et ne peut être suppléée. Cette découverte honore celui qui l'a faite, et M. Flourens, en colorant les os par la garance, en délimitant son point vital, et en isolant, à l'aide de substances diverses les divers centres inductifs cérébraux, comme le démontre l'action de la belladone, de l'opium, du chloroforme, etc., a plus servi la science véritable que bien d'autres qui ont compilé des *racontages* pour arriver à dérouter l'esprit du lecteur.

La progression la pressure, cette moelle épinière : à son extrémité inférieure elle est tellement atténuée, qu'elle n'est plus qu'à l'état de faisceau natté, constituant la queue de cheval, comparaison assez juste, puisée dans l'aspect de la chose exprimée. Elle remonte, elle remonte sans cesse ; ses faisceaux supérieurs se dédoublent, la moelle allongée ne forme plus qu'un plan inférieur, le cervelet se développe en dessus et en arrière, c'est un nouveau centre inductif qui arrive à tenir sous sa dépendance la moelle, qui n'est plus qu'à un degré antécédent; le cervelet est l'organe directeur de la motilité générale, les expériences le prouvent. Y joint-il la génitalité? C'est probable, chez les animaux à peu de prédominance cérébrale surtout, où la génitalité n'est qu'une large réaction sur l'extérieur, s'annonçant par une mise en scène assez furibonde. Nous verrons dans l'étude des collectivités que le tableau change un peu par la suite; le cerveau prendra le haut pas, en induisant supérieurement tout cela, c'est-à-dire en l'*idéalisant* un tant soit peu chez l'homme, qui d'ailleurs reste *assez longtemps* cérébelleux à cet égard.

Voilà une distinction, il y a progrès. La solidarité manque-t-elle? Nullement : la moelle allongée est la suite directe de la moelle épinière; les pédoncules cérébelleux postérieurs sortent de la moelle allongée, mais les pédoncules cérébraux en sortent aussi, et les pédoncules cérébelleux antérieurs vont au cerveau, et le *pont de Varole* finit par se placer au centre, et forme là un centre inductif que l'on ne niera pas, je l'espère; il est assez gros pour qu'on l'aperçoive, et il se montre assez tard dans la série pour qu'on ne l'accuse pas de ne point amener en même temps et la solidarité et le progrès. Tout cela a été décrit à son temps, je ne fais que l'indiquer ici.

La tâche dévolue à l'expérience physiologique a été jusqu'à présent facile à remplir, puisqu'elle n'opérait que sur des centres inductifs, simples comme sensations; et que, si la synergie était considérable, il devenait aisé de se la révéler en abolissant les conditions du phénomène : alors l'effet ne se produisant plus et étant, quand il se produit, fort appréciable par des ruptures d'équilibre qui constituent des mouvements, on assignait à chaque cordon son office, à chaque ganglion son département. Le même mode d'expérimentation n'est plus applicable plus haut, parce que tout se passe dans l'intimité, dans la profondeur. Les organes sont très-concentrés, les distinctions fonctionnelles y existent, la solidarité avec toute ce qui précède y devient plus grande encore; mais ici l'on ne peut juger que par élimination successive. Les synergies seront également manifestes, mais elles ne seront plus instinctives ou directes, elles seront de deuxième et de troisième degré. La sensation ne sera plus immédiatement suivie de réaction, elle sera plus profondément induite, on doit donc ici sérier la fonction, puisque l'organe est trop avancé pour être directement analysable. La réalité n'en sera pas moins grande, puisque les deux directions sont parfaitement solidaires, c'est ce qu'on aurait dû se dire depuis longtemps.

Nous voilà donc dans le cerveau, ayant derrière lui tous les cordons et tous les centres médullaires et cérébelleux, tirant son origine de cette gangue commune, et ayant devant lui des sens et des cordons sensoriels, suivis de centres inductifs de premier degré, les ganglions. Quoi de plus facile que d'achever le tableau? La fonctionnalité nerveuse a encore bien des phases à parcourir, mais aussi que d'organes attachés à son service, sans compter les rapports des diverses parties qui, bien établis, suppléent à plus d'organes qu'il n'y en a de façonnés directement.

Le cerveau, dans sa fonctionnalité, présente trois

degrés : 1° L'instinctif, c'est la perception d'une sensation quelconque d'où qu'elle vienne. Si l'animal n'a que celui-là, il réagit immédiatement avec tous les instruments dont il dispose, le cerveau n'est dans l'action qu'un centre administratif qui se sert du bras séculier, lequel lui est toujours extérieur, et est toujours à sa disposition, à quelque moment qu'il doive agir. 2° Le mémorial : c'est l'emmagasinement des perceptions qui restent là pour s'épuiser ou être mises ultérieurement en œuvre dans l'action, ou être induites par le troisième degré. 3° L'inductif, où les perceptions mémorielles, que nous appelons des notions, sont synthétisées, combinées, comme on dit, pour que le rapport en soit tiré et constitue des jugements. Voilà le grand organe de l'homme, c'est à lui que nous devons toute notre puissance. Perception, notion, jugement, voilà la série écrite dans notre cerveau. Voilà l'instrument dans toute sa magnifique simplicité. De plus nous constatons la source de nos erreurs, et je ne doute pas que chacun ne possède bientôt toute la puissance cérébrale dont nous avons été frustrés, depuis que, *captifs* dans la Babylone *scientifique*, nous y subissons le despotisme *babel*ien de quelques hallucinés.

Pour qu'on saisisse d'un coup d'œil cet ensemble fonctionnel nerveux dont nous ne pouvons ici nous permettre de présenter le détail, vu que l'homme n'est, dans la série naturelle, que l'élément d'une section que nous étudierons dans un ouvrage à part, sous le titre de SÉRIE HUMANITAIRE, nous allons, page 185, tracer un schématisme général où tout sera linéairement à sa place, et le lecteur aura du moins vu une fois dans sa vie ce terrain sur lequel on a tant disputé, sans jamais songer à le circonscrire. On reconnaîtra, par l'étude progressive que nous avons faite, que si les animaux sont des automates, l'homme, pour être le plus perfectionné de tous, n'est pas moins atteint qu'eux d'automatisme, et la dénomination *bien comprise* ne serait peut-être pas aussi mauvaise qu'on le supposerait.

On voit au premier abord que, même en schématisme, la nervosité est suffisamment compliquée ; il faut bien des artifices pour l'offrir à ceux qui l'ignorent ; mais une fois qu'on l'a comprise, on la possède complétement, et cela donne la clef des nombreux phénomènes de relation extra et intra-synthétiques qu'on ne pourrait que vaguement aborder sans cela.

Donnons donc l'explication de notre figure, les mots s'y combinent aux lignes, les lignes aux chiffres, les chiffres aux lettres de toutes sortes ; il y a là des directions et des épaisseurs, et des rapports surtout, ce qui constitue un ensemble réel schématiquement exprimé.

MM figure le champ de l'action du milieu extérieur dans lequel est plongée la synthèse zoologique, TT est la membrane externe avec sa surface impressive, sa partie sensitive, et sa partie réactionnelle, VV est la membrane interne, canal digestif et annexes ; PP est la moelle avec son centre inductif synergique, et son centre inductif sensitif ; X est la queue de cheval ; Q est la moelle allongée avec son centre inductif respiratoire, R le cervelet, avec sa synergie directrice. A exprime la première ligne inductive, B est le centre inductif de second degré ou mémorial, C est le cerveau proprement dit, ou le grand centre inductif de troisième degré : voilà pour l'ensemble, passons aux détails.

Prenons d'abord la moelle : γ exprime un centre inductif de premier degré ou ganglion appartenant aux racines postérieures ; $\gamma\lambda$ est la ligne d'un nerf postérieur ; $\theta\lambda$ est la ligne d'un nerf antérieur ; la ligne brisée exprime leur séparation ; λ exprime leur réunion. Après un certain trajet, le nerf recomposé se divise, en entrant dans la membrane externe, en deux plans : l'un $o\alpha\rho$ est destiné à la peau ; l'autre $\sigma\omega\tau$ se rend aux muscles.

De λ part un filet λb allant constituer le grand sympathique dont les centres inductifs de premier degré sont exprimés par les ganglions *b, c ;* les filets, par *bc* et *cd ;* le pneumogastrique, parti de μ pour arriver en π, s'y adjoint et constitue un centre inductif de second degré en *d :* c'est le ganglion solaire ; $\pi\pi'$ exprime les rameaux fournis par cette combinaison.

Les termes de rapports généraux entre le milieu extérieur et la synthèse zoologique, les termes de rapports spécialisés se comprennent d'eux-mêmes. *IK* exprime la surface impressive sensorielle ; la sensation s'opère là où le mot est écrit ; *N* est le nerf conducteur ; 1, 2, 3, 4, 5 sont les ganglions où la perception a lieu. C'est la ligne des centres inductifs de premier degré.

Pour la solidarité, nous avons à la moelle la commissure grise centrale *EF ;* entre le cervelet et la moelle allongée, la commissure *GH,* ou *pont de Varole,* et entre les hémisphères, la grande commissure cérébrale, ou *corps calleux* SD. Il y en a bien d'autres encore ; mais la progression organique les a établis. Je ne fais ici qu'une représentation linéaire ; une simple indication me suffit.

Que reste-t-il maintenant pour comprendre la fonctionnalité nerveuse ? Rien, pourvu qu'on veuille bien

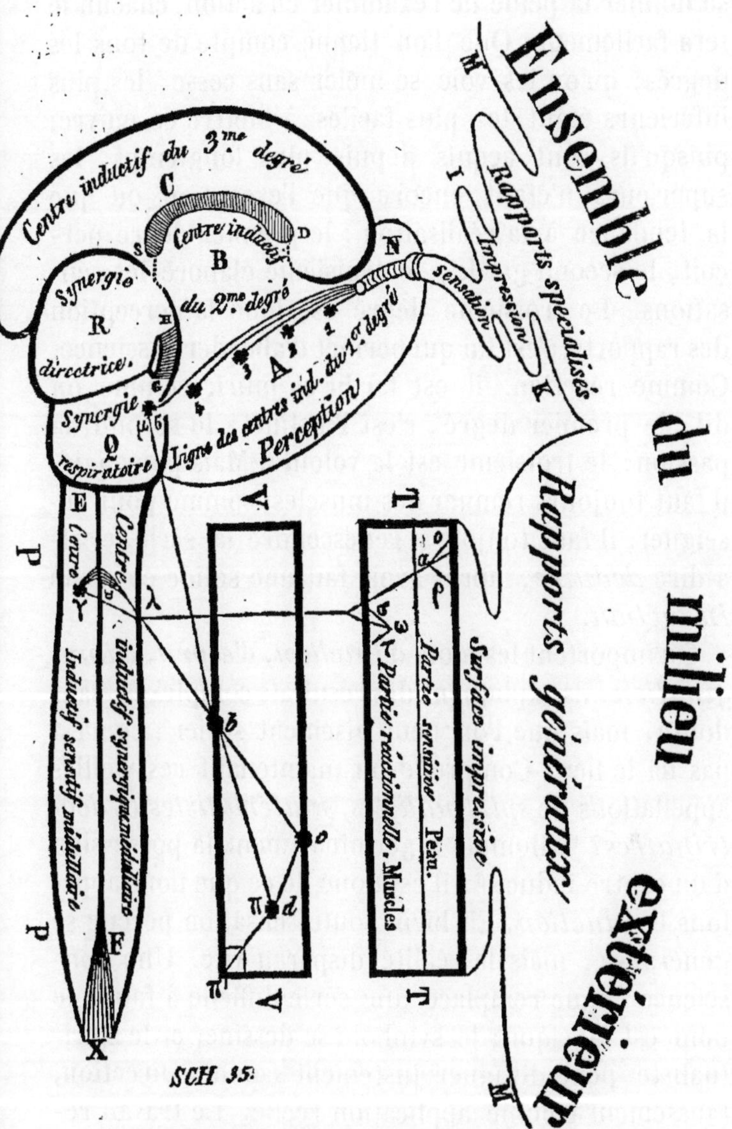

FONCTIONNALITÉ NERVEUSE.

se donner la peine de l'examiner en action, chacun le fera facilement. Que l'on tienne compte de tous les degrés; qu'on les voie se mêler sans cesse, les plus inférieurs étant les plus faciles à mettre en œuvre, puisqu'ils sont acquis depuis plus longtemps, les supérieurs n'étant encore que l'exception ou que la tendance à la réalisation : le premier degré perçoit, le second garde, le troisième élabore les sensations. Le troisième degré est donc la perception des rapports; c'est lui qui permet d'aborder la science. Comme réaction, il est tardif et mûri, comme on dit : le premier degré, c'est l'instinct; le second, la passion; le troisième est la volonté. Mais pour agir, il faut toujours remuer des muscles; comme pour enseigner, il faut toujours redescendre la série, c'est-à-dire *déduire,* après avoir fait une solide et réelle *induction.*

Qu'importent les mots d'*intellect,* d'*esprit,* d'*imagination!* ils expliquent des résultats complexes, sans doute, mais que l'on peut aisément sérier : ce n'est pas ici le lieu. Comprend-on maintenant ces vieilles appellations de *spiritualistes, matérialistes* et *doctrinaires*? L'homme a germinalement la possession d'un centre inductif; il est doué de ce que nous appelons l'*induction.* Eh bien, toute sensation perçue se généralise, mais la réalité disparaît vite. Une conscience vague remplace une série difficile à faire; le nom est fabriqué; le symbole se dessine, et le spiritualiste peut divaguer justement comme direction, faussement comme application réelle. Le travail recommence sur la sensation; on la garde dans la mémoire; on l'analyse sur toutes ses faces; on néglige le rapport, et l'induction reste dans sa quiétude symbolique, pendant que la mémoire est en ébullition. Le nom devient plus précis; on accumule des faits, et l'on devient doctrinaire pour n'avoir pas induit ce qu'on avait perçu : on néglige les milieux et les rapports, on reste enfin au deuxième degré. Un scolastique fait sur les mots et le livre, créés par le symbole, ce que le matérialiste fait sur les objets extérieurs; aussi la scolastique a miné le symbole. Le scepticisme et l'observation ont tué la scolastique en prenant sa place. Le symbole est toujours resté comme direction; il a pris corps dans les institutions humanitaires; il sera tué par la série qui marchera de l'impression à l'idée, de l'idée au rapport, et l'Induction dira un jour au Symbole qu'elle chassera de son domaine : *Nec amplius ultrà,* tu n'iras pas plus loin.

La nutrition répartitive est assurée par le grand sympathique. L'action du milieu extérieur est perçue partout et repoussée partout, quand il le faut, par des synergies puissantes que nous n'avons pas toutes analysées, il s'en faut bien. Tous les degrés d'induction sont à leur place, mais le système s'userait vite s'il restait en permanence; le sommeil obvie à cet inconvénient. L'animal qui dort, ferme ses sens spéciaux et généraux, qui cependant sont prêts à donner l'alarme : la moelle se repose, le cervelet se repose, la synergie respiratoire seule fonctionne, parce que l'air doit toujours être introduit. Le grand sympathique fonctionne dans l'intérieur à l'aide de ses centres propres, quitte à appeler à son secours s'il y a péril; la mémoire et l'induction peuvent veiller si elles ne sont pas trop fatiguées d'avance, et alors des notions mémorielles non rectifiées, induites par un centre en somnolence, donnent lieu au rêve, qui, au fond, n'est qu'une mauvaise digestion d'idées. Quand tout est reposé, la première impression extérieure réveille l'animal, qui recommence à se fatiguer, c'est-à-dire à agir, et ainsi de suite : il n'y a pas de mystère là-dessous.

Telle est la fonctionnalité nerveuse dans son ensemble ; nous en trouverons dans l'étude des collectivités, que nous allons faire, une plus large application. Terminons donc en rappelant une anecdote scientifique que les symbolistes feront bien de commenter. Galilée faillit être brûlé pour avoir dit que le soleil était fixe et que la terre tournait. Que la terre tournât, peu importait au Saint-Office, mais le soleil ne pouvait être fixe, puisque la Bible disait textuellement que Josué l'avait arrêté. Galilée dut céder, mais le Saint-Office ne s'en est pas scientifiquement relevé. Eh bien, doctrinaires illustres, rappelez-vous qu'un grand homme découvrit la circulation en considérant une valvule veineuse, de même que Newton découvrit la gravitation universelle en voyant tomber une pomme. Harvey montra le fruit de ses travaux, artères, veines, valvules, cœur, tout était là, il suffisait d'ouvrir le premier animal pour reconnaître la vérité des allégations de ce grand génie. On aima mieux ouvrir des livres, on préféra entasser des mots pour engloutir la vérité ; cent ans au moins dura la dispute, et pourtant quoi de plus simple que la circulation, fruit d'un peu de mécanique et d'un peu d'organisation?

Souvenez-vous de tout cela, vous *tous,* hommes de bonne volonté qui épellerez mon schématisme : quittez les livres, laissez les mots, ouvrez des bêtes, voyez des nerfs, apprenez à induire les faits, et vous n'aurez pas à combattre cent ans, comme Harvey et ses disciples. Il ne suffit pas d'avoir la vérité, il faut la mettre en œuvre. Pas de discussions oiseuses, à l'ouvrage, à l'ouvrage! l'humanité ne doit pas manquer de travailleurs. Ceux même de la *onzième heure* seront les bienvenus.

CHAPITRE XLIII.

Sériation des collectivités zoologiques.

Nous avons exposé, dans la physiologie, ce qu'on doit entendre par collectivité ; nous l'avons définie : la réunion de deux ou plusieurs synthèses dans un but commun à accomplir. La collectivité exprime la nécessité d'un rapport, et non pas seulement la nécessité d'une formation commune : c'est donc un degré supérieur à la synthèse. Ce qui les distingue tout d'abord, c'est que la délimitation ou la forme n'est pas applicable aux collectivités, aussi ne tombent-elles pas sous l'observation directe ; on ne perçoit par les sens que des synthèses délimitées, or les synthèses ne sont que les éléments des collectivités, donc la perception d'une collectivité appartient essentiellement à notre sens inductif, et c'est pour avoir méconnu l'induction comme puissance cérébrale sériaire, que l'on a également méconnu le fait de la collectivité qu'elle seule pouvait nous révéler. Si l'on ajoute que tous les faits de relation entre les synthèses zoologiques, à quelque degré qu'elles fussent, ont été réglés par cette pauvre appellation d'instinct, on jugera combien l'ignorance doit être épaisse. La curiosité, heureusement, a talonné les observateurs, et, sans s'en rendre compte, employant malgré eux leur sens inductif, ils nous ont laissé des faits précieux, qui, recueillis et mis à leur place par la série, nous permettent d'aller en avant, sans rester embourbés dans les synthèses, dont à cette heure nous avons terminé l'examen, comme formation et comme action interne, si je puis ainsi dire. Il est nécessaire que nous les voyions maintenant mises en œuvre par la suite de l'évolution ; c'est la collectivité qui va les saisir pour les appliquer ; sérions donc un peu son action, ses divers degrés, et avec son aide nous achèverons notre série zoologique qui nous occupe depuis si longtemps.

Le phénomène de la collectivité n'est pas étranger à la série minéralogique ; en effet, combien de corps différents ne trouve-t-on pas agrégés ensemble ? Les minerais de toute sorte en témoignent, et, dans l'ensemble géologique, nous trouverons des couches sériaires fort complexes qu'on ne peut pas seulement rapporter à la synthèse, laquelle d'ailleurs, nous avons vue se borner à l'élément, mais que l'on doit aussi rapporter à la collectivité ; les grands phénomènes électriques et magnétiques, la pesanteur, pourraient bien être la fonction commune.

En phytologie, le fait est définitivement acquis, d'abord par la réunion sur une même synthèse phythologique de plusieurs autres synthèses appelées bourgeons, et qui ont en eux-mêmes presque tout ce qu'il faut pour constituer une plante. Un arbre est donc réellement ce que j'appellerai une collectivité synthétisée, caractère d'infériorité, sans doute, puisqu'il y a confusion de parties et de fonction. Chose remarquable, c'est le même fait que nous allons trouver dans ces fameux *polypes* qu'on a désignés si ingénieusement sous le nom de *zoophytes,* en partant de l'aspect qu'ils présentent, au lieu d'apprécier leur composition réelle.

La seule collectivité bien détachée comme élément, bien indépendante comme synthèse formative, par conséquent, nous est offerte dans l'acte de la reproduction dioïque par deux arbres séparés, dont l'un fournit l'élément femelle ou l'ovule, l'autre l'élément mâle ou le pollen ; le dattier en est un exemple ; mais cela ne va pas loin, la zoologie nous en prépare bien d'autres.

Dans toute série, l'élément n'est pas assez robuste, assez riche en organes et en fonction pour se payer le luxe de la collectivité ; il y a chez lui trop de confusion pour que rien de bien grand s'en dégage ; il est personnel, égoïste, élémentaire, pour tout dire, mais plus tard il pourra être inclus dans une collectivité. Nos *proto-zoaires* en sont là, ils sont isolés, comme *volvoce,* comme *monade,* comme *rotifère,* mais ils sont *collectivisés* comme *polypes,* et puisque tout commence par l'infériorité, cette collectivité sera parfaitement *synthétisée.*

Qu'est-ce au fond qu'un polype? comme élément c'est un petit animal fort simple, et on ne l'aurait certes pas regardé, si, réuni à des masses d'éléments similaires, il n'eût objectivé en dehors le résultat de sa collectivité, son polypier, qu'on a connu bien avant lui. Ce polypier, présente des branches et des épanouissements que l'on a pris pour l'animal lui-même, d'où cette belle qualification de zoophytes que nous conserverons volontiers à ces êtres collectifs pour exprimer la transition non de la phytologie à la zoologie, car elle n'est pas là, mais la transition qui mène à la formation collective, ce qui est bien autre chose. Je m'entends avec la série naturelle qui ne saurait se démentir, mais foin des classificateurs et de leur race! Si je leur prends des mots quand ils en trouvent de bons, ils ne peuvent rien nous offrir de plus; je les prie de ne pas croire à ma conversion.

Avec cette rectification dans l'existence des zoophytes, on pourrait faire sur leur compte des recherches fort remarquables, et l'on verrait quelle progression existe dans les relations de ces êtres, dans la formation de leur polypier. On a reconnu qu'ils se touchaient tous, ces petits êtres que nous appellerons polypes, gardant ce nom pour l'élément, et le mot zoophyte pour la collectivité. Ils se touchent par leur partie postérieure et leur canal intestinal. La seule partie indépendante c'est leur bouche, leurs cils vibratiles. Quant à la fixation des polypiers, elle est très-intéressante, elle a lieu sur des feuilles, sur des branches d'arbre, sur la terre, vers les rivages, mais ils ne tirent rien du point d'où ils sortent, ce qui les distingue à jamais des plantes. Ce sont des éléments zoologiques que les polypes, et par conséquent ils sont indépendants du milieu qui les vit naître. Ils n'ont ni racines ni feuilles, ils ont une membrane interne et une externe, ils s'assimilent l'air et l'élément albumineux; quant à leur polypier, c'est une enveloppe de protection commune et fixée. Les fameux *rayonnés* ne sont peut-être que des zoophytes à enveloppe commune et mobile, je laisse à d'habiles naturalistes le soin de déterminer la question; vous voyez que je ne tranche pas en grand pontife de la science. Je ne suis moi-même qu'un *catéchumène,* j'ouvre seulement la porte de l'église, et j'invite mes semblables, que j'aime comme moi-même, pour l'amour de l'humanité, à y entrer avec ferveur.

Une collectivité d'un autre genre, qui progressera plus tard comme mise en œuvre, mais qui sera toujours dans la même direction, c'est la collectivité reproductrice. Le premier degré, si bien étudié par Abraham Tremblay, se rapporte aux hydres. Une *hydre* est tellement un animal collectif, qu'il se reproduit par scissiparité. Relativement à la perpétuation de cette synthèse ; chaque partie détachée qui était fondue dans la synthèse primitive est donc un élément collectif ; il y a là synthèse multiple et but commun, c'est donc vraiment une collectivité.

En 1744, Abraham Tremblay, ayant fendu une hydre dans le sens de sa longueur, vit, au bout d'une heure, se reproduire la forme de l'animal ; après trois heures, celui-ci pouvait commencer à manger, mais il n'avait pas encore de bras ; ils se développèrent plus tard. Cet observateur fit plus, il coupa des hydres en petits morceaux, dans toutes les directions, et chacun de ces morceaux devint bientôt une hydre entière. Ainsi, que la division ait lieu en travers ou en long, la partie détachée du polype se complète également dans tous les cas ; tout lambeau pousse des bras, acquiert une cavité alimentaire, et reforme un polype entier. Par la division incomplète, Tremblay obtint encore une multiplication, mais une multiplication incomplète aussi, c'est-à-dire ne portant que sur les parties divisées; il obtint ainsi des hydres à deux, à trois têtes, et jusqu'à sept têtes. Mais ce que le compilateur auquel j'emprunte ces détails oublia de remarquer, le seul mérite qu'il eût pu avoir puisqu'il copiait lui-même l'observateur primitif, c'est que Tremblay créait ainsi artificiellement un être collectif, tout à fait identique aux polypes véritables, et qui serait devenu, sans contredit, zoophyte en sécrétant un polypier, si les circonstances extérieures eussent été entièrement à sa disposition.

Mais, en même temps, Tremblay observa et signala aux savants, pour lesquels, entre parenthèse, cela est resté lettre close, une grande différence entre les divers lambeaux du polype, sous le rapport de la réintégration. Bien que les propriétés vitales soient disséminées dans tous les points de son tissu, et qu'elles se trouvent également réparties entre toutes les portions du corps de l'hydre, néanmoins quelques-unes de ces parties, offrant dans ce petit animal une spécialisation commençante d'organisation, sont par cela même impropres à devenir de nouveaux points de départ d'une reproduction organique. Ainsi Tremblay vit bien que les morceaux du corps et de la tête, quelques petits qu'ils soient, et dans quelque direction qu'ils aient été taillés, peuvent reproduire un polype, mais que les bras de l'animal, quoique celui-ci continue à vivre dans l'eau, sont incapables de former une nouvelle hydre. Et voilà, comme dirait le médecin de Molière, pourquoi votre fille est muette. L'honorable compilateur, avec son baragouinage de propriétés vitales et de commencement d'organisation, est dans le four le plus noir. Cependant M. Laurent, un siècle plus tard, se donnait la peine de mettre la vérité à la porte du commentateur susdit, qui n'y voyait pas plus clair, et comme le bon abbé Trublet de Voltaire, continuant sa besogne, il compilait, compilait, compilait.

En 1844, M. Laurent compléta les observations de Tremblay « d'une manière heureuse, » c'est la seule observation que daigne faire le docte compilateur. D'après lui, les bras ou tronçons de bras du polype d'eau douce, non contigus à des morceaux de lèvres, avortent presque toujours, et quoique pouvant vivre encore pendant quelques jours, deviennent très-rarement de nouveaux individus. Les lambeaux du corps et de la bouche, avec ou sans bras, reproduisent des hydres complètes, et cela pour ainsi dire quelque petits qu'ils soient. Le pied entier ou des fragments de pied peuvent aussi régénérer une hydre, mais ils sont déjà susceptibles d'avorter dans leur développement. *Les lambeaux du corps qui ne comprennent que la peau externe ou la peau interne, ne produisent jamais de nouveaux individus; la coexistence de ces deux téguments paraît indispensable pour la régénération.*

Eh! compilateur, mon ami, cela vous paraît heureux, j'en suis bien aise; mais à moi, cela me paraît être l'indiscutable vérité, ce qui est bien plus que votre propre satisfaction. Ne voyez-vous pas ces deux membranes interne et externe que nous avons assignées comme base fondamentale de l'élément zoologique? A la bouche, elles sont confondues, notre sériation buccale l'a démontré, aussi l'hydre provient de ces divisions. Mais les bras ne sont qu'une expansion de la membrane externe, aussi pas de polype. Le pied contient plus de membrane externe que d'interne, mais les deux membranes sont là assez voisines pour que la synthèse élémentaire en soit détachée, et alors M. Laurent obtenait nécessairement une hydre. Vous avez admiré Lavoisier, affirmant, sa méthode sériaire chimique en main, que les terres seraient décomposées, inclinez-vous devant la méthode sériaire générale, qui, par la force de l'induction seule, parvient à débrouiller dans l'élément zoologique ces deux membranes que l'on aurait qualifiées d'hypothèses, si l'observation directe ne les venait si largement démontrer. Et maintenant, que les Trublet compilent, nous autres, nous allons sérier les collectivités.

La collectivité est encore là synthétisée; comme toute progression se fait lentement, nous allons voir les synthèses composantes être tout à fait détachées les unes des autres, et elles sont assez grosses pour qu'on n'ait pas besoin de loupes pour les voir, je veux parler des huîtres et des moules. Les unes fixées sur le même banc, ouvrent séparément leurs coquilles, mais restent au gisement commun, d'où elles ne sortent jamais que pour passer dans les parcs où on les engraisse; des parcs elles passent sur nos tables, et en les mangeant, le gourmet ne songe guère qu'il avale, moins la coquille toutefois, l'élément synthétique d'une collectivité. Les moules sont reliées entre elles par des cordons que chacun connaît; c'est le désespoir des cuisiniers qui les apprêtent, et qui aimeraient mieux que la moule fût élevée d'un degré de plus dans la série animale, et qu'on n'eût qu'à la faire ouvrir sans préparation.

Enfin les synthèses se détachent complétement, et jouissent d'une indépendance personnelle qui les a fait qualifier d'animaux, lesquels on a étudiés à l'exclusion de tout rapport. Mais l'induction ne laisse pas s'égarer la réalité et, dans son cercle puissant, elle relie tous ses éléments épars en renouant chaque rapport appréciable qu'elle fond ensuite dans les grandes relations générales de la série. Nous avons à considérer encore trois degrés de collectivités susceptibles d'applications fort multiples ; nous en citerons quelques exemples, et chacun en trouvera ensuite des milliers.

Le premier degré est celui des collectivités *fixes et permanentes;* le second degré, celui des collectivités *variables et intermittentes ;* le troisième degré, celui des collectivités *progressives*. Dans toutes ces collectivités, les éléments sont morphologiquement indépendants, et c'est dans la relation que la collectivité se révèle. C'est là ce qui donne lieu au phénomène remarquable de la sociabilité, fixe et permanente chez les abeilles et les fourmis ; variable et intermittente dans la reproduction, les migrations et la protection, comme chez les castors; progressive chez l'homme, qui est l'élément d'une collectivité constituant l'humanité, que nous indiquerons sommairement dans le présent livre, pour ne pas laisser de lacune, mais à laquelle nous consacrerons un ouvrage entier que nous avons déjà annoncé.

Quand on lit dans les traités d'histoire naturelle les manifestations de ces collectivités si ignorées, on se croirait transporté dans le monde féerique des *Mille et une Nuits,* où tout se produit à la baguette, et où la scène est toujours animée, quoiqu'on ne voie jamais les acteurs. La série est beaucoup plus belle, quoique moins fantastique ; les notes du concert sont répercutées par la longue chaîne des échos progressifs, et c'est à peine si l'oreille de l'homme a jamais entendu, si son œil a jamais vu rien de pareil. Je vais donc vous raconter quelques histoires, pour égayer ce fastidieux terrain de la science; nous n'aurons encore que trop à y revenir.

Les abeilles, dont l'homme a fait un parasite, ainsi que de bien d'autres êtres, comme nous le verrons dans la sériation parasitique, les abeilles forment naturellement une collectivité fixe, c'est-à-dire arrêtée, comme leur synthèse élémentaire l'est par la forme et la composition, et de plus permanente, c'est-à-dire durant tout le temps de l'évolution personnelle de chaque abeille. Cela est clair, étudions donc les divers éléments de cette collectivité, de cette société, comme on dit, car les éléments sont loin d'être identiques, quoique le but soit parfaitement commun et que les éléments y soient plus d'une fois sacrifiés.

Elles vivent en colonies composées chacune de dix à trente mille ouvrières ou mulets, de six à huit cents mâles ou faux-bourdons, et communément d'une seule femelle qui semble y régner en souveraine, et qui a reçu le nom de reine. Elles établissent leur demeure dans quelque cavité, telle que le trou d'un vieil arbre. Ce sont les ouvrières qui exécutent tous les travaux nécessaires à l'existence et à la prospérité de la société. Les unes, nommées *cirières,* sont chargées de la récolte des vivres et des matériaux de construction, ainsi que des bâtisses à élever; les autres sont, à raison de leurs fonctions, nommées les *nourrices;* elles s'occupent presque exclusivement des soins intérieurs du ménage et de l'éducation des petits.

Pour faire sa récolte, l'abeille cirière entre dans une fleur bien épanouie, dont les étamines sont chargées de pollen. Cette poussière s'attache aux poils branchus dont son corps est couvert, et en se frottant avec les brosses qui garnissent ses tarses, l'insecte la rassemble en pelotes, qu'il empile dans les corbeilles ou palettes creusées à la face interne de ses jambes postérieures. A l'aide de leurs mandibules, les ouvrières détachent aussi de la surface des plantes une matière résineuse appelée *propolis,* et en remplissent leurs corbeilles. Ainsi chargées, ces abeilles retournent à leur demeure commune, et aussitôt arrivées se débarrassent de leur fardeau pour retourner à la recherche de nouvelles provisions, ou pour employer celles déjà recueillies.

Les travaux de l'intérieur sont plus compliqués ; les abeilles commencent à boucher avec du propolis toutes les fentes de leur habitation, et n'y laissent qu'une seule ouverture dont les dimensions sont peu considérables. Elles s'occupent ensuite de la construction des rayons ou gâteaux, destinés à servir de nids pour les petits, et de magasins pour les provisions de la communauté. Ces gâteaux sont faits avec de la cire, matière qui se trouve sur diverses plantes et qui est sécrétée aussi par les abeilles dans des organes particuliers, situés sous les anneaux de leur abdomen.

Ces rayons sont composés de deux couches de cellules ou *alvéoles,* hexagones à base pyramidale, adossées les unes aux autres, et sont suspendus perpendiculairement par l'une de leurs tranches. En général, c'est à la voûte de la ruche qu'ils sont fixés, et ils sont toujours rangés parallèlement, de manière à laisser entre eux des espaces vides dans lesquels les abeilles peuvent circuler.

Les cellules sont disposées horizontalement et ouvertes par l'un de leurs bouts. C'est avec leurs mandibules que les ouvrières les façonnent; elles en taillent les pans pièce à pièce, et elles apportent dans leur construction une précision étonnante.

La plupart de ces alvéoles ont exactement les mêmes dimensions et servent à loger les larves ordinaires, ou deviennent des magasins; mais quelques-unes, destinées à contenir les larves des femelles, et appelées par cette raison des *cellules royales*, sont beaucoup plus grandes et de forme presque cylindrique.

Quand les abeilles ont fait une récolte abondante de pollen ou de miel, elles déposent le superflu dans quelques-unes des cellules ordinaires, pour subvenir soit à leur consommation journalière, soit à leurs besoins futurs. Elles ont aussi la précaution de boucher, avec un couvercle en cire, les cellules contenant leur réserve de miel, et si quelque accident vient menacer de miner leurs constructions, elles savent aussi élever des colonnes et des arcs-boutants, pour empêcher la chute de leurs gâteaux.

Les mâles ne participent pas à ces travaux, et lorsqu'ils ne sont plus d'aucune utilité à la communauté, les ouvrières les mettent à mort en les perçant de leurs aiguillons. C'est du mois de juin à celui d'août que ce carnage a lieu, et il s'étend même sur les larves et les nymphes de faux-bourdons.

La femelle reste également étrangère à la vie active menée par les ouvrières; mais comme c'est de sa fécondité que dépend la prospérité de l'essaim, elle est toujours choyée par celles-ci. Dès qu'elle commence à pondre des œufs, elle devient pour toute la colonie un objet de respect, et elle ne souffre dans sa demeure aucune rivale. Si elle en rencontre une, un combat à mort s'engage aussitôt, et une seule reine se voit toujours dans chaque essaim, quelle que soit la multitude d'individus dont celui-ci se compose.

Tant qu'elle est restée dans l'intérieur de son habitation, la jeune reine ne pond pas d'œufs ; mais si le temps est beau, elle en sort peu de jours après sa naissance, et s'élève avec les faux-bourdons à perte de vue en l'air ; cependant elle ne tarde pas à rentrer, et quarante-six heures après, elle commence à pondre des œufs qu'elle dépose un à un dans les cellules préparées pour cet usage. Pendant le premier été, cette ponte n'est pas très-nombreuse, et ne se compose que des œufs d'ouvrières ; pendant l'hiver elle s'arrête ; mais dès que le retour du printemps se fait sentir, la fécondité de la mère abeille devient extrême. Dans l'espace d'environ trois semaines, elle pond en général plus de douze mille œufs. C'est seulement vers le onzième mois de son existence qu'elle commence à donner des œufs de mâles en même temps que des œufs d'ouvrières, et ceux d'où naîtront des femelles n'arriveront que plus tard.

Trois ou quatre jours après la ponte, les œufs éclosent; et il en sort une petite larve de couleur blanchâtre, qui, étant privée de pattes, ne peut sortir de son nid et chercher sa nourriture; mais les ouvrières pourvoient abondamment à ses besoins en lui présentant une sorte de bouillie dont les qualités varient suivant l'âge et le sexe de l'individu à qui elle est destinée; et lorsque le moment de sa transformation en nymphe approche, elles la renferment dans sa loge en adaptant à celle-ci un couvercle de cire.

Cinq jours après la naissance d'une larve d'ouvrière, ses nourrices ferment sa cellule. Elle file alors autour de son corps une coque de soie, et au bout de trois jours se change en nymphe ; enfin, après être restée sous cette forme pendant sept jours et demi, elle subit sa dernière métamorphose.

Les mâles n'arrivent à l'état parfait que le vingt et unième jour de la naissance de la larve, tandis que les femelles subissent leur dernière transformation le treizième jour.

L'influence qu'exerce sur le développement des abeilles la qualité des aliments dont les ouvrières nourrissent les larves est des plus remarquables, car en variant la bouillie qu'elles donnent à leurs élèves, ces singulières nourrices produisent, à la volonté, des ouvrières ou des reines. Cela se voit d'une manière évidente lorsqu'un essaim a perdu sa reine, et qu'il n'existe pas dans les rayons de la ruche de cellule royale contenant une larve de femelle; alors les abeilles se hâtent de démolir plusieurs cellules d'ouvrières pour leur donner la forme d'une cellule royale, et fournissent en abondance à la larve qu'elles y laissent la pâture dont elles alimentent les femelles; or, par ce seul fait, la larve, au lieu de devenir une abeille ouvrière, comme cela serait arrivé si elle avait continué à être élevée de la manière ordinaire, devient une abeille-reine.

Quand une jeune reine a achevé ses métamorphoses, et rongé les bords du couvercle de sa cellule, pour sortir de son nid, on voit se manifester dans la colonie une grande agitation. D'un côté, les ouvrières bouchent avec une nouvelle quantité de cire les ouvertures qu'elle pratique, et la retiennent prisonnière dans sa loge ; d'un autre côté, la vieille reine cherche à s'en approcher pour la percer de son aiguillon, et se défaire ainsi d'une rivale dangereuse ; mais des phalanges d'ouvrières s'interposent pour l'en empêcher. Au milieu du tumulte qui résulte de tout ce manége, la vieille reine sort de la ruche, avec toute l'apparence de la colère et suivie d'une grande partie de la société d'ouvrières, dont elle était le chef unique.

Les jeunes abeilles, trop faibles pour émigrer de la sorte, restent dans la ruche, et bientôt leur nombre augmente par l'apparition de celles qui étaient encore à l'état de larves ou de nymphes. Les jeunes reines se dégagent aussi de leurs cellules pendant ce tumulte. S'il y en a plusieurs, elles se battent entre elles, et celle qui après le combat se trouve seule, devient la souveraine de la nouvelle société.

L'essaim qui a abandonné de la sorte sa demeure avec la vieille reine ne se disperse pas, mais à quelque distance il va se suspendre en groupe et fonder une nouvelle colonie, qui recommence les mêmes travaux et fournit un second essaim dont la sortie tient aux conditions sus-mentionnées. Une ruche donne jusqu'à trois et quatre essaims par saison, mais les derniers sont toujours faibles.

La mort de l'abeille-reine, la faiblesse d'une colonie et les attaques de ses ennemis déterminent quelquefois les abeilles à se disperser. Les fugitives vont alors chercher asile dans une ruche plus fortunée, mais elles en sont impitoyablement repoussées à coups d'aiguillon, par les propriétaires de la demeure qu'elles voudraient partager. Aucune abeille, même isolée, n'est reçue dans une ruche où elle n'est pas née.

Quelquefois aussi toute une colonie en attaque une

autre pour piller ses magasins, et si les agresseurs ont le dessus, ils détruisent complétement la population vaincue, et enlèvent tout le miel de leurs victimes, pour le déposer dans leur ruche.

Est-ce un roman que je viens de transcrire? Non, certes, on peut en lire la copie véridique et authentique, certifiée conforme par les plus sagaces observateurs ; les écrivains les plus subalternes racontent, dans les ouvrages les plus élémentaires et par simple curiosité, ces faits si remarquables de collectivité. Comme toutes nos lois de formations évolutionnaires sont élucidées ! L'influence du milieu, de l'aliment sur l'organisation est patente, la collectivité se révèle avec la précision de son jeu en rapport avec les synthèses qui y concourent ; mais, comme elle est fixe, tout élément étranger est impitoyablement repoussé. Tout est subordonné au but à accomplir. Les éléments les plus importants sont les moins nombreux, mais les éléments collatéraux sont en nombre, c'est leur force, c'est leur garantie ; ils travaillent sans cesse, mais veillent à l'accomplissement du but auquel ils concourent. Quel massacre de mâles, quel ilotisme de la reine, quel antagonisme furibond pour établir l'harmonie ! Comme cela est instructif, lorsqu'on le sait voir ! mais combien de fois l'a-t-on raconté, combien de fois le racontera-t-on encore sans en comprendre la juste signification ?

Une autre collectivité bien connue est celle des fourmis; j'en vais narrer succinctement l'histoire, parce qu'il y a là des faits nouveaux où la collectivité est adaptée à plusieurs directions que nous verrons mieux se dérouler dans la sériation parasitique et dans la sériation offensive et défensive ; mais l'ensemble est bien plus saisissant : pénétrons donc dans la fourmilière, et voyons ce qu'y produit la collectivité.

Les fourmis vivent, comme les abeilles, en sociétés nombreuses, composées de mâles, de femelles et surtout d'individus imparfaits et stériles que l'on désigne sous le nom d'ouvrières ou de neutres, et que l'on reconnait à l'absence d'ailes, à la grosseur de la tête, et à la force des mandibules. Ce sont aussi les ouvrières qui sont chargées de tous les travaux nécessaires à la prospérité générale, et elles y procèdent de manières différentes, suivant les espèces.

Les unes bâtissent leur demeure commune en terre, les autres en bois. Les premières creusent dans le sol une multitude de galeries et de chambres disposées par étages, et rejetant le remblai dehors, élèvent souvent au-dessus de leurs nids un monticule dans l'intérieur duquel ces travailleuses infatigables creusent de nouveaux étages semblables à l'étage situé au-dessous. Quelquefois on les voit aussi construire avec cette terre des galeries qui montent le long des tiges des arbustes où ces insectes vont chercher leur nourriture, et qui les abritent dans leurs courses journalières.

Les fourmis qui construisent leurs fourmilières en bois s'établissent dans les arbres déjà attaqués par des larves d'autres insectes, et ramollis par la pourriture. Avec leurs mandibules elles détachent des particules de bois, et creusent dans l'intérieur de l'arbre plusieurs étages séparés par des planchers et soutenus par des piliers de bois non rongé, ou de sciure détachée des parties voisines et pétrie avec de la salive. Si quelque accident vient détruire une partie de leur édifice, on voit aussitôt toutes les ouvrières qui ont échappé à ce désastre déployer une activité extrême, retirer des décombres celles qui ont été ensevelies, transporter en lieu de sûreté leurs compagnes blessées, et ajouter de nouvelles bâtisses à celles encore debout.

Les mâles et les femelles ne participent pas à ces travaux. Les premiers ne restent que peu de temps dans la fourmilière, et périssent presque aussitôt qu'ils en sont sortis; les femelles quittent aussi la demeure commune avec les mâles; mais après s'être séparées de ceux-ci, et s'être dépouillées de leurs ailes, elles sont ramenées dans la fourmilière par les neutres, et placées dans les chambres les plus retirées, où elles restent prisonnières et sont nourries par leurs gardiennes.

Dès qu'elles pondent un œuf, une fourmi ouvrière s'en empare, et le transporte avec soin dans une chambre particulière. Les œufs destinés à reproduire les ouvrières ne sont pas les mêmes que ceux destinés à produire des femelles. Les larves reçoivent de la part des ouvrières des soins assidus; chacune d'elles est appâtée par celles-ci avec des sucs qui lui conviennent, et lorsque le temps est beau, on voit ces nourrices actives transporter leurs élèves hors de la fourmilière pour les exposer aux rayons du soleil, les défendre contre leurs ennemis, les rapporter dans leur nid à l'approche du soir, et les entretenir dans un état de propreté extrême.

Les fourmis ne font de provisions ni pour elles-mêmes, ni pour leurs nourrissons, mais vont chaque jour chercher les aliments dont elles ont besoin.

Pendant que certaines ouvrières s'occupent de

l'entretien des bâtisses et des nouvelles constructions nécessaires à leurs colonies croissantes, d'autres vont chercher, sur les fleurs, des liquides sucrés et surtout y récolter un suc particulier qui suinte du corps des pucerons et de quelques autres petits insectes hémiptères.

Certaines fourmis ne se contentent pas de prendre la gouttelette sucrée que le puceron leur abandonne lorsqu'il se sent caressé par leurs antennes ; souvent elles portent ces insectes dans leurs demeures, et les y élèvent comme des fermiers le font pour des vaches laitières. On a vu les habitants de deux fourmilières se disputer leurs pucerons, et les vainqueurs emporter leurs prisonniers avec le même soin qu'elles le font pour leurs larves.

Il est des fourmis qui, après avoir vaqué pendant une partie de leur vie à leurs travaux ordinaires, semblent comprendre les plaisirs de l'oisiveté et vont faire la guerre à des espèces plus faibles, pour en enlever les larves et les nymphes, transporter celles-ci dans leur propre demeure, et charger les esclaves, qu'elles se sont ainsi procurés, de tous les travaux de la communauté.

En voilà assez sur les collectivités fixes et permanentes, parlons un peu des collectivités variables et intermittentes ; c'est un progrès incontestable, cela annonce plus d'indépendance dans la synthèse qui y concourt, puisqu'elle n'y est pas continuellement rivée ; mais quand elle y est prise, elle y obéit avec la même précision.

Une des plus simples est celle que beaucoup d'animaux montrent à l'époque des amours ; le frai des poissons, le rut des autres animaux en témoignent ;

mais là ne se borne pas cette direction, la collectivité ne se supprimant pas toujours après la synthétisation du germe, les parents s'unissent pour plus longtemps et forment une véritable famille; je citerai les pigeons et les cigognes, qui offrent en outre une collectivité plus large dans leurs voyages et leurs migrations. Tout le monde connaît les migrations des harengs, les passages des cailles et des hirondelles. On voit quel vaste champ embrasse ainsi la collectivité, puisque c'est toute l'action des synthèses relativement les unes aux autres, dans les buts étroits ou gigantesques qui se présentent dans toute la série.

Il y a même des collectivités fort temporaires, formées par des synthèses zoologiques, dans le seul but de s'amuser et de se divertir. Dans le voisinage du cap de Bonne-Espérance, des nuées d'une espèce particulière de perroquets se réunissent à la même heure, avec un grand bruit, se dirigent vers quelque source d'eau bien limpide pour s'y baigner. Ils folâtrent entre eux, se poussent dans l'eau et se roulent sur le rivage, puis retournant sur les arbres où ils s'étaient donné rendez-vous, y rajustent leurs plumes, et, leur toilette achevée, se dispersent pour gagner leur retraite respective, et y passer la nuit.

Inventez donc cela à la pointe du scalpel, prenez-en donc une idée en examinant un animal mort ou en cage. Impossible, tout cela vit, c'est à nous de le voir vivre, et l'induction en comprendra aisément les liens et la signification.

Le castor offre une des plus complètes collectivités intermittentes. Pendant l'été, il vit solitaire dans des terriers qu'il se creuse sur le bord des lacs et des fleuves ; mais lorsque la saison des neiges approche, il quitte cette retraite et se réunit à ses semblables, pour construire en commun avec eux sa demeure d'hiver. C'est dans les lieux les plus solitaires de l'Amérique septentrionale que les castors, au nombre de deux ou trois cents par troupe, déploient toute l'énergie qui anime chacun d'eux, du moment que le but à accomplir les pousse à se mettre à la besogne.

Ils choisissent un lac ou une rivière assez profonde pour ne jamais geler jusqu'au fond, et préfèrent en général des eaux courantes, afin de s'en servir pour le transport des matériaux nécessaires à leurs constructions. Pour soutenir l'eau à une égale hauteur, ils commencent alors par former une digue en talus ; ils lui donnent toujours une forme courbe, en dirigeant la convexité dans le courant, la construisent de branches entrelacées les unes dans les autres, dont les intervalles sont remplis de pierres et de limon, et la crépissent extérieurement d'un enduit épais et solide.

Cette digue, qui a pour l'ordinaire onze à douze pieds de large à sa base, et qui est renforcée tous les ans par de nouveaux travaux, se couvre souvent d'une végétation vigoureuse, et finit par se transformer en une sorte de haie. Lorsque la digue est achevée, ou lorsque, l'eau étant stagnante, cette barrière n'est pas nécessaire, les castors se séparent en un certain nombre de familles, et s'occupent à construire les huttes qu'ils doivent habiter, ou à réparer celles qui leur ont déjà servi l'année précédente.

Ces cabanes sont élevées contre la digue ou sur le bord de l'eau, et sont de forme à peu près ovalaire ;

leur diamètre interne est de six à sept pieds, et leurs parois, construites, comme la digue, avec des branches d'arbre, sont recouvertes des deux côtés d'un enduit limoneux. On y trouve deux étages, le supérieur, à sec, destiné à l'habitation des castors ; l'inférieur, sous l'eau, sert de magasin pour les provisions d'écorce. Enfin elles ne communiquent au dehors que par une ouverture située sous l'eau.

Je m'arrête ici, car toute l'histoire naturelle se dresserait sous ma plume, et cette tâche, qui est bien au-dessus de mes forces, n'a pas sa place ici, où je n'indique que des directions. Mon but est atteint, la sériation collective se dessine maintenant à tous les yeux. Après avoir présenté la relation *extra-synthétique,* puis la relation *intra-synthétique,* j'ai ébauché ici la relation *inter-synthétique.* Si ces mots paraissaient par trop croisés de grec et de latin, je me ferai puriste, et j'arriverai à exprimer ces relations par les irréprochables appellations : d'*ecto-synthétique*, d'*endo-synthétique*, d'*axo-synthétique.* Quelle tête de Méduse pour les symbolistes! ils ont beau se tourner, ils voient partout ces terribles *ecto, endo, axo,* le dehors, le dedans et la moyenne, les trois degrés enfin qui correspondent au fonctionnement cérébral lui-même. Qu'ils se rassurent, je n'abuserai pas de mon grec, et je me contente d'affirmer l'existence et la sériation des collectivités.

CHAPITRE XLIV.

Sériation embryologique.

Ce qu'il a fallu de patience et de sagacité aux bons observateurs pour arriver aux connaissances *embryogéniques*, ne se pourrait dire. Entourés de préjugés et d'ignorance, plongés dans une étude minutieuse, il leur a fallu toute la ferveur de la science et de la curiosité pour arriver à nous transmettre les vérités précieuses qu'ils ont recueillies. Ils ne connaissaient pas les belles lois de l'anatomie comparée qui se révélaient parallèlement ; c'est même souvent dans ce but que les plus larges recherches d'embryogénie ont été faites. Le chaos a existé longtemps, les chercheurs infatigables ont travaillé isolément, en se croyant sur deux terrains distincts ; il se trouva à la fin, que c'était le même, et que l'embryologie, au lieu d'être un *principe*, était une pure *conséquence*. Aujourd'hui, rien n'est plus simple que de dérouler cet ensemble sur les détails duquel tant de têtes illustres ont blanchi.

C'est ainsi : l'humanité ne développe sa puissance que par les sueurs et les veilles de chacun de ses membres ; les pères sèment, les enfants récoltent ; nous devons semer à notre tour, pour que nos enfants recueillent une plus riche moisson. Rappelons-nous toujours nos ancêtres, c'est à eux que nous devons d'être ce que nous sommes ; souvenons-nous que nos enfants ne seront que ce que nous leur aurons permis d'être, par le juste emploi de ce qui précède, et la juste prévision de ce qui sera.

Dans la présente sériation, je veux montrer comment, après sa *synthétisation* que nous avons étudiée, le germe est progressivement *collectivisé* pour arriver à former une synthèse personnelle et définitive, en passant par toutes les phases qui le précèdent, puisque le germe n'est fait que pour suppléer à la quantité de milieux supprimés.

Ici se dresse une question fort claire et qu'on s'est plu à embrouiller par une mauvaise application des mots. Les gens qui ne jurent que par l'espèce, qu'ils s'imaginent être rivée à un inflexible immobilisme, n'avaient aucune idée de la succession formative; l'embryologie est venue les convaincre d'erreur. D'autres, quoique plus instruits, ont voulu qualifier cette progression par rapport à ces espèces prétendues fixes, et ils ont dit qu'un animal supérieur passait embryologiquement par tous les *états* des animaux qui le précèdent. Les plus instruits, s'en tenant à l'*unité de composition,* ont voulu, au contraire, que tout fût identique : ce sont autant d'erreurs ou d'incomplètes appréciations.

D'abord, les *espèces* ne sont pas aussi fixes qu'on l'a imaginé, la *variété* le démontre, c'est le milieu qui ici est prépondérant. Chaque espèce n'est nullement isolée dans le développement général, l'embryologie n'admet plus de discussion là-dessus. Ce ne sont pas les animaux précédents que représente un germe supérieur, car la synthèse complète qu'on appelle un *animal* a des conditions d'indépendance qui lui donnent sa forme et ses qualités ; un germe humain n'est ni une huître, ni un crocodile; il suffit de le regarder pour s'en convaincre.

De plus, il n'y a pas unité de composition, nous l'avons longuement démontré. Qu'y a-t-il donc? Quelque chose de bien simple, que nous établissons depuis le commencement de l'ouvrage, il y a développement progressif, il y a *sériation*. Nous rencontrons des phases très-distinctes, qui se répercutent dans toute la série, mais ce sont des *phases* et non des *types*, et l'embryon ne peut pas plus être classé en ordre, en embranchement et en espèces, que les synthèses zoologiques définitives, qui par le fait s'y prêteraient encore davantage.

L'embryologie est la représentation abrégée de la série zoologique, mais à une condition, c'est qu'on sache bien que l'embryon est toujours prédominément *endo-zoaire*. La membrane interne, formative ou digestive, et ce qui y attient, est toujours là au premier rang. La membrane externe est subalterne, se transmute à chaque instant, et ne se fixe qu'à la fin du développement, où elle s'individualise peu à peu; les phases et métamorphoses des insectes sont bien faciles à comprendre quand on a cette vérité en main.

Voilà les grands principes de l'embryologie, que faut-il maintenant pour compléter notre œuvre? Il faut sérier l'embryon, comme nous avons sérié tout le reste; montrer que nos lois sont toujours les mêmes. Seulement, les divisions de parties seront fort rapides, parce que la distinction fonctionnelle se fait rapidement, mais la concentration y deviendra de plus en plus définitive. Dans l'embryologie, on assiste presque à la création.

Ce qui domine toutes les divagations, c'est que plus la synthèse zoologique à reproduire est élevée, plus le germe est complexe dans ses conditions formatives ou dans ses conditions de relation, ce qui pour le but est tout un. La collectivisation devient de plus en plus *intra-ovulaire* d'abord, *intra-synthétique* ensuite ; mais, au fond, cela est fort aisé à saisir, c'est toujours la même chose répétée sur une plus large échelle, enfin c'est toujours la progression en permanence.

Nous n'avons pas à revenir sur le germe jusqu'à sa période de synthétisation, cela est épuisé, nous allons rapidement parcourir les phases de collectivisation qui, nous l'avons dit, s'opèrent à l'aide des *milieux* ou des *parents*, ce qui n'est qu'un degré. Le sentiment n'en est point la base, l'instinct y pourra dominer, le dévouement y apparaîtra peut-être, mais cela tient à l'organisation nerveuse du parent, et nullement au petit à développer. L'embryon, lui, est toujours égoïste et parasite ; il profite aussi bien de la chaleur du soleil que du ventre de sa mère ; il se laissera faire et se développera toujours bien, pourvu que les conditions qu'il réclame soient parfaitement remplies.

Passons sur les premiers degrés d'apparition spontanée, de scissiparité, de gemmiparité ; là tout est confondu, et l'étude du germe nous a suffisamment renseignés à cet égard. Le *volvoce*, un des plus simples *proto-zoaires*, a un germe fort simple, qui ne diffère de l'animal parfait que parce qu'il a moins d'extension; plus tard, les animaux qui viennent après ont un germe qui passe par la phase simple du *volvoce* pour arriver ensuite à leur période d'état, ce qui constitue une évolution courte, mais bonne à noter.

Qu'y a-t-il, au fond, dans un germe synthétisé qui est soumis à la collectivisation? Rien de plus, rien de moins, comme base, que dans l'élément zoologique lui-même : une membrane interne, nutritive, une membrane externe *délimitante, protectrice* et *respiratoire.* La première absorbe l'élément *albumineux* sous toutes ses formes, la seconde absorbe l'air en se soumettant aux conditions diverses qui lui sont faites par le milieu. Suivez avec ce guide le développement embryonnaire, rappelez-vous les phases que nous avons présentées, la subordination des organes aux milieux, la subordination des fonctions aux organes, nos grands principes de décompositions et de recompositions successives, et l'embryogénie ne sera qu'un panorama rapide où toute l'organisation vous passera sous les yeux.

Le germe synthétisé, dans sa plus grande simplicité, représente une membrane externe et interne confondues, qu'on appelle l'enveloppe *vitelline,* et, dans son intérieur, de la matière albumineuse, prête à être mise en œuvre, c'est le jaune ou *vitellus :* voilà l'origine, nous n'avons plus qu'à progresser jusqu'au sommet.

Nous rencontrerons des mots consacrés, que nous conserverons pour ne pas embarrasser la science d'une terminologie nouvelle. Un *chorion,* une *allantoïde,* un *placenta* ne nous effrayent pas, nous les rapporterons à la membrane externe; une *vésicuel ombilicale,* un *jaune,* un *blanc,* seront une dépendance de la membrane interne ou des annexes nutritives. L'embryon se dessinant, aura lui-même à distinguer ses deux membranes, l'*intestin*, l'*amnios*, puis ses organes attenant aux deux membranes, comme nous l'avons vu dans la série zoologique : ce sont autant de transitions du germe à l'embryon, de l'embryon au fœtus, du fœtus à la synthèse accomplie, laquelle alors commence une évolution plus personnelle, mais encore reliée à la collectivisation, par le séjour dans la poche *marsupiale*, et par l'allaitement, comme nous le verrons chez les mammifères. Cela expliqué, nous irons tout droit, pour ne pas fatiguer le lecteur de commentaires et de parallèles qu'il fera plus fructueusement lui-même, en faisant travailler son sens inductif sur les faits que nous lui aurons présentés.

Chez certains polypes, les germes sortent, sous la forme de corps ovales, sphériques, entre les branches du polypier fixé ; ils ont une enveloppe mince et un jaune dont on constate la transformation en embryon ; on y voit osciller les cils du bord de la bouche.

Certains germes d'animaux analogues nommés *plumatelles, alcyonelles, gorgones,* commencent par nager librement, et sont garnis de nombreux *cils* à l'extérieur; dans chacun de ces germes s'élaborent des polypes jumeaux qui ne brisent l'enveloppe qu'après que leurs bras se sont développés.

Les *méduses* ont des germes globuleux d'abord, et ovalaires après ; on y aperçoit l'embryon qui se développe pendant qu'ils sont contenus dans les cellules du bras, c'est-à-dire encore dans l'intérieur de la mère.

Les *actinies* ont des germes globuleux, collectivisés dans le corps de la mère, qui les rejette vivants par l'ouverture buccale. A leur naissance, les petits ont moins de bras ou de tentacules que l'adulte, toujours l'infériorité primitive de la membrane externe.

Dans les petits des *holothuries,* des *astéries* et des *oursins;* le développement se fait graduellement ; mais chez ces derniers le test est d'abord simple, et les deux ouvertures buccale et anale sont fort rapprochées, sinon tout à fait confondues, ce qui caractérise une phase précédemment réalisée en synthèses permanentes.

A partir de la phase mollusque ou *endo-zoaire,* le germe ne provient plus ni de scissure, ni de bourgeon ; il est toujours synthétisé par des organes propres, et sa collectivisation, pour se faire dans des conditions variables, n'en est pas moins un progrès sur ce qui précède et une infériorité sur ce qui suivra.

Les *biphores* collectivisent leurs germes sur le corps des parents ; c'est dans la cavité natatoire de l'animal que l'évolution commence, et le petit est ensuite rejeté au dehors. Les changements opérés dans ce germe sont déjà assez importants ; il est d'abord sphérique, puis il s'y développe un appendice en forme de *bouton,* qui devient l'embryon proprement dit, lequel croît de plus en plus à mesure qu'on voit diminuer la *vésicule primaire* qui est, à proprement parler, le jaune. Ici déjà l'on observe, tant du côté de la mère que de l'embryon, un afflux considérable de vaisseaux qui, le petit restant encore attaché, continuent à le nourrir ; cela est l'élément de ce que nous verrons plus tard être la *vésicule ombilicale;* à l'autre extrémité apparaît également une autre partie qui deviendra plus importante sous le nom de vésicule allantoïdienne ou d'*allantoïde*.

Chez les *mulettes*, les métamorphoses deviennent plus considérables. Les germes sont des sphères parfaites d'un à deux quinzièmes de ligne de diamètre. Un *chorion* transparent les entoure. A l'intérieur, on trouve un *jaune* également sphérique, tantôt blanchâtre ou jaunâtre, tantôt rougeâtre, entouré d'un *blanc* limpide comme de l'eau, et offrant souvent des taches plus claires qui proviennent peut-être de la *vésicule primaire*. Après que ce germe a séjourné dans les branchies, organe dans lequel il se collectivise, on voit que la boule du jaune s'aplatit, et qu'enfin elle prend une forme irrégulièrement triangulaire, à angles obtus. L'embryon alors exécute une rotation fort remarquable, dont il reste toujours un vestige dans une certaine spiralité de la coquille. Pendant cette rotation l'embryon croît, il s'ouvre et laisse distinguer les deux valves arrondies de la coquille, à l'extrémité desquelles reste de chaque côté une pointe libre qu'on peut considérer comme une trace de la déhiscence. Les valves deviennent ensuite plus visibles, et contiennent déjà de la chaux. Enfin le chorion se fend, toujours dans l'intérieur même de la branchie, et plusieurs embryons en masses oblongues, attachés par une partie qui leur est propre nommée *byssus*, et par le mucus branchial, sortent des compartiments de la branchie, et arrivent au dehors par le tube anal du manteau.

Les germes des gastéropodes se développent ordinairement hors du corps du parent. Quand l'évolution a lieu sur la mère, c'est dans une sorte de matrice contenant des œufs de diverse grosseur, et tous fixés par un ou deux filaments. Les plus avancés sont à la partie antérieure, les autres au fond de cette poche. Le fœtus nage librement dans le liquide *intra-germinal*, et exécute un mouvement de torsion qui tient au tournoiement respiratoire.

Ceux qui croissent hors de la mère sont pondus le plus souvent en chapelets ou en masses qui affectent quelquefois des formes régulières presque étoilées. Chacun de ces germes se compose d'une grande quantité d'albumine claire comme de l'eau, et d'un ou plusieurs jaunes. Ils sont entourés d'un chorion ordinairement transparent, mais parfois aussi recouvert d'épais cristaux calcaires qui les rendent opaques.

La sphère vitelline, qui est toujours la gangue formative, subit d'abord un ramollissement pendant lequel la rotation commence, puis la tête et le ventre se séparent en même temps que la rotation devient plus marquée, l'embryon roulant sur lui-même dans l'espace intra-germinal. L'embryon se pourvoit d'une coquille calcaire mince, rampe autour de l'enveloppe germinale, puis la perce, vingt et un à vingt-trois jours après la ponte. Dès le huitième jour, on distingue les battements du cœur, mais auparavant la circulation a dû être des plus simples. L'animal parfait respire l'air, l'embryon ne peut respirer que l'eau comme l'exprime le tournoiement respiratoire.

Les germes des céphalopodes, seiche et calmar, une fois synthétisés, ont un *jaune* jaunâtre et sont circonscrits par une enveloppe de forme oblongue et arrondie. Leur collectivisation est commise à des corps nageant dans la mer sur lesquels ils sont disposés en masses. Ils se composent alors d'un chorion entouré d'une coquille coriace et de couleur foncée ;

il y a de plus un blanc liquide et un jaune de couleur pâle. Le fœtus, ici déjà, commence à se distinguer du jaune sur lequel il repose, et auquel il se rattache par un prolongement du pharynx. Ce jaune diminue parallèlement à la croissance du fœtus, qui nage dans un liquide intra-germinal, et exécute des mouvements respiratoires. Il en résulte que tout le jaune ne forme pas l'embryon. Celui-ci s'y développe sur le côté, et il présente alors une enveloppe particulière qui constitue l'*amnios,* membrane externe propre du *fœtus,* comme l'enveloppe *vitelline* était d'abord l'enveloppe du *jaune vitellus ;* comme le *chorion* devient la membrane *circa-germinale,* quitte à prendre une enveloppe protectrice, particulière, calcaire, qui alors constitue la *coquille.* Il faut bien noter tout cela, car ce sont autant d'éléments du progrès ; nous en verrons bien d'autres surgir encore, mais si lentement dans la série, que nous les pourrons analyser tout à notre aise.

S'il est remarquable, ajoute Carus, auquel nous empruntons tous ces détails, que nous ne faisons que relier par nos observations sériaires, s'il est remarquable que l'embryon repose sur le jaune, il l'est davantage encore que le canal *vitello-intestinal,* ou la connexion qui existe entre le jaune et l'intestin, soit placé réellement près de la bouche, à l'œsophage ; de sorte qu'à mesure que le jaune s'épuise, il se rapetisse peu à peu entre les bras disposés autour de la bouche, et finit par disparaître.

Cela nous semble fort naturel, mais nous en tirerons une vigoureuse lumière pour ce qui viendra plus tard. En série, un élément n'est jamais perdu, et se résout toujours dans un progrès et dans une relation plus grande. Pourquoi Carus n'a-t-il que pressenti la vérité, combien il eût été plus puissant encore avec son intelligence et sa vaste érudition!

La phase articulée que nous avons appelée plus rigoureusement *ecto-zoaire* est bien la plus malencontreuse invention que puisse trouver sur son chemin un immobiliste et un classificateur. Nous avons montré les formations antagonistes de ces deux membranes en étudiant les organes qui en résultent, et nous avons reconnu le puissant tirage qu'établissait la membrane externe au détriment de l'interne, qu'elle absorbait de plus en plus. L'embryologie jette là-dessus le plus vif éclat, et l'on pourrait dire d'un insecte, par exemple, qu'il est presque pendant toute son évolution à l'état *fœtal*.

Les métamorphoses témoignent de cette vérité, car les degrés les plus inférieurs ont toujours le caractère *endo-zoaire,* que nous avons assigné à tout embryon; ce n'est qu'à la fin que l'*ecto-zoaire* l'emporte, et c'est souvent pour bien peu de temps. L'articulé semble être dans la série une perpétuelle transition. Sérions-le donc embryologiquement; cela expliqué, rien ne nous sera incompréhensible, et nous reconnaîtrons ici un fort grand progrès d'accompli pour en préparer d'autres qui, sans celui-là, auraient été impossibles : allons donc jusqu'au bout.

La plupart des enthelminthes se développent dans le corps même de la mère, d'où ils sortent vivants, entourés ou non de la membrane extra-germinale. Plus rarement, ils naissent développés mais immobiles dans l'*œuf;* plus rarement encore, ils ne sont que des germes synthétisés. Dans ces germes, il y a toujours deux membranes et des liquides nutritifs, et l'embryon qui se rapproche beaucoup des *protozoaires*, diffère considérablement de l'articulé parfait.

Les germes synthétisés des sangsues se réunissent dans une cavité analogue à une matrice; ils sont entourés d'une enveloppe commune de mucus. Cette enveloppe se condense en une sorte de *cocon* ou de test brunâtre, intérieurement rempli de liquide albumineux. Ce test s'étend dans l'eau en une enveloppe longue de huit lignes et large de quatre. Une sorte de cristallisation de son albumine la revêt extérieurement d'un tissu spongieux. C'est dans son intérieur que les germes sont collectivisés. Le jaune, de forme lenticulaire, se gonfle, s'agite d'un mouvement ondulatoire à la surface, et laisse bientôt apercevoir une ouverture infundibuliforme qui paraît absorber l'albumine. Plus tard, le côté extérieur de l'embryon commence à se développer, d'abord par le côté ventral, à cause de sa chaîne ganglionnaire qui s'y trouve. A mesure que le corps s'allonge, il s'accroît des côtés vers le dos, où le jaune reste longtemps visible; aussi les jeunes sangsues acquièrent-elles une taille considérable avant de percer leur cocon.

L'achthéros, articulé un peu plus avancé, subit des métamorphoses déjà considérables, soit dans le sac ovarien, où il commence à se collectiviser, soit au dehors après sa sortie.

Le jaune, entouré d'une double enveloppe transparente, se convertit en une larve pourvue d'un petit nombre de pattes; il y en a d'abord deux paires, lorsque la larve sort du germe, après en avoir brisé la tunique extérieure renflée. Il y a ensuite une première *mue*, voilà le commencement de la prédominance *ecto-zoaire*. Le tirage externe opère, et il se fabrique ainsi jusqu'à cinq paires de pattes. Cet animal, étant destiné à se fixer pour le reste de ses jours, les pattes moyennes se convertissent en un arc solide, tandis que les autres s'oblitèrent.

Si nous passons aux décapodes, nous rencontrons l'écrevisse, dont l'évolution embryologique a été parfaitement étudiée. Le germe synthétisé se collectivise en grande partie sur les lamelles qui protégent les branchies de la mère. Il consiste en une tunique externe, une tunique interne, une couche mince d'albumine et la sphère vitelline ; on y distingue fort bien ce qu'on a appelé la *vésicule animale primaire*, située au milieu du jaune, dont la forme se rapproche plus de celle d'une lentille que de celle d'une sphère. Cette vésicule verse par déhiscence son contenu sur la surface de la membrane vitelline, où il détermine la formation du *corps* proprement dit de l'embryon, lequel commence à se développer par la région de la chaîne ganglionnaire. La substance formative se resserre, c'est-à-dire se concentre après avoir été divisée, ce qui est l'application de notre loi générale de progression organique. Cela donne lieu à la surface inférieure ou ventrale de l'embryon, avec des vestiges de membres céphaliques en avant, et d'anus en arrière. On voit se développer ultérieurement le côté ventral, l'abdomen, les membres céphaliques et thoraciques. Le jaune est, en sa qualité de représentant de la membrane interne, l'origine de la cavité intestinale ; il en fait les fonctions, puis l'intestin organique et permanent se détache peu à peu par-dessus toutes ces parties, au côté tergal du corps. Tous les membres se forment d'ailleurs au complet, la prépondérance *ecto-zoaire* s'établit aussitôt ; aussi, l'écrevisse subira des *mues*, mais aucune *métamorphose*. L'achthéros se fixait une fois formée, l'écrevisse est aquatique et n'a pas une relation bien considérable. Son évolution peut donc être complétée par l'embryologie ; les insectes ne se contenteront pas de si peu.

D'autres articulés nommés *iules*, se développent à peu près de la même manière; mais ce qu'il y a chez eux de remarquable, c'est la longueur de la métamorphose, pendant les mues que l'animal subit chaque mois, depuis mars jusqu'en automne ; non-seulement le nombre des anneaux du corps augmente, ainsi que les paires de pattes, mais les parties génitales du mâle ne se développent qu'à la dixième représentation, cela indique assez que c'est un puissant organe de relation.

Les germes d'araignée sont réunis en masse dans une espèce de cocon. Chacun d'eux se compose d'un jaune contenant une goutte d'huile, d'une petite quantité d'albumine, et d'une enveloppe claire. C'est la *sphère vitelline* elle-même qui se transforme en *embryon*. Une *cicatricule* apparaît d'abord sur la surface du jaune, dans l'endroit où, plus tard, doit se développer la partie du corps qui loge la principale masse nerveuse, c'est-à-dire la face ventrale. La forme primitive du jaune demeure reconnaissable, plus longtemps que partout ailleurs, à la surface tergale, particulièrement à celle de l'abdomen.

Quand la jeune araignée *naît*, c'est-à-dire brise les enveloppes qui la contiennent, elle est très-peu capable de se mouvoir ; ses filières et ses mâchoires sont encore couvertes d'une pellicule. Cette entrave tombe à la première mue ; dans les idées vulgaires, l'araignée naîtrait donc deux fois. D'autres articulés naissent bien plus souvent, et un classificateur me ferait bien plaisir de m'indiquer le moment juste où son œil lui dévoile l'espèce ; il serait tellement embarrassé, que, malgré lui, il recourrait à l'*induction;* je ne lui en demanderais pas davantage, puisque moi-même je déclare impossible de la voir autrement.

Les insectes, depuis les plus simples jusqu'aux plus composés, présentent une chaîne d'évolution assez longue, et leur élaboration est si continuelle, qu'on a considéré quatre grandes phases ou métamorphoses, qu'ils subissent ordinairement au dehors de la mère. Le *germe* se collectivise d'abord, pour arriver à l'état de *larve*, la larve est soumise à de nouvelles conditions qui l'amènent à l'état de *chrysalide,* et la chrysalide donne lieu à l'*insecte* parfait : tout cela s'opère dans la direction que nous avons indiquée plus haut.

Quelques germes d'insectes se collectivisent jusqu'à un degré assez avancé sur leur mère, qui pond alors des larves, comme les pucerons et les mouches à viande, quelques-uns même sont pondus à l'état de chrysalides. Les degrés de ces évolutions successives sont, d'ailleurs, assez variables. Les moins compliqués se résument en des mues, où la membrane externe se perfectionne en s'ajoutant des ailes qui lui manquaient jusque-là ; mais, hors ces cas, les larves seules sont sujettes aux mues, qui n'apportent d'autre différence dans leur personne qu'un changement de peau, ce qui est conforme aux doctrines précédemment posées.

Le germe lui-même offre une assez grande variété.

Sa tendance est vers la forme sphérique; cependant, après avoir pris tout son accroissement, il peut devenir ovalaire, souvent même il s'allonge beaucoup, devient cylindrique, pyriforme, ou semblable à une grosse bouteille; il se charge de dessins variés et d'impressions régulières, ou d'une couronne de pointes à l'une de ses extrémités; enfin il peut offrir, à l'un de ses bouts, une sorte de couvercle qui retombe comme une soupape après la sortie de la larve. La substance de l'enveloppe est diversement colorée, et la plupart du temps très-dure, mais elle ne dépasse jamais la nature de la corne. L'enduit corné semble se déposer sur le *chorion* dans les ovaires, aussi trouve-t-on une membrane mince au-dessous. Cela explique comment on rencontre un grand nombre d'œufs renfermés dans une capsule commune, comme les graines dans une gousse.

Chez les *blattes*, ces capsules sont divisées longitudinalement en deux moitiés, et les embryons ont tous le dos tourné en dehors, le ventre en dedans, et la tête vers le bord par lequel s'ouvre la capsule.

Dans l'intérieur du germe, il n'y a aucune trace de *blanc*; il est rempli par un *jaune* dont la forme correspond à la sienne, et qui est tantôt jaune, tantôt vert, ou blanchâtre, et contient toujours une quantité considérable d'huile en mélange.

La larve elle-même se développe à peu près comme les décapodes et les arachnides. Le développement commence par la surface ventrale, de manière que le jaune s'y trouve toujours renfermé comme cavité intestinale primaire.

Dans la blatte, par exemple, l'embryon se développe en ligne droite; chez beaucoup d'autres il se recourbe d'abord du côté du dos, parce que sa surface ventrale, qui se développe la première, repose sur la convexité du jaune; mais, quand il a pris plus d'étendue, et que sa longueur dépasse celle du germe, on le trouve ordinairement courbé en sens inverse, et tournant le dos vers la convexité du germe. Il est non-seulement entouré par le chorion, mais encore par une pellicule garnie de trachées aériennes, et partant de l'ouverture légèrement couverte de la coquille du germe : cela établit le mode de respiration de l'embryon.

L'embryon brisant sa coquille et sortant au dehors, constitue la larve, ou première métamorphose. Les transformations suivantes portent toujours sur la membrane externe. Sous l'enveloppe cutanée il s'en forme une autre accompagnée d'une segmentation de plus en plus grande du test. Quand ce travail est achevé, l'ancienne peau qui a fini son évolution, et qui est par conséquent condensée et morte, se fend et se détache; celle qui la remplace se durcit et se colore en restant exposée à l'air.

Arrivés à la phase *axo-zoaire,* nous allons voir le germe continuer à se compliquer, et il sera amené bientôt à sa plus grande perfection personnelle; alors, il s'amoindrira lui-même comme importance; les relations collectivisatrices *intra-synthétiques* avec le *parent* suppléeront à l'insuffisance de formation germinale. Au fond, la reproduction des animaux s'opère par le façonnement successif de milieux artificiels, c'est-à-dire transitoires, pour remplacer ceux qui ont évoqué l'animal primitif. Eh bien, le germe ne peut suffire dans la longue chaîne qui se développe; aussi dans les *galacto-zoaires,* nous verrons la phase germinale passer très-vite, et l'embryon alors formé, puisera tous ses sucs dans sa mère. De même que le germe subit très-vite les phases germinales antécédentes, l'embryon subit rapidement aussi, mais dans un temps dépendant de l'élaboration qu'il lui faut pour se compléter, subit toutes les phases réalisées dans la série zoologique. Voilà le double courant : avec cette vérité-là, l'embryologie n'est plus qu'un jeu d'enfant, quand on tient compte des deux membranes successives du germe, des deux membranes successives de l'embryon, et de tous les rapports qui se manifestent. Sans cela l'embryologie, traitée comme une chose à part, comme un principe au lieu d'une conséquence, ce qu'elle est réellement, n'est plus abordable. Il faudrait des séminaires et des prêtres embryologiques pour initier alors les hommes à ce qu'on appelle les mystères de la création : j'espère que, grâce à la série, ce besoin ne se fera pas sentir. Continuons donc notre embryologique sériation.

Les poissons présentent un germe, qui, comme façonnement, est en progression. Il a un jaune nageant au milieu d'une petite quantité d'albumine, et pourvu d'une petite tache blanchâtre ou cicatricule indiquant le point où l'embryon paraîtra. Les squales et les raies ont leurs germes entourés de dépôts sécrétés dans l'oviducte, et constituant des coquilles cornées. Les poissons osseux n'ont jamais de coquilles, et leur germe est sphérique, transparent et mou.

Quelquefois ces germes, réunis par un mucus albumineux, adhèrent en grosses grappes aux plantes aquatiques. Chaque germe, examiné de près, est muni d'un chorion autour duquel existe une couche dense de mucus coagulé. En dedans, on rencontre d'abord une couche de *blanc,* puis la sphère vitelline contenant une ou plusieurs gouttes d'huile, au moyen de laquelle la région correspondante du *jaune* demeure constamment tournée vers le haut.

Le développement de l'embryon commence ici à se faire par le dos, où se manifeste la moelle épinière; c'est le contraire des articulés. En outre, il se sépare de plus en plus du jaune sur plusieurs points par des constrictions; cependant il finit par le recevoir tout entier dans son intérieur.

Chez une sorte de cyprin dont le germe et l'embryon sont transparents comme le verre, voici ce qu'on a observé : le premier rudiment de l'embryon se montre d'abord, seulement fixé au jaune, mais bientôt il a admis la sphère vitelline en lui-même, et au bout de douze jours environ il sort au dehors et naît, par conséquent. Dès le huitième jour, il se meut librement dans l'intérieur du germe. On distingue pourtant encore fort bien le jaune avec la goutte d'huile qu'il renferme; une circulation extrêmement simple parcourt le corps du fœtus. Six jours après la naissance de ce petit poisson, qui est alors long de deux lignes et demie, le jaune a passé tout entier dans le canal intestinal, il a donc servi de nourriture, pendant ces premiers jours, à l'embryon qui l'a emporté avec lui. On voit par là qu'il est bien difficile de marquer le point où un embryon cesse de demander assistance à ses éléments primitifs de formation. Nous le reconnaissons ici pour ce cyprin, les marsupiaux nous en donneront un autre exemple; l'allaitement s'y ajoutera. Et chez certains animaux, que de soins le parent doit prendre encore ! Et chez l'homme, que d'exigences de la part de l'enfant pour être élevé d'abord, pour être instruit ensuite! Il y a des êtres qui sont parasites toute leur vie, nous le ferons voir dans la sériation prochaine. Trouvez donc après cela quelque chose d'arrêté dans la personnalité, quand tout provient d'un petit point de matière animalisée, qui en passant par des milieux multiples, en établissant des rapports énormes, finit, sans pouvoir se passer de milieux et de rapports, par arriver à former un éléphant ou un homme: il y a certes de quoi faire réfléchir!

Chez notre cyprin, autour de la goutte d'huile qui continue encore à être visible, et qui paraît plus tard se convertir en *vésicule biliaire,* se forme manifestement la substance du foie, et derrière le canal intestinal, on aperçoit le premier rudiment de la vessie natatoire. La respiration embryologique se fait ici en grande partie par les branchies, qui en seront l'organe permanent.

Chez les squales, quand les petits ne quittent le germe qu'après sa sortie du corps de la mère, les coquilles dures offrent de chaque côté deux fentes qui permettent l'accès de l'eau; quand les germes se développent dans l'intérieur des oviductes, ils n'ont point de coquille, mais sont entourés d'une masse gélatineuse qui doit servir à la nutrition et à la respiration. Les squales ont de plus des branchies pendantes temporaires, qui servent d'organe respiratoire de transition.

Si nous passons aux reptiles, nous arriverons tout de suite à la grenouille, dont les phases sont assez remarquables, puisque son évolution définitive se fait à l'aide de métamorphoses portant, bien entendu, sur la membrane externe, laquelle est toujours sacrifiée dans la période embryonnaire.

Les germes des grenouilles s'enveloppent, dans l'oviducte, d'une matière gélatineuse ; ils sont, nous l'avons vu, synthétisés au moment de la ponte, leur collectivisation est abandonnée à l'eau, les parents n'y sont absolument pour rien. La substance gélatineuse se gonfle rapidement dans l'eau, et l'on aperçoit alors, dans son milieu, le *jaune* de couleur noirâtre contenu par une pellicule très-mince, qui offre une cicatricule d'un gris clair, et qu'entoure un *blanc* à peine perceptible.

L'évolution de la sphère vitelline s'effectue à peu près comme dans le poisson, c'est-à-dire que le jaune entier devient l'embryon, qu'il n'est jamais séparé de celui-ci par des resserrements; qu'à l'exception des branchies, il ne se développe aucun organe transitoire, et que l'embryon se meut librement dans le chorion.

La surface du jaune commence à subir ici une transformation remarquable à laquelle certains auteurs ont attaché d'ailleurs une vertu mirifique sous le nom de *segmentation du jaune*. Un peu moins de lyrisme eût permis peut-être de mieux sérier le phénomène, et on ne s'en serait pas alors tant étonné.

Deux excellents observateurs qu'on trouve toujours associés pour des travaux utiles, Prévost et Dumas, qui ont tant élucidé de questions, pour l'amour seul de la science qui leur permit de rester toujours unis, Prévost et Dumas ont les premiers examiné ce côté intéressant. A partir du centre, ils ont vu la tache d'un gris clair se partager d'abord en deux, puis en quatre, enfin en un plus grand nombre de segments, mais toujours avec une régularité géométrique. C'est seulement lorsque ces lignes ont disparu, et elles se succèdent avec rapidité, qu'on aperçoit sur le côté obscur de la surface de la sphère une ligne enfoncée, autour de laquelle s'en dessinent deux autres, et qui est le premier indice tant de la colonne vertébrale, que de la moelle et du cerveau.

Pendant que la surface du jaune cristallise de plus en plus en tissus animaux, le jaune lui-même produit intérieurement la cavité abdominale qui chez le têtard se transforme en un intestin singulièrement contourné en spirale. Pendant que ces changements ont lieu, la sphère vitelline s'allonge de plus en plus, la tête et la queue font saillie au delà de la forme oblongo-sphérique primitive, et l'évolution en un petit embryon de couleur brun foncé est terminée. Bientôt on voit paraître les branchies, et, comme la peau dont est recouvert le fœtus est la membrane externe la plus superficielle de l'embryon, cette peau est réellement l'*amnios*. Eh bien, le petit ne tarde pas à s'en dépouiller, les branchies qui en naissent se développent donc entre l'amnios et le chorion, ce que nous verrons également arriver à l'*allantoïde*, notons-le pour nous en souvenir.

Enfin, le fœtus perce le chorion, mais il ressemble encore à un poisson, notamment à un petit squale, à cause de sa bouche située en dessous, armée de mâchoires cornées, imitant un bec de céphalopode, et offrant deux espèces de suçoirs sur les côtés.

On aperçoit dans la cavité abdominale le paquet des intestins roulés en spirale. Le petit respire par des branchies et vit de l'albumine du germe. Son évolution ultérieure ou ses métamorphoses consistent en ce que les branchies grandissent d'abord, puis s'oblitèrent et sont remplacées pendant quelque temps encore par un petit tube, au côté gauche, qui sert à la respiration de l'eau. Enfin, les membres poussent, la queue s'affaisse et disparaît, une mue générale fait tomber la première peau, et le *têtard* est alors arrivé à un état synthétique assez complet pour être appelé *grenouille*. Doutez-vous donc de cela en prononçant sacramentellement ces deux noms consacrés : têtard et grenouille? Ils expriment le symbole; la série, elle, vous exprime la réalité : c'est à chacun de choisir! de pareilles choses ne se prêchent pas, mais s'affirment une bonne fois; chacun alors est libre d'en faire son profit.

Les germes des ophidiens, qu'ils se collectivisent dans l'oviducte où ils ont été synthétisés, ou bien qu'ils subissent leur évolution au dehors, sont ordinairement très-allongés, couverts d'une coquille coriace. Le jaune et le blanc, dans leur intérieur, sont assez mélangés, d'où résulte une bouillie jaunâtre.

La séparation entre le fœtus et le jaune est ici des plus complètes, caractère de supériorité comme toute distinction fonctionnelle. La surface ventrale elle-même se ferme presque jusqu'à l'ouverture ombilicale, et le jaune, dont la forme se rapproche plus tard de celle d'un sac entourant le fœtus lui-même, finit par entrer peu à peu dans la cavité abdominale. Sur de petites vipères, le canal de jonction entre le jaune et l'intestin, c'est-à-dire le conduit *vitello-intestinal,* va toujours en diminuant de longueur jusqu'à ce que le jaune ait été absorbé tout entier par l'intestin. Cette distinction entre le *sac vitellin* et l'*embryon* amène la formation plus apparente de la membrane externe superficielle du fœtus, ce qui constitue, comme nous l'avons vu, l'*amnios,* lequel désormais deviendra de plus en plus manifeste; mais n'oublions pas que la série seule a pu nous en indiquer la nature, les doctrinaires le nomment comme une chose spéciale sans la rattacher à rien.

On rencontre ici pour la première fois une *vésicule allantoïdienne;* c'est qu'il faut bien qu'il se forme un organe de respiration transitoire, et cet organe c'est l'*allantoïde.* Il est élémentaire ici, nous suivrons désormais la progression jusqu'à ce qu'il soit suppléé lui-même par un organe *nutritivo-respiratoire* que nous verrons être le *placenta;* nous n'y sommes pas encore.

Chez les ophidiens, cette vésicule pousse peu à peu de la région sexuelle, sous la forme d'une poche branchiale parsemée d'un grand nombre de vaisseaux, et elle s'oblitère avant même la sortie du fœtus. On trouve dans les premières phases du fœtus des fentes branchiales qui rappellent ce qui précède, mais jamais on n'y a vu de branchies développées.

Le germe grossit de plus en plus; les quantités de matériaux qui y sont accumulés augmentent, c'est que les phases à parcourir sont plus nombreuses, les conditions de collectivisation doivent donc se multiplier. La chaleur y devient indispensable, les rapports deviennent de plus en plus urgents.

Les sauriens ont, les crocodiles par exemple, des germes déjà enduits d'un dépôt *calcaire* souvent très-raboteux; chez d'autres, comme le lézard gris, l'enveloppe est seulement coriace. Cela est tout bonnement pour la protection, mais au-dessous il y a un *chorion* membraneux; nous allons assister à des distinctions de plus en plus grandes. Le jaune est très-volumineux et entouré d'une petite quantité d'albumine.

L'embryon a un amnios dépourvu de vaisseaux, mais rempli d'un liquide particulier. Le jaune, dont la membrane est très-vasculaire, parce que c'est un élément formateur, et qui par conséquent commence à développer les vaisseaux et le sang, le jaune reste uni à l'embryon tant par ces vaisseaux que par le conduit vitello-intestinal. L'allantoïde, quoique l'embryon ait d'abord des fentes branchiales, figure une véritable poche respiratoire communiquant par un canal nommé *ouraque* avec le cloaque, d'où probablement tout le système s'élève. Cette poche allantoïdienne, en sa qualité de respiratoire, est très-riche en vaisseaux.

Pendant l'accroissement progressif du fœtus, le jaune va toujours en diminuant, et le canal intestinal finit par l'absorber tout entier. L'allantoïde diminue en proportion, il n'en reste plus que l'ouraque et une petite vessie urinaire oblongue. Le germe se brise alors, l'animal sort, mais il lui a fallu, pour le lézard gris, par exemple, deux à trois mois pour cela. Il y a bien ensuite quelques mues pelliculaires, mais pas de métamorphoses réelles ! Voyez combien cette membrane se clive avant d'arriver à la perfection qu'elle doit acquérir.

Les germes de tortue ont une coquille calcaire, dure et blanche ; le blanc est très-abondant, le jaune globuleux et présentant une cicatricule. Le fœtus est séparé du jaune, le plastron offre une ouverture (ombilic) par laquelle le vitellus entre dans la cavité abdominale ; il y a une grande poche allantoïdienne communiquant avec les organes du bassin ; le fœtus est entouré d'un amnios.

Passons aux oiseaux, rien n'y est mystérieux, c'est une simple continuation ; le germe comme organe synthétisé y atteint sa plus haute complexité. La collectivisation n'ayant pas au dehors toutes les conditions désirables, le parent, ou du moins un oiseau quelconque ou même la couveuse artificielle, doit intervenir ; cela noté, nous n'avons qu'à voir la progression dans sa marche, ce qui précède nous éclairera tout autant qu'il le faut.

Le jaune, examiné dans l'ovaire, apparaît d'abord sous la forme d'une petite ampoule, limpide comme de l'eau, fort analogue à ce que nous ont présenté les plus bas degrés. Quand il a fait quelques progrès, on distingue les parties essentiellement fondamentales de la formation, c'est ce qu'on a appelé la *vésicule animale de Purkinge,* du nom de l'observateur qui l'a signalée. Cela n'est pas bien nouveau, nous en avons vu déjà la représentation précédemment. Cette vésicule occupe presque tout le jaune.

Le jaune augmente, car le germe a une assez longue évolution a accomplir avant d'être appliqué à la reproduction directe de l'oiseau. A mesure qu'il croît, il se trouble, et la substance, devenue une sorte d'émulsion d'huile et d'albumine, acquiert une couleur jaune. Pendant ce temps la vésicule primaire reste stationnaire.

Le jaune s'accroît par la transsudation, à travers la membrane vitelline, de la substance sécrétée par la membrane vasculeuse de l'ovaire, qui enveloppe cette dernière. De là résultent des couches concentriques, dont les plus intérieures, qui sont par conséquent les plus anciennes, conservent plus longtemps une certaine fluidité. Quand le jaune se détache de l'ovaire, la vésicule animale primaire s'ouvre aussi, et son contenu forme alors la *cicatricule,* qui, située sur la couche supérieure de ce jaune, au-dessous de la membrane vitelline, est l'endroit où se forme ensuite le *corps* proprement dit de l'embryon.

En tombant dans l'oviducte, le jaune détaché de l'ovaire s'y couvre d'un blanc et d'une coquille calcaire; dans cet ensemble, le germe est désigné, en cuisine et en scolastique, comme nous l'avons dit, par le nom symbolique d'*œuf*. Nous rejetons cette appellation.

La première couche de blanc qui se dépose autour du jaune, à la partie supérieure de l'oviducte, forme une membrane spéciale à laquelle on donne le nom de *chalazifère*. A mesure que le germe descend par des rotations spirales, le blanc se dépose à sa surface en couches également spirales. La plus extérieure produit par sa condensation la membrane *circa-germinale* ou *chorion,* qu'on appelle ici la *coque*; laquelle se clive elle-même en deux feuillets, dont le plus extérieur se recouvre de la membrane protectrice calcaire que l'on appelle la *coquille,* formée de cristallisation saline et d'exsudations sanguines diverses.

La progression n'est pas douteuse, les parties précédemment apparues se perfectionnent en se concentrant, en s'augmentant, en se distinguant de plus en plus comme fonction, c'est la loi; nous allons en voir apparaître de nouvelles, nécessitées par les conditions que nous avons posées plus haut.

Il y a 1° deux cordons blancs, contournés et à peu près parallèles à l'axe longitudinal du germe. Ils contiennent un petit canal produit par la torsion spirale des fibres auxquelles l'albumine donne lieu en se coagulant ; ils vont en s'étalant de chaque pôle du jaune à chaque bout du germe, et portent le nom de *chalazes*. Ils naissent de deux tubercules de la membrane chalazifère à la surface desquels s'appliquent continuellement de nouvelles coagulations pendant la rotation spirale du germe entier, ce qui fait que ces tubercules ainsi prolongés en cordons doivent nécessairement être tordus sur eux-mêmes.

Il y a 2° le *sac à air*. Il se forme par l'écartement des deux feuillets de la coque au gros bout du germe, et il résulte de l'évaporation de l'albumine, en sorte qu'il n'apparaît qu'après la ponte, et que sa capacité se décuple pendant l'incubation. C'est évidemment un réservoir de la respiration ; si on le supprime, l'évolution ne peut plus avoir lieu, puisqu'une des conditions de l'élément zoologique fait alors défaut.

Quant à l'évolution collectivisatrice, voici comme elle s'opère : Toutes les conditions de milieux étant, d'ailleurs, remplies, la *cicatricule*, tache de la grandeur d'une lentille, s'agrandit pendant la première journée de la collectivisation ; elle s'allonge et s'entoure de cercles nébuleux. Au second jour, la tache est plus grande, les deux feuillets de la membrane *vitelline* sont séparés dans son milieu, et l'espace compris entre eux est rempli d'un liquide aqueux et limpide, où l'on aperçoit, engagé dans le feuillet inférieur qui représente l'*amnios*, l'embryon qui offre bien là, à nu, nos deux membranes formatives dans toute leur simplicité. L'embryon est alors composé uniquement du rachis, avec un double renflement pour le cerveau ; le sinus rhomboïdal, division de la moelle épinière, y existe également, et sa cavité abdomino-pectorale, ouverte dans toute sa longueur, est suspendue à la cavité intestinale primaire, le jaune.

Vers le troisième jour, les vestiges du système vasculaire apparaissent sur le jaune et dans les *cercles nébuleux*. Le troisième jour, comme les cercles nébuleux disparaissent, on aperçoit plus distinctement un vaisseau circulaire, entouré d'une veine annulaire. L'illustre Oken compare, avec raison, cette phase circulatoire à celle qu'offrent les méduses. En même temps apparaît le cœur qui bat, c'est le fameux *punctum saliens* des auteurs ; en français, cela veut dire : le point sautant.

Au quatrième jour, quand tout le système embryonnaire tient encore à la formation vitelline, on distingue le canal intestinal sous la forme d'un filament grêle, étendu en ligne droite de la tête à la queue, et contenant une cavité bien apparente. Il naît de la membrane interne, du *jaune*, ce qui ne surprendra pas ceux qui sauront la destination de cette membrane dans la série zoologique.

En même temps paraît l'organe de la respiration, qui d'abord affecte, comme chez les reptiles, la forme d'une petite vessie urinaire, abondamment pourvue de vaisseaux et s'ouvrant dans le cloaque ; c'est l'*allantoïde*, qui, passant entre ce qui deviendra bientôt l'*amnios secondaire* et le *sac vitellin*, revêt intérieurement la plus grande partie de la coque.

Pendant les derniers jours de la collectivisation, elle renferme un liquide limpide, contenant parfois quelques concrétions urinaires. Après avoir tapissé la coque, elle montre ensuite un magnifique réseau d'artères foncées en couleur qui naissent, comme *artères ombilicales*, des *artères iliaques*, et des veines vermeilles qui passent dans le foie, comme *veines ombilicales*. Cette allantoïde est donc une véritable *branchie*, et l'oiseau meurt si l'on met à la surface de la coquille un vernis qui empêche l'air de pénétrer. Elle ne s'oblitère que lorsque le petit commence à humer l'air lui-même, et qu'il est sur le point de percer sa coquille. A la fin, le sac à air contient de l'acide carbonique expiré.

Le premier clivage du sac vitellin que nous avons vu former la membrane externe primitive, ou le *premier amnios,* disparaît au cinquième jour, un *second amnios* le remplace; mais comme il est plus éloigné, le fœtus se trouve séparé du sac vitellin.

Le sac vitellin lui-même diminue à proportion que l'allantoïde et le fœtus croissent. Le blanc, qui y afflue par le petit bout du germe, y pénètre en quantité de plus en plus considérable, de sorte qu'il est entièrement consommé vers le dix-huitième jour.

Cependant le réseau vasculaire du sac vitellin, formé par une forte veine *mésentérique* et par une artère *mésentérique* plus petite, acquiert de plus en plus d'extension. A dater du neuvième jour, on aperçoit, aux extrémités des veines, des vaisseaux particuliers qui, vus de l'intérieur, ont l'aspect de liens floconneux et paraissent être propres surtout à pomper le jaune et à le convertir en sang. L'oiseau ne se nourrit alors que par cette voie; car l'intestin, simple organe en formation, est libre au dehors du corps sous la forme d'une anse. Il n'est point assez développé dans son intérieur pour admettre et digérer la matière du jaune. C'est seulement à la fin de la collectivisation qu'on voit le conduit vitello-intestinal y faire passer réellement le jaune.

Quand le fœtus est plus développé, et que la fente ombilicale, d'abord si considérable, a diminué d'ampleur, vers le vingtième jour, le sac vitellin, réduit à la moitié de sa dimension primitive, entre dans la cavité abdominale, et alors la substance du jaune s'introduit de plus en plus dans le canal intestinal, pour y être absorbée par des vaisseaux *chylifères,* comme elle l'était auparavant par les *vaisseaux jaunes,* et continuer par cette voie nouvelle à servir à l'évolution de l'embryon de mieux en mieux collectivisé.

Quelle lumière tout cela jette sur ce qu'on appelle la VIE ! Que sont donc ces organes, prétendus fixes dans des synthèses prétendues immobiles, si des organes extérieurs et collatéraux les suppléent? N'assistons-nous pas là à la formation du sang dans les vaisseaux jaunes qui absorbent une émulsion albumino-oléagineuse? Eh bien, rappelez-vous le suc pancréatique émulsionnant les corps gras, rappelez-vous les chylifères, le canal de Pecquet, et ces globules déjà roses qui se jettent dans la sous-clavière pour aller ensuite subir l'action de l'air! Vous comprenez la relation constante des formations organiques avec les milieux qui toujours les dominent? Et pourtant cela est presque ignoré, et l'on cherche des faits nouveaux au microscope, quand il y en a des milliers d'anciens qui ne sont pas encore induits. Non, je n'ai pas trouvé de faits descriptifs nouveaux, et je ne m'en chagrine pas ; Carus en a récolté plus que je n'en pourrais recueillir dans toute une existence. Mais j'ai trouvé le rôle réel de l'induction, et la science surgit tout armée de ma plume. Oui, toute modestie à part, je puis dire que j'ai fait quelque chose de rien, quand de bien plus inventeurs n'ont pu rien faire avec tant de choses. L'homme n'est rien comme individu; ceux qui se font admirer se trompent et trompent leurs semblables; la *méthode* est tout, l'*induction* est le grand instrument, et la SÉRIE la grande méthode. Que tous s'y appliquent, et l'on verra bientôt pulluler les grands hommes, car tous les hommes qui travaillent seront grandis par l'horizon qu'il leur sera donné d'embrasser.

Pour nous, qui amenons de si loin la sériation embryologique, la phase *galacto-zoaire*, ou mammifère, ne présente nulle exception. C'est un progrès nouveau, voilà tout, lequel même se suit pas à pas en obéissant aux grandes lois, comme nous l'allons reconnaître dans la formation du *placenta* et des *mamelles*. Ce sont là surtout les deux grands éléments organiques qui s'ajoutent, et ils tiennent à ce que les conditions collectivisatrices sont devenues *intra*-synthétiques, au lieu d'être *extra*-synthétiques, ce qu'elles ont été jusqu'alors. En un mot, c'est la *mère* qui, ici, devra d'abord fournir l'élément atmosphérique et l'élément albumineux au germe synthétisé qui va se collectiviser; c'est pour cela qu'il y a un placenta. Puis elle lui fournira l'élément albumineux sous forme de lait, c'est pourquoi il y aura des mamelles, le petit prenant alors directement par ses poumons l'élément atmosphérique qu'il trouve répandu au dehors.

Au temps jadis, on croyait à l'*aura seminalis*, ce qui signifie vapeur séminale. On croyait que le sperme s'élevait en nuage fécondateur, et allait s'abattre aux meilleurs endroits. C'était commode, toute faute était expliquée : on avait été atteint du malencontreux brouillard. Les plus naïfs croyaient que les enfants venaient par la cheminée, d'autres qu'ils naissaient sous une feuille de chou. Quant aux œufs, on en attribuait bien aux insectes, aux poissons et aux poules. Mais une truie faisait-elle sa ponte, ce n'était pas croyable. Quant à la femme, la supposition eût été outrageante; n'était-elle pas appelée à partager le trône de l'homme, ce grand roi de la nature?

Le fabuliste voulut rire un jour, et il montra une femme allant bavarder avec les commères du voisinage sur un œuf qui, disait-elle, la mauvaise langue! avait été pondu par son mari, et le soir même l'œuf était arrivé à plus d'un cent. Eh bien, la science aussi un jour voulut rire, et de Graaf alla chercher l'ovule sur l'ovaire des mammifères, et de Baër en reconnut toutes les parties que nous avons mentionnées. La femme, toute reine de la nature qu'elle peut encore être, n'en fut pas moins convaincue de faire sa ponte, et cela tous les mois, s'il vous plaît. Comme consolation, je lui affirme qu'il n'y a plus d'œufs; c'est un germe qu'elle produit, c'est le germe qui est synthétisé dans ce qu'on appelle ses entrailles, c'est un germe qu'elle collectivise dans son utérus; la série zoologique la précède, qu'elle se contente donc d'en être le couronnement.

Le germe des galacto-zoaires, quand il est à l'état d'ovule, constitue sur l'ovaire ce qu'on appelle la *vésicule de Graaf*. A cet état, l'ovule est tout à fait complet, et quand il se détachera, il n'aura qu'à être synthétisé et aussitôt la collectivisation commencera, n'importe dans quel point; les grossesses extra-utérines prouvent bien qu'il n'y a que la direction de tracée. Quant au lieu, il importe peu, pourvu qu'il y ait là les premières conditions, le développement s'y fera jusqu'à ce qu'elles soient épuisées, et il cessera quand elles n'existeront plus, entraînant la mort de l'embryon et de la mère. Voilà comment se réalise cette prétendue prévision, qui, comme le dit le professeur de Candide, a tout disposé pour le mieux dans le meilleur des mondes possibles.

Comme les premières phases doivent passer très-vite, la formation, que nous avons vue si lente chez l'oiseau, se fait ici très-rapidement; mais au fond la composition est la même. Cette vésicule de Graaf contient d'abord une première membrane externe qui la relie à l'ovaire, puis une certaine quantité d'albumine, laquelle s'épanche au dehors quand la déhiscence s'opère au sortir de l'ovaire. Ce qui reste est le *germe* proprement dit, formé d'un *jaune,* présentant deux parties distinctes, la *vésicule animale primaire* de Purkinge, puis le *jaune nutritif.* Cet ensemble formerait le *sac vitellin,* dont l'enveloppe serait *vitelline* par sa face *interne, chorion* par sa face *externe;* voilà toujours nos deux membranes. Des éléments albumineux nutritifs, puis un point de matière animalisée où commencera le développement dès que la synthétisation sera opérée, voilà tout le mystère; débrouillons donc le reste, on verra que ce n'est pas plus obscur.

Ce petit germe a en lui-même tout ce qu'il lui faut pour commencer son évolution; aussi la fameuse segmentation du jaune se mettra-t-elle en train dès les trompes; seulement, le chorion, ici, va tout de suite s'arranger pour puiser, dans le milieu organique où il sera placé, l'air et les éléments nutritifs. Le jaune va, grâce à cette absorption, croître lui-même, ce que démontre la formation de la *vésicule ombilicale.*

L'allantoïde s'élève pour passer entre l'amnios, membrane externe de l'embryon, et le chorion greffé sur la matrice, et de la fusion du chorion, de l'allantoïde et des vaisseaux utérins résulte le *placenta*.

Voilà en gros le phénomène; analysons-le un peu, les notions seront alors mieux fixées. Vous voyez que nous ne sommes nullement dans l'exception, mais dans l'agrandissement progressif, en suivant une direction constante, ce qui est bien autre chose.

Le chorion emporte avec lui les débris albumineux provenant de la séparation de l'ovule et de l'ovaire, c'est-à-dire de la déhiscence de la vésicule de Graaf. A la suite de cette déhiscence, sur l'ovaire s'opère une cicatrice, à propos de laquelle on a presque écrit des volumes sous le nom de *corps jaune*. C'était bien la peine! Ce sont ces petits filaments albumineux qui aident à fixer le chorion sur la matrice qui, de son côté, sécrète de l'albumine pour constituer ce qu'on a appelé la *membrane caduque*. Pendant ce temps, le jaune se segmente, l'embryon se dessine sur le jaune, lequel augmente pour servir, à l'état de vésicule ombilicale, de dépôt alimentaire à l'embryon qui l'absorbera graduellement, et la fera disparaître d'assez bonne heure. Le *canal* intestinal en sera né, comme nous l'avons vu chez l'oiseau, et comme les phases sont plus rapides, il se mettra lui-même à absorber les aliments et à nourrir l'ensemble embryonnaire en s'accroissant lui-même à mesure.

Voilà ce que c'est que la FORMATION, elle se résume en deux actes : 1° destruction de l'aliment; 2° sa transformation, par le fait même, en organisme parfaitement solidaire, et cela depuis le premier mouvement de giration qui s'établit dans la matière animale primaire, jusqu'à la condensation de la synthèse par la vieillesse, qui constitue la mort normale, auquel cas la synthèse est détruite à son tour en se résolvant en ses éléments : voilà la vie, voilà la mort. On voit que Bichat n'était pas bien avancé en définissant la vie le contraire de la mort. La vie est une évolution dont la mort est la fin, c'est au moins plus clair et plus satisfaisant.

Chez les galacto-zoaires, il ne pénètre ni eau, ni air, du dehors dans le germe; le fœtus est donc obligé d'accomplir par ses *relations* avec le corps maternel la fonction respiratoire. Cette fonction, au lieu de se faire ici comme à la naissance, par *inspiration* et *expiration*, se fait par *absorption* et *excrétion,* ce qui est au fond la même chose accomplie par des moyens différents. C'est le *chorion* qui en est le premier organe, l'*allantoïde* s'y adjoint, mais comme accessoire; elle disparaît bientôt, et n'a jamais de vaisseaux propres, car les vaisseaux *ombilicaux* qui sortent à sa base se répandent sur le chorion; les vaisseaux *omphalo-mésentériques* de la *vésicule ombilicale* s'abouchent eux-mêmes avec ceux du chorion qui ici devient, on le voit, non plus seulement l'enveloppe *circa-germinale,* mais un organe des plus actifs. Cela tient au progrès, qui se fait toujours par la distinction des fonctions et la multiplication des rapports.

Le chorion, qui ici est une véritable membrane vasculaire, varie principalement sous ce point de vue que, tantôt il remplit seul ses fonctions, caractère d'infériorité, et tantôt adjoint à sa surface un ou plusieurs placentas, caractère de supériorité, puisque c'est une nouvelle distinction de fonctions.

Voyons ce qu'il présente d'essentiel, ce chorion : 1°, même avant qu'un système de vaisseaux à sang rouge se soit développé dans l'embryon, et que les vaisseaux ombilicaux aient poussé à la base de l'allantoïde, sa superficie apparaît couverte de flocons délicats favorisant ou accroissant l'absorption qui a lieu par toute la surface de l'animal futur, à peu près comme se nourrissent les enthelminthes; 2° les vaisseaux ombilicaux se ramifient en arcades dans sa substance ou à sa surface, absolument comme les vaisseaux ordinaires se ramifient dans les branchies des animaux inférieurs; les dernières extrémités des artères ombilicales s'infléchissent pour donner naissance aux veines du même nom. Ces vaisseaux, entrant en relation avec ceux de la matrice, permettent à la fonction nutritive et respiratoire de s'accomplir parfaitement.

Quant à la progression, elle continuera en s'adjoignant le placenta, qui annihilera de plus en plus le chorion, et tendra lui-même à concentrer de plus en plus ses parties, d'abord confondues avec le chorion, puis divisées, ce qui est notre grande loi de formation organique, écrite plus simplement là que partout ailleurs.

Il y a un chorion sans placenta chez les juments où sa surface extérieure offre seulement des houppes très-délicates de vaisseaux, répandues généralement, et analogues à celles de la membrane villeuse d'un intestin ordinaire en plein fonctionnement. La matrice a de semblables flocons, et entre ces deux surfaces floconneuses, par lesquelles le chorion et l'utérus sont lâchement unis, on trouve une matière albumineuse blanche épanchée.

Les houppes vasculaires de la surface du chorion sont plus distinctes les unes des autres chez la truie. Les ruminants ont déjà jusqu'à cent petits placentas isolés, connus sous le nom de *cotylédons* ou *caroncules*; ils ont la forme d'épaisses masses vasculaires, assez semblables à des cupules ou à des champignons. La membrane interne de la matrice présente des développements analogues, qui s'affaissent après la naissance du petit. Les anses vasculaires des deux formations s'insinuent les unes entre les autres, et, en les écartant, on aperçoit une matière albumineuse épaisse.

Plus tard, le placenta progresse dans la direction que nous avons indiquée; je ne citerai que celui du putois, parce que la loi de concentration s'y dessine avec une remarquable transition. Il est double, formé de deux pièces réunies par un lambeau rubané et une ceinture qui entoure le germe.

Le chorion, qu'il soit en entier respiratoire et nutritif, ou qu'il soit suppléé par le placenta, n'en garde pas moins sa propriété de membrane *circa-germinale*; aussi sert-il toujours de délimitation à l'ensemble, quels que soient les clivages qui aient pu s'opérer à l'intérieur.

Les vaisseaux du chorion et du placenta se transmettent au fœtus en s'arrangeant plus ou moins en cordon, suivant que l'embryon est plus ou moins éloigné; le summum de longueur arrive chez la femme : c'est le cordon ombilical.

Tels sont les organes embryologiques qui se manifestent successivement dans les galacto-zoaires. Quant aux phases parcourues par l'embryon lui-même dans sa formation, elles sont assez analogues à toutes celles que nous avons vues se réaliser dans la série zoologique. Nous n'avons voulu que montrer une chose, c'est la progression du germe comme collectivisation; notre but est atteint. Pour le reste, les faits sont trop bien acquis pour que je craigne d'être démenti, chacun pourra les consulter là où ils se trouvent racontés, avec talent quelquefois, avec profusion toujours. Les livres sont un peu comme la lanterne magique où le singe, ayant oublié de mettre la lumière, arrachait cette complaisante affirmation au dindon qu'il régalait du spectacle :

Moi, disait le dindon, je vois bien quelque chose,
Mais je ne sais pour quelle cause
Je ne distingue pas très-bien.

A la naissance, c'est-à-dire quand le petit brise l'enveloppe du germe en laissant écouler les eaux et les mucosités qui se sont accumulées dans son intérieur, la collectivisation n'est pas achevée. Pour s'en convaincre, il suffit de considérer un petit kanguroo, ou une petite sarigue dans la *poche marsupiale* où ils s'abritent encore après avoir passé un certain temps dans la matrice. Mais le fait important, c'est la *lactation*, qui domine cette phase de l'animalité, ce qui l'a fait qualifier par nous de galacto-zoaire. Le lait est au fond un produit albumineux très-perfectionné; c'est presque du sang pur, mais mieux approprié à la nutrition du petit qui respire librement l'air, et qui trouve dans les mamelles la représentation du chorion et du placenta dont il s'est séparé pour toujours. Le phénomène se réduit à cela : il s'y ajoute des conditions de protection et de défense qui trouveront leur place dans une sériation séparée. Nous n'avons qu'à terminer cette revue déjà si longue, en montrant que l'organe mammaire ou *galactophore,* pour continuer à parler grec, est toujours dans notre ligne de formation générale. Les deux points à considérer dans les mamelles sont : leur formation et leur rapport. Eh bien, c'est toujours la confusion de parties à l'origine, puis la division parcellaire arrivant à la concentration et à la distinction fonctionnelle. Quelques exemples suffiront pour le démontrer.

Les mamelles de l'ornithorhynque présentent une glande dans toute sa simplicité ; elles se composent d'environ cent cinquante cœcums aboutissant à une ouverture médiane ; la succion ici n'a pas lieu, le lait doit être exprimé par la mère elle-même, ce qui a lieu également chez la baleine et les marsupiaux, à l'aide de bandes musculeuses qui pressent au-dessus des conduits. Les mamelles arrivent enfin à distinguer leurs *cryptes* glandulaires, puis leurs conduits excréteurs, puis un organe de rapport entre le sein et le petit, c'est le *bouton,* la succion s'exerce alors. Vous voyez le progrès s'annoncer toujours par la complexité du rapport. Le nombre des mamelles varie ; chez la femme, il se réduit à deux.

Tout organe générateur est un organe de relation, le rapport doit donc s'y dessiner par tous les côtés ; les mamelles n'y manquent pas, elles s'élèvent du pôle inférieur jusqu'au supérieur et plus tard même, elles deviendront un accessoire de parure, dont nous aurons à nous occuper dans la sériation morphologique. Disons ici, que chez les baleines, elles sont situées dans deux replis, sur les côtés des grandes lèvres du vagin. Chez les marsupiaux, elles sont à la région inguinale, entourées par le sac marsupial. Le sac disparaît chez les juments, les mamelles restent inguinales. Les rongeurs ont ces organes plus nombreux, mais il y en a toujours aux aines. Celles des phoques et des ruminants sont au ventre. L'éléphant et le lamantin les ont pectorales. Les carnivores munis de plusieurs paires de mamelles en ont quelques-unes à la poitrine ; les chauves-souris, les singes et les femmes, les ont définitivement pectorales et n'en ont qu'une paire. La loi est assez confirmée pour que je m'arrête; les commentaires ne feraient qu'allonger, et seraient entièrement superflus.

CHAPITRE XLV.

Sériation parasitique.

L'étude de la synthèse est épuisée comme organisme et comme fonction; je l'ai mise en relation avec elle-même, répercutée à plusieurs exemplaires dans un but commun, ce qui a donné lieu aux collectivités; je l'ai mise en relation avec elle-même, répercutée dans le temps comme reproduction, ce qui nous a montré l'embryologie; il ne me reste plus qu'à la faire entrer en relation dans des buts divergents qui manifesteront l'antagonisme, et le premier degré de cela c'est le parasitisme, le second sera la défense et l'attaque. Le parasitisme va nous occuper dans la présente sériation, l'antagonisme sera sérié dans le chapitre suivant, et nous n'aurons plus, dans la sériation morphologique qu'à nous occuper de la forme qui joue un si grand rôle dans la relation. Tel est le tableau qui nous reste à achever, avant de jeter un coup d'œil synthétique sur la série zoologique entière, pour de là passer à une autre série que nous ne ferons que traverser.

Je garde l'expression de parasite, parce qu'elle est consacrée depuis la plus haute antiquité; et bien qu'on ne se soit peut-être pas rendu un compte assez exact de la chose, on a une idée suffisante de la direction par le mot; c'est déjà beaucoup, une autre dénomination m'enlèverait cet avantage en admettant, ce qui est douteux, que j'en trouvasse une meilleure.

La sériation parasitique serait bien longue à établir dans son ensemble, aussi vais-je tendre à la restreindre en établissant les principes sur lesquels elle repose; quelques exemples alors suffiront pour indiquer la manière dont elle est réalisée. Je me vois obligé de m'appesantir sur des prolégomènes indispensables; l'accompagnement sera peut-être plus long que le chant, qu'importe! si j'ai le bonheur de parvenir à ne pas choquer l'oreille et à conserver l'harmonie.

Je développe la série naturelle, mais tout y passerait si l'on voulait; je me suis engagé à n'y faire entrer que ce qui nous était objectif; les transformations morbides sont de mon domaine, j'abuserai donc du diplôme pour puiser aux sources médicales rectifiées des principes d'évolution qui s'y manifestent dans toute leur série. Le parasitisme, c'est le rapport, il ne faut donc en négliger aucun élément. Physiologie normale et anomale, c'est tout un, ce sont des directions équilibrées avec des intensités plus ou moins portées loin, rien de plus; le parasite est encore plus audacieux que la maladie, mais il est, quoiqu'on ne s'en doute guère réellement, dans la même direction. Pardonnez-moi un peu de divagation, une fois n'est pas coutume, et Horace a dit du grand poëte de la Grèce : *quandoque bonus dormitat Homerus*. Ce qui, sauf la politesse, signifie que le bonhomme radotait quelquefois.

Pour ceux qui, ne s'en tenant qu'à la forme, prononcent, sans aller plus loin, le nom d'un animal, et supposent que cela suffit, ce que nous allons dire paraîtra assez étonnant, mais je me retranche toujours dans mon épigraphe : s'étonner n'est pas savoir; il me suffit d'être dans le vrai.

Le mot *animal* exprime une synthèse, sans doute, mais une synthèse considérée comme distincte, personnalisée, indépendante dans le milieu qu'elle occupe, quoiqu'elle ne puisse jamais être indépendante du milieu avec lequel elle entre forcément en relation. Cette appellation en vaut une autre, toutefois le mot se démasque là dans toute son insuffisance. Suivez la série, et dites-moi quelle parité d'importance il y a entre un volvoce et une baleine? Tous les deux sont des animaux, et relativement au premier, le plus petit organe d'une synthèse supérieure peut être considéré comme un géant. Qu'est-ce qu'un polype par rapport au zoophyte qui construit et habite le polypier? Qu'est-ce qu'un homme relativement à l'humanité? Tous ces substantifs sont aussi simples les uns que les autres; leur insuffisance, pour donner une idée de la science, est bien grande, et ils n'indiquent même pas toujours une direction bien appréciée.

En remontant la série, les organes enserrés dans une même synthèse augmentent de nombre et de précision ; on peut les grouper eux-mêmes, ce qui constitue des *systèmes* ou *appareils,* mais ils sont toujours reliés directement à la synthèse par rapport à laquelle ils représentent quelque chose d'analogue à ce que la plante présente, par rapport au sol où elle est fixée ; cela n'est d'ailleurs qu'une pure comparaison.

La nutrition a pour but de porter à chaque organe, à l'aide de matériaux déposés et élaborés dans le canal intestinal, de porter, dis-je, l'élément nécessaire à son entretien et à son agrandissement ; cela, au moyen de la circulation comme grand véhicule de l'absorption, comme transmission sur place ; la nervosité s'y adjoint comme agent répartiteur. Tous ces accessoires tiennent à l'ensemble synthétique, ce qui distingue toujours un animal d'un organe. Un organe n'est donc pas l'analogue du bourgeon de la plante, qui est une plante, sauf le milieu. L'organe, lui, ne peut jamais devenir un animal, dans quelques conditions qu'on le place ; il mourra toujours loin de la synthèse dont il fait partie.

A l'état normal, c'est-à-dire dans l'équilibre qui résulte du jeu des milieux ordinaires sur une synthèse donnée, tous les organes se nourrissent chacun à sa dose, suivant ses besoins, qui n'empiètent nullement sur ceux des autres. Le réservoir est commun, mais le milieu permet une juste répartition des éléments formateurs. Cela constitue la *santé,* que l'on peut définir : l'équilibre maintenu dans une synthèse zoologique, à l'aide des milieux conformes avec cet équilibre désirable, et dans l'intérêt de la synthèse donnée. Il n'en est pas toujours ainsi, et la seule chose qu'on ait à faire varier, pour rompre cet équilibre, ce sont les milieux. Les organes sont tellement subordonnés à ces milieux, les fonctions sont si bien subordonnées aux organes, qu'immédiatement commence une rupture d'équilibre qui est pour nous la *maladie,* maladie qui passera par tous les degrés, sans doute, mais ne changera pas comme principe. Un animal artificiellement engraissé est malade, on lui a supprimé la lumière, le mouvement, on le bourre d'aliments qui sont incomplétement assimilés. Le même fait a lieu naturellement, spontanément, sans qu'une autre synthèse animale pervertisse les milieux pour son usage, dans ce qu'on nomme l'*hypertrophie* ou surcroissance d'un organe. Il en est de même dans ce qu'on nomme les dégénérescences : tout le monde connait les cancers, nous allons en parler un instant.

On a étudié le cancer, mot, d'ailleurs, qui exprime l'idée de crabe, de cancre par comparaison, parce que, symboliquement, on croyait qu'il y avait là une bête qui rongeait les organes; cela est une erreur de la force de l'*aura seminalis,* il n'y a plus à en parler. Le microscope, en y appliquant son œil de lynx, est arrivé à en déterminer l'élément appréciable, qui s'est trouvé être une *cellule à noyau.* Le microscope ne sortira jamais des cellules ; que le noyau varie ou non, il n'en tirera pas d'autre conclusion que celle-ci : il y a des éléments cancéreux, rien de plus ; profitons cependant de la bonne vue du microscope. Ce qu'il y a à remarquer tout d'abord, c'est que la cellule est un élément formateur zoologique ; nous ne sommes donc pas ici dans l'exception, et la série seule pourra rendre compte de l'évolution de ce tissu. Je n'en parle ici que comme transition pour arriver au parasitisme. Le cancer, comme toute formation zoologique, apparaît *spontanément,* c'est-à-dire par le jeu de milieux spéciaux s'établissant pendant l'évolution de la synthèse qui le présente ; mais sa marche n'est pas très-brusque : il n'y a pas de cancer foudroyant. Ce cancer est un organe nouveau introduit dans la synthèse, il n'est pas *normal,* il est *hétérogène,* mais il n'en est pas moins *naturel,* et je doute que le docteur Pangloss eût trouvé que tout était pour le mieux dans le meilleur des mondes possibles, s'il eût eu un cancer du foie ou du pylore.

Cet organe, que l'on comparerait peut-être plus justement à un fœtus, grandit peu à peu, attire vers lui, pour sa croissance propre, les sucs qui devaient se répartir sur l'ensemble ; il s'évolutionne avec un entrain croissant ; il se ramollit, comme on dit, et reverse, dans l'économie, des principes *délétères* qui l'empoisonnent après l'avoir desséchée par inanition.

La synthèse animale est donc alors un simple milieu pour cet organisme qui finit par la détruire, et, en bonne logique, le cancer doit être considéré comme un vrai parasite, et quoiqu'il soit *personnel* à la synthèse, ce qui le distingue du parasite véritable, il n'en est peut-être pas moins le plus terrible de tous.

Les tubercules, la phthisie, sont dans la même direction, quoique n'étant pas identiques, et quoiqu'ils soient plus fréquents, parce que les milieux propres à les produire se rencontrent plus fréquemment.

Ce qui caractérise ces deux évolutions anomales,

mais très-naturelles dans leurs conditions, et qu'on ne détruira pas par des cierges et des cantiques, mais par le redressement des milieux, c'est qu'elles sont transmissibles par le *germe* tout comme les autres parties de l'organisme. Comme milieu, il faut donc, aujourd'hui, tenir compte des parents, qui de père en fils ont ajouté à leur germe une fâcheuse annexe, que la prétendue immobilité du germe primitif n'a pas pu arrêter. La transmission héréditaire des produits morbides et la fabrication des variétés, voilà plus qu'il n'en faut pour ruiner à jamais la doctrine de l'immobilisme; mais on ne discute cependant pas moins à perte de vue sur l'existence ou la non-existence de la génération spontanée!

Un cancer n'est pas un animal, il n'a donc pas de germe propre, pourtant il se transmet dans le germe, le germe n'est donc pas imposé tout fait à l'animal, puisque les milieux peuvent successivement y ajouter de semblables calamités. Chose plus étrange, un cancer ne se développe pas aux premiers jours de la naissance; sa qualité germinale représente une évolution qui souvent se prolonge, il apparaîtra donc plus tard; il sautera même une *génération*, et le cancer du grand-père ne se représentera que chez le petit-fils. Croyez donc après cela à l'immobilisme du germe; risquez-vous à ne pas tenir compte des milieux et des rapports, pour vous en rapporter au bon docteur Pangloss et à son axiome consolant, sans doute, mais assez peu vrai en application; c'est à chacun de faire son choix : ce que nous nous figurons des choses ne change rien à leur réalité.

D'après ce que nous en avons dit, l'embryon des galacto-zoaires est un véritable parasite par la manière dont il se développe. Ce qui l'en distingue pourtant, c'est, d'abord, qu'il est dans la même direction que la synthèse sur laquelle il s'implante, et de plus, c'est qu'il y a dans la mère un organe normal approprié à cette fonction; c'est donc plutôt une *hypertrophie* qu'un *parasitisme,* mais c'est un acheminement fort clair vers ce dernier état.

Un *parasite,* pour moi, peut être défini : toute synthèse zoologique se servant d'un autre animal comme milieu ou comme instrument. Il y a deux sortes de parasitisme : 1° celui de *nutrition,* auquel on a fait grande attention à cause des enthelminthes ou vers intestinaux; 2° celui de *relation,* qu'à peine on a soupçonné, parce qu'on n'a qu'une médiocre idée du rapport.

Les faits qui dépendent de ce second mode de parasitisme paraissent curieux, mais on les cite sans les rattacher à rien; quelquefois même, on ne les cite pas du tout, parce qu'ils sont si habituels, qu'on ne suppose pas que la *science* ait rien à y voir. On lui a fait une réputation si rogue, si pédantesque, à cette pauvre science, que l'on croirait vraiment qu'elle ne peut pas regarder les choses vulgaires, et encore moins parler le bon français.

Dans tout fait de parasitisme, il faut toujours considérer deux côtés que j'exprimerai par deux mots que l'on m'attribuera si l'on veut, j'en ai besoin et je les forge; c'est : le *parasitant* et le *parasité,* sans cela on n'y comprend rien.

A ce propos, j'éprouve le besoin de me débarrasser tout d'abord d'une des plus vieilles saugrenuités qui aient cours dans les opinions générales, et qui tient aux idées d'immobilisme dont on nous a bercés si longtemps pour nous endormir : je veux parler de cette adorable distinction entre les animaux *utiles* et les animaux *nuisibles*... à l'homme bien entendu.

L'homme était le roi de la nature, on le lui avait répété sur tous les tons ; mais la nature était assez rebelle, et, loin de se plier aux caprices de son souverain, elle était assez osée pour ne pas condescendre à tous ses besoins. Les sujets de ce vaste empire se permettaient, à l'égard de ce potentat, des actions plus que blâmables. Ce grand possesseur de toute chose n'avait pas toujours la liberté d'être à l'abri de ses dominés ; il se mit donc à réagir contre eux. Les favoris, c'est-à-dire ceux qui trouvèrent autour de lui commodité, se parasitèrent corps et âme, et furent mangés, attelés et épuisés par ce bon prince; ce sont les *utiles* au premier numéro ; d'autres lui disputèrent les productions naturelles, la guerre fut déclarée en permanence, et les *utiles* même furent appelés à la défense du chef suprême ; le *nuisible* commençait, nous le traiterons dans la sériation offensive et défensive. D'autres, plus audacieux, pénétrèrent dans la substance même du respectable LAMA qui était proposé à leur adoration par la nature ; c'était de la lèse-majesté, c'était le *nuisible* au premier chef, le despote était parasité lui-même, il se tordait sous les étreintes d'un faible ennemi, qui le brûlait comme la robe du centaure. Ne pouvant accuser la Providence, il accusa son contraire le démon, le malin esprit, le Diable, et je ne sais trop s'il n'y a pas eu exorcisme. Le cas en valait bien la peine, mais le parasite se trouvait trop bien pour y avoir égard.

Reconnaissons donc la filière de ce grand oxiome :

tout animal qui vit hors de notre milieu à nous, nous est indifférent, nous nous contentons de l'ignorer ou de le mépriser, ce dont il se moque assez au fond ; il vit dans son milieu comme nous vivons dans le nôtre. Celui qui peut nous servir de milieu à nous-mêmes, c'est-à-dire qui ne demande qu'à se laisser parasiter par nous, non pas dans nos entrailles, mais à côté de nous ; celui qui vend sa liberté pour la pâtée quotidienne, celui-là est notre ami, il nous est donné de toute éternité pour nous servir.... *hosannah!!*

Mais celui qui nous vole quelques bribes, ce qui serait son droit, s'il était le plus fort ; celui qui nous parasite nous-mêmes, *nuisible*, ennemi, bon à détruire et à excommunier.

L'homme fait bien de parasiter les animaux, il lui a fallu toute sa puissance d'induction pour cela ; des siècles ont dû s'écouler à cette tâche, mais les autres animaux ont le même droit que nous, et ils en usent. Tous nos engins ne suffisent pas pour les chasser, ils repoussent sous le pied qui les écrase. C'est qu'ils sont dans la *série*, comme nous, à leur place, à leur rang. Rien donc que nous-mêmes n'a établi les conditions d'utilité et de nocuité dans ce qui nous entoure; en cela comme en tout, nous sommes les fils de nos œuvres, et nous cherchons bien loin la source de notre félicité ou de nos désastres quand nous seuls avons agi, pour notre bonheur ou notre calamité.

Défaisons-nous de ces idées *à-prioristes ;* un milieu est toujours à la disposition de tout ce qui s'y trouve, parce qu'il y a solidarité entre tout cela ; mais il n'est pas écrit que la puce vous mordra ce soir, et que le pou vous enlèvera vos humeurs peccantes demain; tout cela dépend du point de vue, et la loi est toujours la même. En somme, l'homme est le premier de tous les parasites parce qu'il dispose des conditions de relation les plus grandes : telle est la vérité, rien de plus, rien de moins.

Cela établi, passons aux divers degrés de parasitisme, car là comme en tout il y a sériation, et, comme dans la série zoologique entière, on va de prédominance *intérieure* à prédominance *extérieure*.

Les **premiers parasites** sont les parasites fixes-internes-complets. Les deuxièmes, fixes-internes-incomplets. Les troisièmes, mobiles-externes-complets. Les quatrièmes, mobiles-externes-incomplets ou intermittents. Les cinquièmes, externes-complets, c'est-à-dire de relation pure. Des exemples vont éclaircir cette petite sériation, que j'exprime peut-être d'une manière insuffisante; sachez seulement que je procède du dedans au dehors. Quant aux exemples, ce seront de simples historiettes, des sortes d'épisodes; la gravité est inutile pour en prendre connaissance; nous sommes heureusement sortis du descriptif pur, je n'en suis pas fâché, ni vous non plus, j'en suis certain.

1° Les *parasites fixes-internes-complets* sont ceux qui, plongés dans l'intérieur de la synthèse animale qu'ils parasiteront, en forment, pour eux, un milieu, le seul dont ils aient besoin; ils y trouvent toutes leurs commodités, toutes leurs conditions d'existence. Représentants déviés de synthèses préexistantes au dehors, ou peut-être, pour les plus simples, façonnés sur place par une appropriation du milieu lui-même, peu importe d'ailleurs, ils vivent là, on peut le dire, comme poissons dans l'eau. Ils mangent, ils croissent, ils respirent, ils se reproduisent comme un lombric le fait sous la terre et la sangsue dans un marais. Ils sont là, dans cette synthèse zoologique si complète, si bien harmonisée par le rang qu'elle occupe, ils y sont comme une chenille sur une feuille de chou. La synthèse parasitée n'est donc qu'un pur milieu pour ce parasite, qui y puise comme elle-même puise dans le milieu extérieur qu'elle parasite à son tour. On voit d'après cela combien peu d'*à-priori* il y a là dedans, il y a des conditions générales qui se réalisent dans un terrier ou dans un homme; mais des conditions particulières préétablies, infranchissables, il n'y en a nulle part. Il y a trop de désordres, c'est-à-dire trop de ruptures d'équilibre dans les individualités, pour qu'on s'arrête un seul instant à cela; je n'en veux pas dire davantage, je suis dans mon sujet et rien ne me porte à en sortir.

Donc, un parasite s'introduit dans une synthèse zoologique; ce parasite, synthèse zoologique lui-même, conservant son rang et ses qualités, est donc emboîté dans l'autre, ne pas confondre avec l'*emboîtement* du germe. Cela ne s'arrêtera pas encore là. Une troisième synthèse, inférieure à la parasitante, la parasitera elle-même, le fait est authentique et n'a d'ailleurs rien de surprenant. On a vu des cercaires, animaux très-inférieurs, se développer dans l'intérieur de *distomes* provenant eux-mêmes de germes poussés dans d'autres parasites internes: voilà le principe dans toutes ses conséquences.

Les *vers intestinaux* ont été les premiers étudiés chez l'homme, qui s'est étonné de pareille association ; l'habitude a fait passer ce fait dans l'usage, et l'on n'y fait plus guère attention. Ces vers intestinaux étaient d'ailleurs dans le canal digestif ; là, il y a de la place de reste ; on pouvait admettre la chose, tout le monde n'avait pas la patience et la sagacité d'un Rudolphi, pour étudier à fond ce monde nouveau. Cela parut donc bizarre, on ne le rattacha à rien, on fit de longues dissertations sur la génération spontanée, qui n'avait rien à faire dans la question, puisqu'elle se devait vider ailleurs, si l'on n'eût voulu la nier à tout prix ; mais quant au parasite intestinal, on lui administra la grande cérémonie des classifications, et tout fut dit à son égard.

Malédiction, ce n'est pas tout encore ! Ce n'est pas tout de ce grand *ver solitaire* qu'on appelle *tænia*, et qui par son tronçonnement finit par se trouver en assez bonne compagnie ; ce n'est pas tout de ce *ver lombricoïde* que toute matrone chasse elle-même à la force du *semen-contra* et de la racine de grenadier ; ce n'est pas tout de cette kyrielle enthelmintique allant depuis l'œsophage jusqu'à l'anus ; le roi de la nature est insulté, mais au moins il l'est seul, ce sera un privilége ! pas du tout. Les autres animaux sont comme lui, il souffrira dans son corps et dans sa vanité : c'est trop, c'est trop,... *miserere ! miserere !*

Eh bien, oui, le cheval est pénétré par l'*œstre*, insecte qui lui pond ses germes dans le canal intestinal ; mais ils n'y restent pas, c'est dans le crottin qu'ils doivent se collectiviser ; la bonne mère les a déposés au meilleur endroit : c'est le cheval, qui, par le fait, accouchera ; il est vrai qu'il ne s'en doute guère, qu'importe à l'insecte, pourvu qu'il arrive à bien !

Tout cela est dans le canal intestinal ; mais il existe aussi des *douves* du foie, hôte incommode à plus d'un mammifère. Les moutons ont le malheur qu'un petit animal choisisse comme milieu leur substance cérébrale ; le pauvre mouton a alors le *tournis* et meurt dans les convulsions ; l'homme en ferait tout autant à sa place. On voit bien maintenant ce que c'est qu'un parasite interne fixe complet ; il prend à l'intérieur : élément atmosphérique, élément albumineux et protection, et il n'en sort jamais. Je n'ai cité l'œstre que comme argument transitoire, il n'est pas de cette catégorie.

Le rang du parasité n'est pas une condition indispensable pour déterminer le choix d'un parasite. Ainsi, le lombricoïde, qui est un articulé assez inférieur, se parasitise chez l'homme, tandis que de petits crustacés s'établissent sur les moules, par exemple, qui sont d'inférieurs mollusques, bien au-dessous d'eux comme développement.

Cela se conçoit, car la synthèse sur laquelle il s'implante importe peu au parasite ; il n'y met pas d'amour-propre ; c'est un milieu qu'il cherche, et il le prend là où il le trouve.

2° J'ai avancé que le **deuxième degré** de parasitisme était les *fixes-internes-incomplets ;* il y en a plusieurs et chez diverses sortes d'animaux ; mais le plus saillant de tous, à cause des mauvais tours qu'il a joués aux grandes autorités de la science, le seul dont je veuille parler, c'est l'*acarus* de la *gale ;* tout le monde le connaît, au moins de réputation.

J'établis ce degré et je l'appelle fixe-incomplet-interne, parce qu'il ne demande à la synthèse parasitée que l'élément albumineux et la protection ; l'air, il le prend directement au dehors par les pores de la peau, car c'est dans cette couche qu'il constitue son domaine. Je l'appelle fixe, parce que par le fait il ne vit pas hors de son gisement, mais il est incomplet sous ce rapport, en ce qu'il passe d'une synthèse sur une autre, ce qui n'avait pas lieu pour les précédents.

Parlons donc de la gale, elle a fait des siennes celle-là ; ce mot indique bien la valeur des appellations ; la gale est juste l'expression d'un fait non sérié, aussi parut-elle longtemps miraculeuse ; il y a quelques années à peine que le mot a été remplacé par la chose, et personne n'y a perdu, si ce n'est l'acarus, qui, démasqué dans ses manœuvres, a payé de sa vie cette révélation de sa malencontreuse existence.

Les médecins existent depuis longtemps, et ils ont rendu de grands services à l'humanité ; malheureusement pour eux, ils se sont perdus dans un doctrinarisme aveugle, et ils ont laissé échapper la plus belle part de leur domaine en s'isolant. Au lieu de marcher à la tête des sciences naturelles, on peut dire qu'ils sont à la remorque, aussi deviennent-ils plus spiritualistes que jamais, faute de pouvoir sérier *leurs affections*. La gale devrait les instruire. Quelle belle découverte pour le principe vital ! Tant de dissertations savantes aboutissant à la trouvaille d'un petit arachnide ! Cela s'est pourtant passé ainsi. Depuis des siècles, les vieilles bonnes femmes de la Corse l'extrayaient à la pointe de leurs aiguilles, les savants pendant ce temps-là dissertaient sur le sec et l'humide. Je ne veux certes pas réhabiliter l'intelligence des vieilles bonnes femmes qui me paraissent fort peu sériaires, elles avaient pourtant le mérite de voir ce qu'il y avait ; mais elles n'en cherchaient pas plus long. Voir les faits sera toujours la première condition pour en chercher les rapports. Enfin, l'acarus devint un fait scientifique. Qu'en a-t-on tiré? Rien. On l'a classé dans l'étiologie de la gale, et tout a été terminé. Cela ne peut pas me suffire ; ayant l'avantage de sérier les choses, je les mets toutes à leur place ; que l'acarus prenne donc la sienne comme le type des parasites fixes-internes-incomplets.

L'acarus ou insecte de la gale est un arachnide, comme qui dirait quelque chose d'analogue aux araignées. Il s'installe sous la peau, à la partie interne des membres et des doigts surtout, parce que là le tissu est plus souple, et que les vaisseaux lymphatiques y sont plus nombreux. On pourrait dire qu'il se met sur le bord de la rivière pour ne pas manquer d'eau à son moulin. Établi là, il y séjourne, y croît, s'y nourrit, s'y reproduit, se trace des gîtes et des sillons, et la petite vésicule qu'il détermine pourrait presque être comparée aux monticules de terre que les taupes élèvent dans la prairie où elles cheminent si habilement. Il y a démangeaison, c'est-à-dire sensation nerveuse, déterminée par l'oscillation des fibrilles nerveuses sous les coups de cet imperceptible ennemi, dont on ne se débarrasse qu'en le tuant par le poison, ou en l'asphyxiant par les oléagineux qui bouchent les pores de la peau par lesquels il respire. Tel est ce parasite incommode qui se promène, surtout la nuit, lorsque la chaleur dilate nos pores, et lui permet une translation plus facile. De plus il émigre assez volontiers sur une autre synthèse qu'il parasite également, c'est ce qui constitue la contagion de la gale, il n'y a pas besoin d'être illuminé pour s'élever à la compréhension de ces simplicités.

3° Le **troisième degré** de parasitisme est celui des *externes-mobiles-complets;* voici ce que j'entends par là. Le parasite n'est plus dans la profondeur des terres, il est à la surface, à laquelle il demande protection et nourriture; il respire librement au dehors. Le plus bel échantillon est celui des poux de toute sorte, ceux de la tête, ceux du corps et ceux du pubis.

Le pou est un insecte fort remarquable en ce qu'il pond ses petits à l'état de chrysalides qu'on appelle des *lentes ;* il se promène sous les cheveux, par exemple, et puise dans la tête certains sucs qu'il s'approprie sans beaucoup nuire à la synthèse d'où il les tire. Cela fait même assez de bien aux enfants, pour lesquels c'est un dépuratif; on en met quelquefois à ceux qui n'en ont pas. On les tue, parce que c'est un signe de malpropreté et l'occasion de prurits désagréables. Ceux du pubis sont plus compromettants; la langue vulgaire leur a donné un nom que je n'ai pas besoin de rapporter, et ce parasite est sacrifié sans merci par l'homme qui a le malheur d'être sa victime. Tout le monde connaît plus ou moins cela.

4° Je qualifie le **quatrième degré** de *parasites externes-mobiles-incomplets* ou *intermittents ;* il me suffira, pour être compris, de citer la puce, la punaise et les cousins. Ces parasites sont libres au dehors, leur victime n'est plus pour eux qu'un garde-manger où ils puisent à leur fantaisie en y enfonçant leur suçoir ou leurs crochets; ils fuient ensuite s'ils ne sont pas sur-le-champ punis de leur *témérité*. Je les nomme externes, parce qu'ils sont au dehors; mobiles, parce qu'ils changent souvent de place, et incomplets ou intermittents, parce qu'ils en prennent à leur aise; ils sont donc plus élevés dans la relation, et mènent droit au dernier degré qui est le plus étendu, parce que le caprice est plus ingénieux que la faim, qui par le fait est très-monotone et varie assez peu les moyens de s'assouvir.

5° Mon **cinquième degré** est celui des *parasites externes-complets,* c'est-à-dire qui ne puisent rien dans la synthèse animale avec laquelle ils entrent en relation, mais s'en servent comme d'instrument; l'exemple le plus singulier est celui du coucou. La femelle de cet oiseau pond ses œufs un à un dans des nids de fauvettes, de bruants, de merles ou de quelque autre oiseau insectivore ayant l'habitude de nourrir ses petits avec des aliments convenables aussi pour les jeunes coucous. La mère à laquelle on fait ainsi une substitution d'enfant n'en met pas moins de zèle à élever ces intrus que sa propre progéniture, ce qui fait peu d'honneur à son discernement, et prouve combien le mérite de ces bonnes couveuses est amoindri par l'irrésistible besoin qu'elles ont de couver. Les coucous ainsi déposés à l'état de germes synthétisés, se collectivisent dans cette demeure usurpée. Ils naissent comme les enfants de la maison, mais en naissant ils pensent comme Tartufe, après bien des détours,

> La maison est à moi, c'est à vous d'en sortir;

et se glissant sous leurs jeunes frères de nid, ils les soulèvent avec leurs ailes et les rejettent hors de la demeure, ce qui procure à ceux-ci une culbute peu hygiénique; la couveuse ne leur tient pas rancune, elle éprouve le besoin de les nourrir, comme elle avait ressenti le besoin de les couver; puis les astucieux parents coucous, les voyant tout élevés, les reprennent avec bonheur pour continuer leur éducation. Le coucou est là le parasitant, la fauvette ou le merle sont les parasités; pour être à un degré nouveau, nous ne sommes nullement dans l'exception.

L'homme, en sa qualité de parasite en chef, met ses subordonnés à toutes les sauces; mais s'il mange le bœuf et le mouton, s'il se couvre de leur cuir ou de leur toison, il ne s'en tient pas là, il s'élève jusqu'au cinquième degré lui-même, et parasitise un certain nombre d'animaux qu'il appâte pour en tirer une relation quelconque de vanité ou d'agrément. Il y a les chevaux et les chiens de luxe. Qui ne connaît le classique roquet, le frétillant king's-Charles? Le serin est devenu célèbre. Et le perroquet qui caquette, et le merle qui siffle, et la tourterelle qui fait l'amour, tout cela n'entre-t-il pas dans notre direction?

Un pauvre parasité qui m'a semblé bien à plaindre, c'est ce petit chien qu'on donne au lion du Jardin des plantes pour lui servir de compagnie. C'est un rude métier que d'être associé à un pareil compagnon, et je ne crois pas que ce soit par choix que la malheureuse bête fasse ce métier-là. Le lion se conduit à son égard avec dédain, mais avec assez de condescendance; je crois cependant qu'il n'y a pas trop à s'y fier; le chien, en se montrant prudent, juge sainement la situation.

L'homme est le grand parasitant, à cause de sa

puissance d'induction qui lui permet de prendre les autres animaux par leur faible, ou de les dompter par la force. Il est arrivé ainsi à avoir beaucoup de serviteurs qui vivent autour de lui pour sa nourriture, son agrément ou sa défense. Un volume ne suffirait pas pour montrer cela sous toutes les faces, et d'ailleurs c'est dans la série humanitaire que ces grandes relations auraient leur place véritable. J'ai voulu seulement ici sérier le parasitisme, lui donner sa place dans l'ensemble général, et je suis sûr que bien des faits incompris jusqu'alors, ou négligés par des appréciations immobilistes, seront saisis sans effort dans la direction que nous avons ouverte; cela suffit amplement au but que nous nous sommes proposé.

CHAPITRE XLVI.

Sériation offensive et défensive.

A mesure qu'on s'avance dans l'étude des relations, à mesure que, plus familiarisé avec les organes décrits et constitués en synthèses zoologiques, on considère davantage le rapport, on sent croître son embarras pour présenter le mode de ces actes divers qui sont la matière en action, ou la matière vivante. Le panorama devient immense, et comme il est extrêmement mobile, on ne peut pas lentement en détailler tous les points, on ne peut que dire au spectateur:

regardez, voyez, et c'est au spectateur à posséder de bons yeux pour voir, et un assez bon cerveau pour recueillir sans éblouissement tout ce qui se passe à l'horizon. Si tous les hommes en étaient à ce point de perfection perceptive, le livre serait inutile, et ce serait un grand progrès. La contemplation comme étude, la parole comme instruction, seraient alors les grands instruments de ces représentations agréables, utiles et magnifiques que les hommes échangeraient entre eux et le dehors, ou entre eux seulement. Il n'en est pas ainsi, il faut donc y suppléer autant que faire se peut, en traçant lentement les conditions de ce qui existe, en mettant çà et là, sur cet immense trajet, des jalons, des points des repère, où l'œil inexpérimenté puisse s'arrêter au lieu de se perdre dans le vague où il ne verrait rien, parce qu'on n'aurait rien noté.

J'aborde la sériation offensive et défensive, c'est-à-dire l'action des synthèses zoologiques contre les milieux qui les menacent sans cesse, ou contre elles-mêmes, dans les antagonismes que développent les rangs divers où elles sont placées ; c'est la comédie, c'est le drame, mais il serait trop long à écrire, je n'en puis donner que le canevas, chacun le remplira à mesure ; je n'ai pas, vous le savez, l'intention de façonner une histoire naturelle ; ce que j'en fais aujourd'hui en est tout au plus l'indispensable introduction.

D'un bout à l'autre de la série, ces conditions de défense et d'attaque se perfectionnent comme tout le reste, et la progression générale de l'organisme y concourt tout entière, quoique çà et là quelques organes spéciaux y soient affectés. Tout ce que nous avons étudié jusqu'ici entre en ligne d'une manière plus ou moins directe; tout est solidaire dans les synthèses comme dans les collectivités; le parasitisme même peut être invoqué; vous voyez de suite que d'habitude il faut acquérir pour ne rien laisser échapper dans ce vaste poëme aux chants si nombreux.

Ce qui menace tout d'abord la synthèse zoologique dans les premiers temps de son ébauche, c'est le milieu dans lequel elle est apparue. Le milieu est alors gigantesque relativement à ce petit avorton d'animal qui s'agite à peine; il est ballotté par tous les courants contraires, mais il est dans l'eau, qui le soutient et le protége. Il en périra beaucoup, sans doute, mais aussi des milliers naissent en même temps dans cette incommensurable cornue où se brasse en masse, à chaque instant individualisée, la matière phytologique déjà assez avancée en évolution.

Cela ne peut pas durer longtemps, la progression pousse en avant la synthèse zoologique; celle-ci, sous peine de s'arrêter en route, doit se protéger pour s'accroître et se perfectionner; une collectivité s'ébauche, une défense commune s'organise, le polype s'agrége pour devenir zoophyte: la défense sera le polypier. Cette communauté si précaire fixe sa citadelle sur un point bien solide, elle n'a pas à attaquer, elle; par ses cils vibratiles elle détermine un courant suffisant pour que l'aliment arrive à sa portée, et toutes ces conditions remplies, la progression peut aisément continuer.

La synthèse zoologique continue à croître en importance. mais ce n'est que par sa membrane interne. L'externe s'empresse de protéger ce travail, aussi les tests, les pointes, les coquilles plus ou moins valvées, plus ou moins contournées, surgissent de toute part. L'attaque n'est pas encore bien vigoureuse, pourtant les dents des oursins et les bras des céphalopodes prouvent que la passivité tend à disparaître pour faire place à l'action offensive ; c'est ce que montrent déjà nos *ecto-zoaires* qui, eux, commencent à organiser la membrane externe, comme nous l'avons si longuement démontré.

La défense, ici, est procurée par le test d'abord, par ses articulations et son enduit; le mouvement rapide dont jouissent ces animaux en est une large condition. Ils seraient même en grande sûreté si plus tard ne se développaient nos axo-ecto-zoaires, ces oiseaux plus forts et plus rapides que les insectes, qui peuvent donc leur faire une rude guerre où l'insecte succombera le plus souvent. Ces animaux ont, de plus, leurs pattes, leur mâchoire, leurs aiguillons et leur venin. Voilà déjà l'apparition de l'attaque ; nous allons présenter quelques détails d'organes propres à l'attaque, qui se fait souvent avec une grande industrie, pour laquelle le concours du système nerveux est indispensable; je n'ai pas à revenir là-dessus.

Les scorpions et les araignées sont munis de glandes à venin. La glande des premiers est logée dans le renflement globuleux des derniers anneaux du corps, qui se termine par un aiguillon délié. L'araignée qui se nourrit d'insectes qu'elle saisit vivants à l'aide d'un mécanisme ingénieux que nous allons considérer, l'araignée présente à ses mandibules, à l'extrémité du crochet qui s'y trouve, une petite ouverture qui est l'orifice du canal excréteur de sa glande venimeuse. Le virus qui en sort engourdit immédiatement les animaux qu'il atteint ; c'est donc un moyen d'attaque direct qui se combine avec la défense, puisqu'il y a immobilisation de l'ennemi.

Un engin d'attaque complet que construit l'araignée, c'est sa toile que toutes les ménagères balayent sans trop de cérémonie, mais que la science a dû regarder de plus près.

Les moyens d'attaque et de défense se placent presque toujours, quand ils se spécialisent à l'un ou l'autre pôle, vers la tête ou vers la queue, cette dernière présentant le caractère d'infériorité qui appartient à ce côté de l'animal ; cette remarque faite et en n'oubliant pas que toute la synthèse concourt à l'attaque ou à la défense, nous irons droit au but en signalant les particularités.

L'araignée a son venin à la bouche, elle a ses filières, placées au nombre de quatre, au-dessous de l'anus. Le bout de chaque filière est arrondi et percé, comme un crible, de trous par lesquels sort le liquide visqueux destiné à produire les fils. A l'intérieur du corps, dans l'espace intermédiaire, on trouve une multitude de sacs rameux, les uns plus, les autres moins longs, qui occupent une grande partie de l'abdomen ; ce sont des organes sécréteurs du suc visqueux. Auprès des filières, il y a une paire de petites pattes qui servent probablement à réunir en un seul les quatre fils qui sortent à la fois des filières.

L'araignée choisit l'endroit où elle veut tendre son filet, elle en fixe le premier fil en un point et elle l'allonge en s'y laissant suspendre le plus souvent, et quand il est assez long, elle fixe l'autre bout, ce qui lui fait déjà un cordage ; elle continue son travail et elle construit une sorte de treillage plus ou moins carré, plus ou moins orbiculaire. Cela fait, elle va se placer au coin le plus sombre de son embuscade, et elle attend que quelque insecte vienne s'empêtrer dans ses rets; aussitôt elle sort, l'empoisonne d'un coup de mandibule et le dévore, si elle est en appétit : c'est en somme assez complexe, comme on voit.

Les abeilles et les guêpes ont aussi du venin qu'elles distillent à l'aide de leur aiguillon situé vers la partie postérieure du corps. Chez les abeilles, les ouvrières et les reines seules ont un aiguillon ; nous avons montré que les mâles étaient massacrés, ils n'ont pas de quoi se défendre. La reine est trop indolente pour beaucoup s'occuper de la défense de la communauté, mais nous l'avons vue aller attaquer la jeune reine qui vient de naître. La jalousie lui donne la *valeur* de la rage. Quant aux ouvrières, ce sont de grands bourreaux se formant en légions terribles contre le dehors, et faisant une large justice au dedans ; il y a là collectivité, ce qui rend compte de la grandeur des résultats obtenus. La ruche est une protection parfaitement inerte, trouvée par hasard, ou préparée par la main prévoyante de l'homme, ce bon prince qui fournit la ruche pour dévorer le miel ; mais les gâteaux, les rayons, les cellules, voilà de la défense disposée par la collectivité dans le plus grand intérêt de la société : cela a été longuement exposé.

Nous n'avons qu'à étudier ici l'instrument dont chaque ouvrière dispose. L'aiguillon se trouve dans le dernier segment du corps et au-dessus de l'ouverture du rectum. A sa base, est placée la bourse du venin dont les parois sont très-solides, et garnies de fortes fibres musculaires qui, ne l'entourant pas de tous les côtés, ne peuvent que l'aplatir. A la partie supérieure de la bourse sont deux petits vaisseaux longs et terminés en cul-de-sac propre à sécréter le venin. L'aiguillon se compose de deux portions courbées latéralement à leur partie supérieure, et dont les faces correspondantes sont creusées chacune d'un sillon qui, réuni à celui du côté opposé, forme un canal dans lequel se trouve reçu le conduit excréteur de la bourse. En dehors, chaque moitié de l'aiguillon est garnie d'une série de crochets recourbés, auxquels il doit de rester engagé dans la plaie qu'il produit. Enfin les deux moitiés sont engagées dans un fourreau particulier, et toutes ces parties sont munies d'un appareil musculaire spécial.

Un petit insecte présente dans sa phase de larve une industrie assez remarquable pour prendre les fourmis et les autres insectes dont il suce les humeurs. Le fourmi-lion, c'est ainsi qu'on l'appelle en considération des victimes qu'il dévore, se meut assez difficilement à l'état de larve ; voici comment il y supplée par un piége réellement assez adroit. Il creuse dans le sable fin une petite fosse en forme d'entonnoir ; il se cache au fond de ce précipice artificiel ; il attend patiemment qu'un malheureux insecte tombe dans le gouffre, et s'il veut s'échapper ou qu'il s'arrête dans sa chute, le criminel fourmi-lion ne recule pas devant la perpétration de la scélératesse qu'il a préméditée : il fait rouler le pauvre prisonnier jusqu'au fond du trou, en lui jetant, à l'aide de la tête et des mandibules, une multitude de grains de sable.

Le fourmi-lion procède, pour la disposition de son piége, de la manière suivante. Après avoir examiné le sol où il va s'établir, il commence par tracer un cercle qui doit correspondre à l'embouchure de son entonnoir; puis se plaçant en dedans de cette ligne, et se servant d'une de ses pattes comme d'une bêche, il se met à creuser, entasse ainsi une certaine quantité de sable sur sa tête, et à l'aide d'une secousse, rejette sa charge à quelques pouces en dehors de son cercle; il continue ainsi en tournant autour du trou qu'il a circonscrit, en marchant à reculons, et en se servant de la même patte pour remuer le sable; mais lorsqu'il est revenu à son point de départ, il change de côté et ainsi de suite jusqu'à ce que son travail soit achevé. Si dans le cours de son opération il rencontre quelque pierre dont la présence nuirait à la perfection de son piége, il la néglige d'abord, mais il y revient après avoir terminé son excavation, et fait tous ses efforts, pour la charger sur son dos et la rejeter au dehors; s'il y parvient, il la pousse encore assez loin pour l'empêcher de retomber, et s'il ne peut s'en débarrasser, il abandonne son œuvre et recommence ailleurs sur nouveaux frais. Lorsque la fosse est achevée, elle a ordinairement huit centimètres de diamètre sur cinq de profondeur, et lorsque la pente de ses parois a été altérée par quelque éboulement, comme cela arrive presque toujours lorsqu'un insecte s'y laisse choir, le fourmi-lion se hâte de réparer les dégâts.

Les poissons, qui sont plus élevés dans la série, ont des moyens d'attaque plus nombreux et plus puissants : outre leur rapidité dans le milieu aquatique qu'ils habitent, ils ont leurs mâchoires puissantes, armées de dents terribles. Quelques-uns, comme l'espadon, sont armés d'une longue saillie de la mâchoire supérieure, qui leur sert d'épée pour transpercer leurs ennemis.

Un poisson qui habite le Gange et qu'on nomme l'*archer* se nourrit d'insectes ; mais ne pouvant les poursuivre dans le monde aérien où ils se trouvent, il lance des gouttes d'eau sur ceux qu'il voit reposés sur les herbes aquatiques, afin de les faire tomber et de s'en repaître; il paraît assez habile pour manquer rarement son but, à une distance de plusieurs pieds.

De tous les moyens d'attaque et de défense qui sont spécialisés dans les poissons, les plus remarquables sont sans contredit les appareils électriques que l'on rencontre chez quelques-uns. Ces appareils sont situés vers les nageoires pectorales, dans la torpille, qui se rapproche des raies. Chez le gymnote et le silure, qui sont anguilliformes, ils sont davantage vers la queue, point du plus grand mouvement de l'animal. Voici comme on les a trouvés construits :

Dans la torpille, les organes électriques sont placés des deux côtés du corps, en avant et au-dessus des nageoires pectorales, au côté externe des branchies et tout près d'elles. Chacun d'eux est non-seulement couvert par les téguments communs, mais encore entouré d'une enveloppe particulière. A l'intérieur, il se compose de cellules carrées, pentagonales ou hexagonales, dont le nombre augmente avec les années, puisqu'on en a compté 170 sur une jeune torpille, et 1,182 sur une plus vieille. Les nerfs sont extrêmement gros en proportion de la masse de l'organe ; ils appartiennent tant au trijumeau qu'à la paire vague, qui offrent chez ces poissons un volume bien plus considérable qu'à l'ordinaire, et auquel correspond d'une manière intime le développement de plusieurs renflements dans la troisième masse du cerveau.

Dans le gymnote, connu aussi sous le nom d'anguille de Surinam, la colonne vertébrale caudale a une longueur considérable en proportion de la cavité abdominale; un ligament tendineux descend perpendiculairement des vertèbres qui la constituent à la nageoire de la queue, et des deux côtés du ligament se trouve l'organe électrique. Il est divisé en deux masses, l'une supérieure plus grosse, l'autre inférieure plus petite. L'intérieur de cet organe est formé de parois tendineuses renfermant une substance gélatineuse, et dont les couches affectent principalement une direction excentrique à celle de la colonne vertébrale. Les nerfs, plus petits que ceux de la torpille, paraissent venir de la moelle épinière, mais un gros rameau composé de la troisième branche du nerf trijumeau et du nerf branchial, représentant du pneumogastrique, descend le long de la ligne latérale et passe au-dessus de ces organes.

Dans le silure, l'organe électrique ne consiste qu'en une large couche de petites cellules rhomboïdales qui s'étend le long des deux côtés du corps, entre la peau et la chair musculaire. Sa face interne est couverte d'une membrane tendineuse ayant l'éclat de l'argent. Les nerfs essentiels proviennent de ramifications du branchial, et les nerfs spinaux donnent seulement des branches à la substance floconneuse située sous les cellules électriques, tandis que, plus près des muscles, marche encore, comme dans le gymnote, un nerf latéral venant du trijumeau.

A mesure qu'on progresse, l'attaque et la défense sont commises de plus en plus à l'ensemble de la synthèse, et quand il y a des organes spécialisés à cet égard, c'est surtout aux extrémités les plus éloignées de la membrane externe, de laquelle d'ailleurs sortent toutes les dispositions les plus convenables pour la relation.

Les reptiles, en leur qualité d'*axo-endo-zoaires*, c'est-à-dire à prédominance interne, sont en général fort craintifs, et demandent protection au milieu qui les entoure ou à leur plus ou moins dure carapace. Quelques-uns pourtant, comme le crocodile, ont d'effroyables mâchoires ; mais comme si la perfection ne devait appartenir en rien complétement à cette phase, ces animaux ont les apophyses cervicales soudées, ce qui les force à se retourner tout d'une pièce ; pour les fuir, il suffit donc de se détourner soi-même brusquement.

Le caméléon mérite une mention à part, à cause de la disposition de sa langue, qui offre quelque chose d'analogue chez le pivert dans les oiseaux, et chez le fourmilier dans les mammifères ; le type en sera donc rapporté ici, c'est un moyen d'attaque très-simple qui se trouve dans la disposition de cet organe. L'os hyoïde du caméléon, sur lequel on peut apercevoir quatre cornes longues de près d'un pouce, n'a point de connexions immédiates avec la trachée-artère, et un riche appareil musculeux l'unit tant aux côtes et au sternum qu'à la mâchoire inférieure. La langue, qui, née de cet os, consiste en une masse conique, excavée par-devant, dépourvue de glandes mucipares, ressemble à une ventouse propre à prendre les insectes, et que supporte un long pédicule renfermant un tube au milieu duquel le corps de l'hyoïde se trouve logé dans l'état de repos. Elle est entourée d'un tissu vasculaire qui rappelle le corps caverneux de la verge; l'afflux du sang dans les vaisseaux de ce tissu le fait entrer en érection, de sorte que le pédicule, qui n'avait que neuf lignes de long, acquiert tout à coup une longueur de cinq à six pouces. D'après ce mécanisme, il n'est pas possible à l'animal de répéter, à des distances très-rapprochées, la projection de sa langue sur les insectes qui lui servent de nourriture, il faut que les vaisseaux se dégorgent, après quoi le muscle hypo-glosse achève la rétraction.

Les serpents ont plusieurs avantages dans l'attaque et dans la défense; leur forme allongée leur permet de se glisser aisément par les pertuis étroits; leur mobilité leur permet de grimper aux arbres et d'étouffer l'ennemis qu'ils enlacent de leurs replis. Ce n'est pas tout, et quelques-uns d'entre eux ont à leur bouche, si dilatable, des crochets à venin des plus dangereux pour les animaux qui en sont atteints.

Ces crochets, distincts des dents ordinaires, se reproduisent aisément lorsqu'ils viennent à être brisés. Quant à leur structure, ils sont pourvus d'un canal, produit par le plissement de la dent sur elle-même de dehors en dedans. Ils sont situés à la mâchoire supérieure. Ce canal s'ouvre par une fente; il reçoit, pour l'insinuer dans la plaie, le venin préparé par une glande particulière, et qu'exprime l'action d'un muscle sur cette dernière. Lorsqu'un crochet tombe, l'un des germes dentaires, que renferme une bourse membraneuse logée derrière lui dans la gencive, se redresse et vient s'appliquer à l'os.

Les oiseaux, en leur qualité d'*axo-ecto-zoaires,* font par rapport aux reptiles ce que les insectes ont fait par rapport aux mollusques; leur protection n'est plus passive, elle tient à leur locomotion puissante, à leurs ailes qui, leur permettant de planer dans l'air, les mettent dans la possibilité de tomber comme la foudre sur leur ennemi terrestre. Quant à leurs luttes entre eux, c'est toujours le plus fort, le meilleur voilier, quelquefois le plus hardi, qui a raison. La collectivité dans l'attaque n'est pas rare. Ainsi on voit de petits oiseaux se réunir en grand nombre pour attaquer un hibou qui s'est oublié au grand jour; la lumière l'effraye, et ses victimes ordinaires, abusant de sa position fâcheuse, l'assaillent de toute part, et lui font un mauvais parti, ou tout au moins l'humilient de leurs clameurs et de leurs poursuites. Les oiseaux ont, de plus, des serres redoutables, unies le plus souvent à un bec non moins terrible; ce sont autant d'armes; les coqs, eux, y joignent leurs ergots.

Un nouvel élément apparaît ici comme moyen de défense, et c'est surtout par les collectivités qu'il est mis en œuvre pour faire communiquer à distance les diverses synthèses qui sont réunies en société; c'est la phonation ou la voix, dont nous avons suivi la progression organique. Ce n'est pas là qu'elle s'arrête comme fonction; mais comme elle débute, il est bon de la signaler. Ainsi les perdrix chantent, le soir, pour se réunir, si par hasard la compagnie a été dispersée; les poules jacassent pour rassembler leurs petits à l'approche d'un orage ou d'un danger.

Nous venons de parler de petits, cela nous mène tout droit à parler de la défense et de l'attaque dans ce côté intéressant; il y a là des faits de sympathie et d'antagonisme successifs fort remarquables, et qui feront mieux juger la question que toutes les sentimentalités du monde. Les parents défendent leur progéniture, tant que, eux parents, en éprouvent le besoin, et ils chassent leurs enfants dès que ce besoin n'est plus ressenti par eux. C'est de l'égoïsme, rien de plus, je ne vois pas ce que, utilement, ce pourrait être autre chose. La poésie y perdra peut-être un peu, mais la science y gagnera quelque chose ; la poésie et la peinture peuvent nous charmer et nous séduire encore, mais elles ne pourront plus nous abuser.

La protection des petits, chez les oiseaux, s'exerce d'abord sur les germes qu'ils collectivisent, et se révèle par la fabrication de ce frêle édifice, quelquefois si remarquable, qu'on appelle un nid. On en rencontre déjà des exemples fort remarquables chez les insectes que nous n'avons pu mentionner, pour éviter la monotonie; nous ne tenons qu'au principe, les conséquences surgiront par milliers ; l'esprit les recherchera avec avidité, ce sera la stimulation au travail.

Les oiseaux, quand ils se trouvent incités par le besoin de la reproduction, se mettent à l'ouvrage avec la plus grande persévérance ; ils apportent brin à brin les matériaux destinés à la confection de leur nid, qui est toujours approprié aux circonstances dans lesquelles la collectivisation doit s'accomplir. Tantôt ces berceaux sont construits sur le sol, d'une manière grossière ; tantôt ils sont accolés contre le flanc d'un rocher ou contre un mur ; mais, en général, ils sont placés entre les branches des arbres ; la plupart ont une forme hémisphérique et ressemblent à un petit panier arrondi et évasé dont les parois seraient formées de brins d'herbe et de tigelles flexibles, et l'intérieur garni de mousse et de duvet. Un petit oiseau de l'Inde, nommé le baya, construit un nid encore plus remarquable. Il lui donne la forme d'une bouteille, dont le goulot est suspendu à quelque tige tellement flexible, que les serpents, les singes ni les écureuils ne peuvent y parvenir ; pour le rendre encore plus inaccessible, l'entrée en est placée en dessous, l'oiseau y pénètre en volant. Cette habitation est façonnée avec de longues herbes ; on y trouve intérieurement plusieurs chambres, dont l'une sert à la femelle pour y couver, une autre est occupée par le mâle qui, pendant ce temps, chante, comme s'il voulait égayer sa compagne.

La protection des petits donne lieu à un fait de collectivité que je ne puis m'empêcher de rapporter, c'est celui d'un oiseau assez analogue au moineau, et que l'on nomme le *républicain*; il vit en grande troupe, avec ses semblables, au cap de Bonne-Espérance, et les nids sont construits sous une sorte de toiture commune à toute la société.

L'éducation du petit dure plus ou moins longtemps, mais un beau matin la collectivité, qui n'était que transitoire, comme nous l'avons démontré, cesse brusquement, et les synthèses, qui jusque-là étaient réunies dans une direction commune, reprennent leur individualité : les petits sont chassés comme ennemis, et vont se constituer à leur tour suivant leurs goûts et leurs appétits. Vous voyez la lumière que projette sur ces faits notre importante sériation des collectivités.

L'autruche calme sa frayeur par le moyen de défense le plus étrange qu'on puisse supposer, c'est en détournant sa vue du danger. Elle se met la tête dans le sable et s'imagine qu'elle n'a plus rien à craindre lorsqu'elle ne voit plus rien à redouter. Cela est très-fort de logique nerveuse de deuxième degré; l'impression étant enlevée, la sensation disparaît, et l'oiseau n'est pas assez inductif, ou de troisième degré, pour supposer autre chose; ce serait absurde chez un homme, cela est très-régulier chez cet oiseau, et le fait est même excellent à considérer, pour se rendre bien compte du fonctionnement nerveux.

La phase *galacto-zoaire*, ou des mammifères, a des moyens offensifs et défensifs de toutes sortes, dont quelques-uns organiquement spécialisés; mais chez eux c'est le cerveau qui est au premier rang, dans cette direction, pour leur fournir les moyens les plus sûrs. Leurs ruses, si remarquables, n'ont pas d'autre origine; la force de l'homme est tout entière dans son induction individuelle et dans sa progression collective que lui fournit une tradition chaque jour agrandie et perfectionnée.

La baleine se protége par sa masse et par la vitesse de sa natation, deux expédients qui sont en même temps ses moyens d'attaque quand elle veut réagir. Pour prendre sa nourriture, elle est toute passive, elle ouvre son immense gueule où viennent s'engouffrer des nuées de petits poissons qui sont retenus par les fanons dont sa bouche est garnie; l'eau est rejetée par les évents, et toutes les victimes sont entraînées par le mécanisme ordinaire de la déglutition.

L'ornithorhynque mâle a une glande à venin, située très-haut derrière les trochanters du fémur, laquelle, par un canal excréteur très-long, transmet sa sécrétion à un éperon perforé qui se voit sur le bord interne de la patte de derrière.

La masse, l'impulsion, les sabots vigoureusement appliqués par la tension des muscles, les dents, les groins, les trompes sont autant de moyens d'attaque. Les tests, les carapaces, les piquants, la fuite rapide sont autant de moyens de défense. Des organes importants dans cette direction, ce sont les cornes que présentent la plupart des ruminants. Comme transition, nous devons mentionner la corne nasale du rhinocéros, dont le nom vient de là, rhinocéros signifiant en grec *nez à corne*. Cette corne, située sur le nez, est due à la coalescence d'une multitude de poils raides que l'on reconnaît, parce que quelques-uns plus courts se voient encore libres à la racine de l'excroissance ; une coupe transversale en révèle d'ailleurs immédiatement la composition.

Après cela, on doit signaler les petites cornes de la girafe; une peau velue les recouvre en tout temps, et leur composition est un mélange de substance pileuse et d'os. On arrive ainsi droit aux cerfs, qui ont ce qu'on appelle des bois, lesquels ne sont plus revêtus par la peau, sont très-grands, tombent chaque année en repoussant plus gros que l'année précédente, et sont composés d'un amalgame de substance pileuse et osseuse. Les cornes les plus avancées comme formation sont celles des brebis, des chèvres, des bœufs, etc. Elles sont formées par des broches osseuses qui croissent sur le frontal après la naissance et soulèvent la peau ; celle-ci devient calleuse et finit par constituer une gaîne cornée, dans le tissu de laquelle on distingue fort bien les poils dont la soudure lui a donné naissance.

L'arrangement des ongles est aussi très-important pour comprendre l'attaque et la défense. Beaucoup de mammifères s'en servent pour fouir la terre et s'y loger, soit dans un simple terrier, comme le lapin, soit dans des galeries immenses, comme la taupe, dont toute l'organisation correspond exactement au milieu souterrain qu'elle habite, et où elle se livre à toute la férocité qui la caractérise. Les ongles les plus remarquables ce sont ceux des chats, des lions, etc., que l'on nomme rétractiles; voici quelle est leur disposition : ils sont formés d'une sécrétion épidermique condensée, constituant ce qu'on nomme une griffe, espèce d'arc de cercle pointu à un bout et mobile sur la phalange de l'autre; les muscles fléchisseurs des doigts s'y implantent par un tendon, et les font, en se contractant, pénétrer dans les chairs de l'ennemi ou de la victime ; puis un ligament jaune, élastique, situé sur le côté externe à la base de l'ongle et s'insérant d'autre part sur la phalange, se redresse après avoir été tendu par la flexion musculaire; alors l'ongle se relève et se loge entre les doigts. Les ongles ainsi ne s'usent pas dans la marche, surtout ceux de devant, et quand le chat n'est pas en colère, et qu'il est en repos, il fait ainsi ce qu'on nomme communément patte de velours. Ces animaux joignent à cela une peau rude et épineuse ; le lion est, en outre, muni d'une queue qui sangle comme un fouet meurtrier; de plus, ils guettent leurs victimes avec une patience extrême, et sautent dessus avec un bond impétueux. Ils sont donc armés jusqu'aux dents ; ce sont les vrais brigands de la zoologie, aussi sont-ils les plus remarquables animaux au point de vue de leur individualité. Ils ne se collectivisent jamais, leurs amours sont des luttes formidables, et leur voix, qui n'est qu'un rugissement terrible ou un miaulement acerbe, indique peu la concorde et la sociabilité.

D'autres mammifères vivent, au contraire, en troupes et forment des collectivités plus ou moins permanentes dans le but de l'attaque ou de la défense ; tel est le cas de l'éléphant et des chevaux, dont le mode de société est fort intéressant à étudier. La voix, ici, joue son rôle habituel ; par les hennissements, par les cris, les animaux se reconnaissent et accourent où ils se sentent appelés ; leur bon roi, l'homme ne manquera pas d'abuser de leur naïveté, il les prendra par leurs habitudes ; voilà à quoi sert l'induction.

Les chiens sauvages se réunissent en troupes immenses pour battre le pays et chasser le gibier ; ils donnent de la voix pour effrayer les bêtes qu'ils veulent dévorer ; vous voyez le même instrument mis en œuvre d'une façon différente par la direction cérébrale ; un diplomate habile n'a-t-il pas dit que la langue avait été donnée à l'homme pour dissimuler sa pensée ; on dirait plus justement que l'homme a la voix, dont il se sert à sa guise, et qu'il ne faut pas toujours s'y fier.

Les singes forment presque toujours des collectivités parmi lesquelles, déjà, celle de la famille se dessine d'une façon plus permanente. Ils vont ensemble au maraudage, ils volent adroitement, mais n'ignorent pas le danger de s'approprier le bien d'autrui, surtout quand cet autrui est le roi peu débonnaire de la nature ; ils font faire sentinelle par quelques-uns, et au moindre péril, un hurlement est poussé : toute la troupe avertie décampe au plus vite, heureux quand quelques membres de la société n'ont pas payé de leur vie la témérité d'avoir été cueillir la *pomme* du redoutable potentat.

L'homme, enfin, prime sur tout le reste; il est l'élément d'une collectivité progressive, il est muni du grand sens inductif, ses moyens d'attaque et de défense sont presque tous en dehors de sa propre personnalité. Il n'a pas dû être très-hardi dans les premiers temps, mais il a bien changé depuis. Que de ruses il a employées pour s'approprier les autres bêtes! nous les indiquerons sommairement, en traçant les premières lignes de la série anthropologique que plus tard nous traiterons en grand. Quant à l'attaque, depuis l'épieu jusqu'à la flèche, depuis le javelot jusqu'à la fronde, de la lance à l'épée, tout a progressé dans cette direction. Mais l'homme s'est attaqué lui-même, parce que sa collectivité générale s'est fragmentée en collectivités partielles, caractère d'infériorité pour les collectivités comme pour les synthèses; eh bien, dans ses luttes avec lui-même, il a été bien plus loin encore. Si, pour chasser le gibier, il avait parasité le chien, pour se combattre lui-même, il a parasité le cheval, qui, d'ailleurs, servait à bien d'autres usages. Il s'est bardé de fer, il s'est cuirassé ; il a eu un casque et un bouclier. Puis, il a construit des palissades, des retranchements, des bastions; un grand génie s'est immortalisé à cette besogne, tout le monde connaît Vauban. Puis est venue l'arquebuse, le pierrier, le canon, la poudre, les boulets, les obus, les fusils, les carabines simples, les carabines à tige, le vaisseau de cent vingt canons; puis l'organisation des forces collectives en bataillon, phalange, légion, régiment, division, corps d'armée, et tout cela pour que l'homme luttât contre lui-même, pour faire successivement grandir sa collectivité générale par le brassement, le fusionnement de ces collectivités partielles. Ces grandes luttes s'appellent la guerre, dont il y a de toute sorte. Eh bien, croyez donc à l'immobilisme après cela, ne voyez donc partout qu'un homme, et ne voyez nulle part l'humanité ; ignorez donc la série anthropologique, ses conditions, ses résultats, et dites-moi quelle idée vous aurez de la série naturelle et de vous-mêmes? Comprenez-vous maintenant que le doctrinarisme soit impuissant devant le large horizon que nos temps déroulent! Je ne soulève qu'un coin du tableau, et des siècles entiers défilent déjà sous nos yeux. Arrêtons-nous, il n'est pas temps encore, la morphologie nous appelle, elle est plus riante que les massacres du champ de bataille ; mais, comme les extrêmes se touchent, peut-être les oripeaux sentiront-ils le cadavre ! Eh bien, nous tâcherons d'embaumer tout cela ; et l'on pourra admirer sans avoir trop mal au cœur.

CHAPITRE XLVII.

Sériation morphologique.

Il faudrait toute la délicatesse féminine de l'astucieuse sultane des *Mille et une Nuits* pour dérouler la magique féerie que réveille à l'esprit ces simples mots sériation morphologique ; que la réalité nous inspire, et nous pourrons clore notre série zoologique par le plus beau, nous terminerons par le bouquet.

La forme est plus complexe qu'on ne l'imagine ordinairement. Sa base fondamentale est la délimitation et la couleur. Elle appartient à l'élément, à l'organe, à la synthèse ; aussi nos sens peuvent-ils apprécier ces diverses parties de la série, elle n'appartient jamais aux collectivités qui, pour être perçues, demandent un puissant organe inductif, dont l'homme est encore peu doué, puisqu'elles lui échappent en grande partie et que la série seule a pu nous les révéler ; jusqu'ici elles ont été méconnues ou symbolisées, ce qui est la même chose dans les parties qui sont susceptibles de forme ou de *morphisme,* pour parler grec; c'est à cette forme qu'on s'est attaché tout d'abord, parce que notre œil la perçoit forcément sans avoir à s'occuper de ce qu'elle recouvre ; la forme est, par rapport aux choses, ce que le nom est relativement aux réalités ; sa valeur est la même, et son danger n'est pas moins grand. L'analyse a dû briser ces formes pour reconnaître ce qu'elles expriment : vous voyez alors de quelle importance est la morphologie.

La forme existe dans toute la série pour tout ce qui n'est pas collectivité extra-synthétique ; car les collectivités synthétisées qui en sont la transition en présentent une véritable, témoin l'arbre et le zoophyte. Elle est donc commune aux minéraux, aux plantes et aux animaux ; les conditions en sont les mêmes, les degrés seuls sont différents, car ici comme partout, il y a progression et subordination complète aux milieux.

La forme en minéralogie appartient à l'élément ;

les synthèses là ne sont que des agrégats d'éléments, la cristallographie le démontre. L'agrégat pourtant a des qualités de morphisme spéciales que ne donnerait pas l'élément seul; car il jouit plutôt de la délimitation fondamentale que des autres conditions morphiques; ainsi il y a des conditions de transparence et de couleur fort remarquables, suivant les dispositions naturelles ou artificielles des agrégats : il me suffira d'indiquer la taille du diamant.

Tout ce qui a une forme a nécessairement une couleur, puisque la couleur est le résultat du rapport entre la lumière, une synthèse délimitée et notre œil; mais les tons sont excessivement variables, cela prouve combien les conditions sont variées; l'étude de la polarité a jeté sur ces questions un très-grand jour, je ne puis malheureusement pas m'y arrêter.

Les plantes portent le phénomène à un bien plus haut degré. A l'origine, la plante est minime, à forme très-simple, à couleur assez uniforme; si le blanc mat dominait chez les minéraux, le vert plus ou moins sombre domine ici; mais quel riche écrin ne vont pas dérouler les productions phytologiques dans leur longue série! Il ne suffit pas maintenant de considérer une délimitation et une coloration; que de dispositions remarquables dans l'aspect général, dans le port! un chêne, un cyprès, un saule pleureur sont verts, ils n'ont pas de couleur voyante; mais comme notre induction saisit les rapports qu'ils présentent. Et les fleurs elles-mêmes! il ne nous suffit pas d'admirer leurs tons chatoyants, mais leur arrangement sur le pédicule, mais leur harmonie avec les feuilles si délicieusement disposées; et les fruits! que de formes, que de dispositions, que de périodes: et tout cela presque à l'infini, sous l'oscillation imperceptible de milieux sans cesse progressifs collatéralement à la progression des plantes de toute sorte qui y ont déjà surgi. C'est superbe, c'est magnifique, et l'on ne saurait qu'admirer le plus, si l'on n'était entraîné à tout admirer!

Calmons notre enthousiasme pourtant, car tout cela a ses règles et c'est elles surtout qu'il nous faut examiner; sinon la forme serait la sirène enchanteresse qui nous entraînerait dans le gouffre de l'ignorance pendant le voyage périlleux que nous tentons vers le pays des réalités. Ouvrons les yeux, mais faisons-nous, comme Ulysse, attacher au grand mât, pour ne pas céder à l'ivresse et à l'attraction de tant de beautés.

La forme, par le fait, est une grande condition de rapport; elle est donc toujours départie à la membrane externe, et sa plus grande manifestation se fait toujours du pôle inférieur au pôle supérieur, au côté tergal plus qu'au côté abdominal; cela n'est pas douteux, il suffit de se promener dans son jardin et dans sa basse-cour pour s'en convaincre.

La forme est une condition de rapport, elle caractérisera donc la supériorité; les productions dites faussement amorphes sont toutes de premier degré. Nous la verrons incomber au mâle d'abord, et elle ne sera départie à la femelle que lorsque les conditions de supériorité ne seront plus si minimes et que la relation deviendra intra-crânienne au lieu d'être super-cutanée. C'est la même loi partout et toujours. Les caractères de supériorité sont transitoires et progressifs; quand la collectivité domine, la synthèse n'est plus qu'un élément; la morphologie personnelle est alors une infériorité; et si elle existe, elle est comme le mot, elle n'indique qu'une valeur supposée. Dans l'humanité, dont le morphisme supérieur incombe à la femme, la valeur relative, collective, cérébrale, appartient à l'homme ; chacun sait ce que vaut un homme que la langue qualifie d'efféminé ; je ne fais qu'indiquer cela comme préambule.

Abordons la sériation morphologique dans la zoologie, et avec ces prolégomènes nous pourrons poser des principes assez larges pour que toutes les conséquences y rentrent, quand chaque lecteur voudra réfléchir à ce qu'il a vu ou à ce qu'il pourra regarder.

L'élément zoologique, composé de ses deux membranes si simples, à l'origine, n'a d'abord que la délimitation, premier résultat de l'action constante du milieu avec lequel toute production est toujours en conflit. — La couleur est alors indécise et terne, il n'y a pas de condition de port plus ou moins majestueux, c'est l'élément en tout, en morphologie comme pour le reste. A mesure que le développement s'opère, les organes se façonnent, ils prennent une individualisation qui constitue leur morphisme. La confusion est encore grande, mais les séparations sont appréciables, les couleurs se diversifient même dans les productions de la membrane interne. — L'intestin et le foie tranchent parfaitement ; le sang est longtemps incolore, les vaisseaux peu marqués, mais tout cela progressera par la suite ; le cœur et les muscles rougissent, les veines et les artères charrient un sang rouge ou noir ; les ganglions, d'abord gris, deviendront plus tard de belles fibres nerveuses blanches, toute la masse suivra ; je n'ai pas à insister là-dessus.

C'est la membrane externe qui importe ici, c'est elle qui fera tous les frais de la mise en scène non-seulement à la superficie, mais dans la profondeur ; à elle de consolider la forme, à elle de se teindre des plus belles couleurs, de se panacher des plus riches atours.

Moins cette membrane morphologique par excellence, parce qu'elle est affectée surtout à la relation, moins cette membrane sera prédominante, moins la forme de l'animal nous séduira, plus elle sera choquante ; c'est ce qui arrive à toutes les phases *endozoaires*.

Considérez les productions initiales, une méduse, un oursin, ce sont des masses informes, mal dégrossies, rarement bien délimitées, géométriquement disposées, comme l'étoile de mer. Le polypier satisfait davantage, parce qu'il est l'œuvre d'un collectivité et que d'ailleurs il est de production externe ; aussi revêt-il des formes arborescentes qui séduisent ; la couleur même en peut être belle, il n'y a qu'à citer le corail. Chez ces premiers animaux se manifeste un fait de morphisme remarquable, c'est celui de la phosphorescence ; il fait resplendir la mer au milieu des ténèbres et prouve ainsi l'échange continuel qui se fait entre le dedans et le dehors. — Le fameux magnétisme animal, l'étincellement des yeux chez le chat et leur expression dans la joie, la colère ou une impression vive quelconque, puisent probablement là leur explication élémentaire : que chacun en croie ce qu'il voudra.

La phosphorescence tient, dans ces petits animaux, à toute leur surface, et comme ils sont distribués par nuées dans les eaux de la mer, ils figurent une masse de lumière qui ondule avec le balancement des flots, surtout sous les tropiques, où les conditions sont plus favorables, tant pour la phosphorescence variable que pour l'éclat plus permanent des pelures qui ne sont, peut-être, qu'une phosphorescence fixée à la surface d'organes mieux façonnés, et qui est alors continuellement perçue, quand le soleil est à l'horizon. Qu'on ne m'accuse pas de hardiesse, je ne tiens nullement à mon explication.

Chez les *endo-zoaires* ou mollusques à coquille, les formes de l'animal lui-même sont assez incomplètes; c'est sur la coquille que presque tout le travail morphologique repose. Elle est plus ou moins valvée, plus ou moins spirale, ses couleurs sont quelquefois superbes, surtout quand les couches sont denses et polies; certaines concrétions qu'on y rencontre parfois sont si belles, que l'homme lui-même s'en pare, la femme surtout; chacun nomme avec moi les perles qu'on va chercher au fond de la mer d'où l'on retire les huîtres qui ont la propriété de les fournir; on les a depuis artificiellement imitées.

Quelle différence nous présentent nos *ecto-zoaires*, ces articulés qui, partis du lombric, lequel se cache humblement sous terre, de la sangsue déjà si bien tachetée, quoiqu'elle rampe dans la fange, s'élèvent peu à peu en passant par l'écrevisse verdâtre qui rougit au feu, par l'araignée encore un peu repoussante, jusqu'à ces scintillants insectes, qui reniant leur larve et leur chrysalide, viennent briller au soleil, ne fût-ce que pour une heure. En absorbant leur membrane interne, en se mangeant eux-mêmes, ils se *ruinent* pour paraître avec éclat; faire l'amour, voltiger de fleur en fleur, boire le nectar, se parfumer d'ambroisie : telle est l'existence éphémère, mais splendide de ces petits Sardanapales qui se brûleront dans tout le luxe qui leur va si bien.

C'est la membrane externe, dont ils proclament l'apothéose, qui les habille si bien, ces chers favoris; mais regardez de près et vous verrez les lois toujours les mêmes, la progression partout et le pôle supérieur de plus en plus prédominant. Ils ont d'abord leur test diapré des teintes les plus riches, ils ont de plus leurs ailes si diaphanes quand elles n'ont pas de lourdes élytres, si pailletées de rubis chez ces étincelants lépidoptères, ces papillons qui brillent dans une collection d'amateur comme un tableau sorti de la navette si hardie des Gobelins. Ce n'est pas tout : voyez la tête, elle a ses yeux à facettes qui ressemblent quelquefois à des diamants noirs, verts, rouges, opalins; puis les palpes, les mandibules, la trompe roulée en cylindre gracieux. Et les antennes, elles pointent hardiment vers le zénith, comme ces flèches gothiques qui semblent défier les nues et qui ne sont pourtant qu'un grain de sable sur la terre, dont elles effleurent la surface par leurs fondements.

Que peut l'analyse sèche pour transmettre tant d'impressions multiples? Le pinceau n'y suffirait pas, la palette la plus variée ne donnerait que les lignes d'un cadavre. Il faut, par l'induction, voir voltiger tout cela. Ce sont les poses, les bonds gracieux, le battement des ailes, l'oscillation des antennes, les frottements de la trompe qui plonge dans le calice d'une fleur vermeille au pollen jaunissant; c'est tout cela qu'il faut regarder. Vous avez vu comme moi la libellule; cette charmante demoiselle balance son souple corsage sur le jonc de la rivière! Rappelez-vous ce qui vous a frappé dans vos promenades champêtres; si vous avez négligé tout cela, revenez-y bien vite et vous passerez en revue le plus étonnant musée. N'oubliez pas les rapports, ajoutez-y le jeu des organes; souvenez-vous que tout cela a progressé et progressera encore; sachez que rien n'est immobile et qu'une gelée détrônera tous ces petits acteurs, qu'un rayon de soleil ranimera dans quelques mois, et vous pourrez vous bercer d'idylles. Gardez-vous d'oublier la loupe et le scalpel, mais n'ayez pas trop de flacons à l'alcool, pas trop de bouchons et d'épingles, car vous serez collectionneur et bientôt vous ne verrez plus rien; vous attendrez que des antipodes vous soit expédiée une espèce bien rare et la prairie ne vous dira plus rien; la science sera pour vous lettre close et le symbolisme vous aura bientôt engourdi.

Cette riante phase *ecto-zoaire* est épuisée, une autre commence; nous retombons dans l'élément; l'*endo-zoaire* nous menace de nouveau, mais le progrès est là, inévitable, l'ecto nous reviendra plus tard.

Les poissons sont placés à l'origine de la phase axo-zoaire, aussi les premiers sont laids et difformes. Quelle horreur morphologique qu'une lamproie! Qui pourrait se passionner pour une raie? Ce premier degré est hideux; la sole, avec ses deux yeux du même côté, n'est certes pas très-séduisante; pourtant tout se relève vite. Voyez cette taille élancée du saumon, admirez les écailles miroitantes de la carpe; les beaux petits points rouges de la truite. Les poissons sont en général très-sveltes dans le milieu qu'ils occupent; on pourrait presque les appeler les oiseaux du milieu aquatique, si l'on désirait se payer des frais d'imagination. Pourtant, en songeant à tant de formes diverses, variant par leur longueur, leur largeur, leur épaisseur, leur volume ; quand on se figure ces nageoires dorsales hérissées, ces nageoires caudales qui se balancent si joliment à l'arrière de notre navire ichthyologique, et ces rames latérales si bien disposées, et cette tête si riche de conformation, cette tête qui a enfin une bouche, un museau, des yeux et des ouïes qui s'ouvrent et se ferment en laissant paraître la pourpre de leurs branchies ; on sent que cet élément est déjà un chef-d'œuvre et l'on redoute de tomber sur une moins satisfaisante transition.

Les reptiles, en effet, sont marqués de ce malheureux cachet d'*endo-zoaire ;* aussi personne ne s'y trompe, ils sont repoussants, occupent tous les milieux, protégés par de nombreux artifices extérieurs; ils ont peu d'admirateurs. — Le crapaud paraît hideux, la grenouille est svelte sans doute, mais elle ne fait qu'un bond gracieux pour se plonger dans l'eau et s'enfoncer dans la vase. Sa tête est prédominante, mais sans grâce ; elle coasse d'une façon désagréable : décidément ce n'est pas là qu'est le beau, mais c'est là qu'est la série ; c'est là qu'est le vrai, le superbe viendra plus tard. Ne faisons pas comme l'enfant qui mange sa confiture tout d'abord et ne veut plus ensuite manger son pain : le calcul est mauvais, le fond est toujours préférable à la forme ; mais nous redisons avec Horace :

Omne tulit punctum qui miscuit utile dulci.
Mêlez l'agréable à l'utile,
Et dès lors vous serez complet.

Eh bien, même chez les reptiles on trouve encore de quoi admirer. Si la tortue est lourde et lente, son dôme n'est pas sans grandeur, son plastron est une marqueterie élégante et son écaille incrustera nos meubles; nos femmes en soutiendront les tresses de leurs cheveux. Il y a de la forteresse dans cet animal, mais il s'y manifeste une puissance d'inertie qui ne déplaît pas. La bête a d'ailleurs un air débonnaire, et c'est peut-être de tous ces reptiles celui qu'on aime le plus, parce que c'est lui qu'on redoute le moins. Plus tard peut-être on aura des tortues de poche; nous verrons bien quand la mode en sera venue.

Sortons de l'eau et des marais, milieux inférieurs. Dans les bois, nous rencontrerons le serpent aux écailles argentées, faisant onduler son corps souple et flexible, dardant sa langue, qui siffle pour menacer plus que pour nuire; mais défions-nous de la vipère aux crochets vénimeux; n'admirons pas, sur les sables brûlants qui l'échauffent, le gigantesque boa, qui roule comme une avalanche, et fuyons à toutes jambes ce monstrueux crotale, serpent dont la sonnette ne nous avertit que pour nous faire trembler plus fort : un coup de dent, et le curieux est mort; il vaut peut-être mieux l'admirer en pensée qu'en action; pour moi, je m'en rapporte parfaitement aux auteurs, la série n'y a rien à perdre.

Le reptile, tout à l'heure si immonde, s'élève peu à peu; il devient élégant et joli; le lézard vert, le lézard gris réhabilitent la race, le proverbe qui est la sagesse des nations l'a proclamé l'ami de l'homme; il est vrai qu'il est proche parent du crocodile, qui nous couperait volontiers en deux; que cela soit noté dans le système des compensations.

Sortons de ce milieu ténébreux qui n'est agréable que par exception. Nous revoilà dans les fleurs et dans les insectes. Digne membrane externe, tu vas de perles précieuses diaprer la robe des oiseaux et nous séduire encore! que la fantaisie se restreigne, la science a ici à dire son mot.

On peut proclamer hardiment que, dans son ensemble, la phase *ornitho-zoaire* présente le plus joli spectacle de toute la série; mais aussi que de conditions pour le rendre saisissant! Les deux pôles, l'inférieur et le supérieur sont parfaitement ornés, les pattes ont d'innombrables dispositions, les ailes sont magnifiques; tout le corps, revêtu de plumes soyeuses et artistement coloriées, ne laisse rien à désirer. Et la physionomie! quelle expression variable elle emprunte au bec, aux yeux, à la longueur du cou! De plus, la voix s'ajoute ici, pour parfaire l'œuvre; et les sons les plus délicieux sortent quelquefois du gosier d'oiseaux richement ornés ou jouissant d'une charmante vivacité; il y a donc là progrès sur toute la ligne : c'est le mot que la science avait à dire; que la fantaisie maintenant parle à son tour.

Élevons-nous de la zone torride aux plaines de glace, partout nous trouverons des oiseaux : de la mer au marais, du marais à la plaine, du jonc à l'arbre, du sillon à la montagne, du brouillard de la prairie jusqu'aux diaphanes régions de l'atmosphère, tout nous montre la gent emplumée s'agitant de mille façons. Le petit oiseau-mouche ressemble à un rubis qui aurait des ailes; il est gros comme un insecte, vit dans le calice des fleurs et suspend son nid sur l'arbre le plus gracieux, sur la tige la plus balançante, et il semble n'avoir ajouté là qu'une belle fleur de plus.

L'oiseau de paradis ne pourrait être imaginé s'il n'existait pas : son plumage si riche, sa queue retombant en ondulations si gracieuses, nous montrent bien tout ce que peuvent un soleil chaud, des régions propices, des milieux convenables ; les plus beaux arbres sont aussi là. Et les perroquets, ces singes de notre langage qu'ils imitent avec leur langue molle et charnue, quelle belle collection ne présentent-ils pas, depuis cette verte perruche jusqu'au kakatoès, couleur de feu ! Qui n'a pas vu cet oiseau que les anciens avaient donné comme favori à la déesse Junon, ce paon, à la tête bleue surmontée d'une aigrette? Et sa longue queue parsemée d'étoiles et d'émeraudes, peut-on voir rien de plus séduisant? Il a conscience de sa beauté, je vous assure ; il coquette, il fait l'intéressant, il aime à être regardé, il fait la roue au grand soleil, et alors il brille à nos yeux comme un firmament. Quel défaut d'harmonie pourtant ! ses pattes rougeâtres et écailleuses lui donnent l'air d'un gueux qui aurait trouvé par hasard un beau manteau. Sa voix choque l'oreille, et le fabuliste nous apprend que, lorsque les bêtes parlaient, il s'en plaignit amèrement à sa protectrice Junon ; mais l'immobile Jupiter ne voulut rien entendre, il avait manqué un chef-d'œuvre, et il ne voulait pas reconnaître ses torts : on n'habite pas l'Olympe pour cela.

La caricature du paon, c'est le dindon ! quelle bouffissure sotte ! il grimace avec sa tête et son cou lie-de-vin, qui ressemble à la trogne d'un gros et consciencieux ivrogne. Il glousse quand on le regarde, et surtout quand on siffle, et il arrive jusqu'à la stupidité ; il n'a qu'un plumage noir avec son bouquet de crin suspendu au cou, comme un amulette ; il fait la roue aussi, mais il n'a ni rubis, ni étoiles, et il ne nous offre qu'un terne firmament.

Ce sont toujours les mâles qui jouissent de ces priviléges ; la forme ici est une supériorité, puisqu'elle touche à la relation, et le degré n'est pas assez élevé pour que les mâles puissent y suppléer ; les femelles n'en sont pas encore arrivées là ; attendez, la femme les vengera toutes, après avoir été longtemps subalterne à cet égard, comme nous l'allons montrer dans un instant.

Passons à la basse-cour, qu'y trouvons-nous ? Le coq, ce mâle impérieux de la timide poulette. Il chante fort et d'un air vainqueur ; il fait sonner ses ergots comme un Lovelace fait sonner ses éperons ; c'est le matamore, le fier-à-bras, le malin de ces lieux ; il a un beau plumage, une démarche hardie ; il est brave, défend son sérail avec ardeur ; il porte la crête haute, et le spirituel auteur du *Monde des oiseaux* le compare heureusement à un tambour-major ; je ne sais trop lequel des deux doit être flatté de la comparaison ; c'est à eux de s'arranger.

Regardez sur ce toit pointu ; c'est « la cigogne au long bec emmanché d'un long cou. » Elle dort sur une patte à côté de son nid qu'elle a perché là ; elle vous semble réaliser le comble de l'attitude absurde ; ne vous hâtez pas de juger, l'oiseau a plus d'une pose, et cette même cigogne tout à l'heure va prendre son vol ; ses jambes paraîtront un peu longues à l'arrière ; mais comme elle plane avec assurance avec sa longue envergure et sa précision de mouvement ! elle va dans le marais saisir quelque reptile qui n'aura guère le temps de rire à ses dépens, car il est emporté aussitôt à travers l'espace jusqu'au nid où la cigogne va reprendre toute la stupidité de son sang-froid.

A terre, le petit martinet est noir et se traîne avec peine; ses pieds sont trop courts, il peut difficilement marcher. Qu'il prenne son élan, il va fendre la nue, il attrapera l'insecte qu'il dévore en volant, il s'élèvera jusqu'au nuage noir qui recèle la foudre ; mettez-le donc en cage, et dites-moi quelle idée les badauds en prendront !

Sur l'eau, le manchot est ridicule ; sur terre, le canard est lourd et empâté ; mais comme le cygne est gracieux en fendant l'onde avec son corps blanc, ses ailes un peu relevées, son cou long et arqué, son bec jaune et bien proportionné ! Et la frégate, comme elle rase la surface de la mer ! je ne parle pas de celle de 60 canons.

L'aigle ! quel fier regard il jette sur l'horizon, du haut du sommet inaccessible où il se pose ! voilà encore un de ces brigands individuels et peu sociables ; mais il a bonne serre et bon bec ; il n'est point bariolé d'un vain plumage ; son œil est perçant, son aile infatigable ; avec cela il peut vivre seul comme le lion au désert.

Je m'arrête, car je perdrais bien vite le sérieux de mon sujet, et je donnerais raison aux artistes qui rêvent au lieu d'approfondir ! Je le puis faire sans danger à cette heure, car toutes mes sériations organiques sont faites, toutes nos sériations fonctionnelles sont à leur place. Nous savons que sous ces tuniques de soie ou de pourpre il y a des infériorités notoires. Il n'y a pas de diaphragme, les poumons sont percés et s'ouvrent dans les os, le cerveau est piètre et peu épanoui ; mais il y a supériorité aussi : le cœur est bien cloisonné, la membrane externe a perfectionné ses clivages, nous sommes dans la série toujours, et vous voyez que nous admirons sans danger la forme dans toutes ses relations et ses harmonies, et pas n'est besoin de loupe pour cela.

Les galacto-zoaires recommencent presque une série entière. L'élément est presque une masse informe, gigantesque, il est vrai, écrasante par son volume, fort agile dans son milieu aquatique : c'est la baleine. Il faudra aller loin pour trouver des chefs-d'œuvre et, dans la forme, les mammifères sont fort incomplets, quoique leur organisation soit marquée au cachet progressif de la supériorité. Vous voyez que la forme est bien trompeuse; ne se croirait-on pas aux reptiles, avec ces tatous et ces pangolins? Qui pourrait s'intéresser morphologiquement à un aï ou paresseux, lequel, au point de vue de la mécanique même, est si défectueux, avec ses fémurs à peine emboîtés dans leurs cavités cotyloïdes, avec ses ongles si contradictoirement disposés !

Tout n'est pas désespéré pourtant. Nous gémissons, comme artistes, de rencontrer des hippopotames, des rhinocéros, des éléphants ; ces derniers se relèvent par leur intelligence, ils constituent des collectivités. Voilà le grand de cette phase ! La relation n'est plus superficielle, déjà elle rentre dans le crâne; les yeux seront moins contents, mais le cerveau se réjouira de voir préparer sa grandeur. Le sanglier vit dans les broussailles, le pourceau dans la fange ; mais le cheval est bien cambré, bien planté sur ses quatre supports élégants, avec sa crinière au cou et à la queue. La sarigue, le kanguroo, n'étaient qu'à l'ébauche, aussi bien pour leur matrice que pour leurs membres; rappelez-vous ce que nous en avons dit, au lieu voulu.

L'écureuil grimpe sur les arbres; c'est un oiseau à mamelles, diraient les faiseurs de comparaison, à qui l'on peut passer leur marotte, en songeant toutefois que comparaison n'est pas raison, vu que ce n'est qu'un rapport non sérié dans ses conditions. — Comme il est vif, quel pétulant regard! et puis sa charmante queue, qu'il met si hardiment au vent comme une voile! et son attitude sur ses pattes de derrière, pendant qu'avec celles de devant il tourne gentiment la noix qu'il va grignoter! Il n'a qu'un pelage roussâtre, mais il lui va bien. L'homme l'a parasité pour le mettre en cage ou l'attacher à une chaîne; il est vrai qu'il le nomme coco. La saine morphologie l'aime mieux sautant librement sur les arbres de la forêt.

Les plus gracieux des mammifères, les plus forts en même temps, c'est-à-dire les plus médullaires, si l'on voulait les comparer aux intelligents que j'appellerai alors les plus cérébraux, ce sont les félins, phase remarquable dont les classificateurs ont fait l'ordre des chats. Leur pose un peu basse est d'une souplesse irrésistible; leur corps bien balancé quoiqu'un peu traînant est recouvert du pelage le plus artistement bigarré. A leur tête marche le lion, qui, comme l'aigle, rejette la marqueterie; il est roussâtre; mais, comme mâle, il a une crinière touffue, une queue bien harmonisée avec le reste. Sa belle tête indique la puissance et la majesté de la force, avec ses grands yeux jaunes, sa moustache droite et sa gueule si imposante à l'état de repos! Comme cette bête doit s'animer sous les rayons brûlants du soleil!

quelle solennité dans ce rugissement qui va faire tressaillir toutes les bêtes ! L'homme du désert lui-même n'est pas bien rassuré ; il est roi de la nature, c'est vrai, mais il a là un terrible sujet. Le tigre, la panthère, le jaguar, sont tous plus jolis, mais moins grandioses. L'homme a chez lui un petit lion en miniature, une véritable aquarelle, c'est le chat qu'il a civilisé à son usage, nous verrons bientôt comment.

Les singes ne sont pas beaux, et l'homme est peu flatté de considérer leurs grimaces. C'est qu'il y a chez eux la laideur d'une transition vers une grandeur qui n'est pas encore atteinte ; c'est par leur cérébralité que les singes sont remarquables. Les plus petits sont les plus gentils, parce que l'exiguïté des lignes permet moins aux défauts de nous choquer ; mais ils ont tous quatre mains, et sur leurs arbres ils ont bien de la grâce ; ils ont deux mamelles pectorales ; ils vivent en société ; les femelles chérissent leurs petits, se dévouent pour eux et ne les chassent jamais. La queue chez eux disparaît de plus en plus, depuis ces élégants ouistitis jusqu'au grossier magot. L'orang-outang commence à se dresser sur ses pieds de derrière et il saisit un bâton à la main. Le goril est plus parfait encore ; et le papion enfumé, avec son museau saillant, ses mollets grêles, son trou à l'humérus, ne me semble pas un fort joli garçon, et pourtant les classificateurs n'en font pas un singe : il ressemble diablement à une transition.

L'homme, à l'origine, n'a pas de poils ; sa peau est nue, la feuille de vigne devient parfaitement insuffisante. De la nudité complète, il va remonter au revêtement le plus varié : tout cela pris au dehors de lui ; c'est toujours le même phénomène que nous ont montré les annexes de trituration, couteaux et fourchettes; la défense et l'attaque dans les bastions et les canons à la Paixhans.

Il y a des hommes noirs, rouges, verts, cuivrés, jaunes, bruns, blonds, albinos, etc.; il y en a pour tous les goûts. Les oscillations sont fort minimes. Les caractères morphiques importants chez l'homme sont l'attitude droite, la face expressive et la phonation arrivée, quoique très-graduellement, à la parole articulée. Nous ne faisons qu'indiquer ces quelques traits, une étude complète nous entraînerait trop loin. Le premier degré de la morphologie repose sur les cheveux; mais, chose remarquable, c'est la femme qui a les plus longs; la forme est donc de son domaine, aussi est-ce elle qui mènera cela le plus loin; c'est elle qui inventera la toilette, les hommes en cela ne seront que ses singes, et quand ils lutteront avec elle sur ce terrain, ce sera pour exprimer des relations plus ou moins factices, plus ou moins réelles. La partie la plus ornée chez l'un comme chez l'autre sexe, ce sera toujours la tête; c'est que là est le pôle supérieur, c'est là que doivent s'accumuler les signes de la relation. Chez les ruminants, les cornes des cerfs et des gazelles sont là plantées en bois élégants, le cheval et le lion ont leur crinière au-dessus du cou. Voyons pour l'homme, il n'atteindra toute sa progression que dans le développement collectif qui constitue l'humanité. Pourtant le sauvage, ainsi nomme-t-on l'homme primitif, se perce le nez pour y mettre des os de poisson; il remplace la feuille de vigne par des plumes d'oiseaux; il y a une mode pour le tatouage. Sur la tête, le chef, c'est-à-dire celui qui parmi les sauvages exprime le plus haut rapport dont ils aient conscience, le chef se met une couronne de plumes droites; il se surmonte ainsi d'une aigrette factice : voilà la direction.

Tout le monde sait que les chefs des Francs avaient seuls le droit de se laisser pousser la chevelure, qu'on ne leur coupait que pour les dégrader. On a assez employé les couronnes et les panaches, les *animaux* et les bijoux, pour que la direction soit bien accusée. Le tatouage a fait place à des étoffes de toute sorte, taillées de mille façons. Ce qui a le plus varié peut-être, c'est la manière de s'orner ou de se couvrir la tête; ce n'est pas ici le lieu d'insister à ce sujet.

Une dernière remarque pourtant : les hommes se sont massacrés entre eux, ni plus ni moins que les abeilles; mais, chose étrange, dans tous les sacrifices, ils ont toujours plus ou moins orné les victimes. La voix dans la collectivité humanitaire est morphologique simple comme dans le chant; agréable ou expressive, elle devient le plus grand instrument de relation. Eh bien, on a chanté dans les cérémonies des temples où coulait le sang humain, sur des autels ornés de toute la pompe inventée dans ces temps-là. Les guerriers ont marché au combat en entonnant l'hymne des batailles ou le chant de victoire. Les plus beaux uniformes ont été pour les soldats, et les plus hauts gradés sont les mieux parés; ils ont les plus belles broderies, les plus hauts panaches : on y a joint les décorations dont l'étude sériaire serait fort intéressante à faire ; et tout cela pour recevoir une balle ou avoir la tête emportée par un boulet. La collectivité est plus forte que chaque élément; la progression ne peut rester en route; la forme est une infériorité en relation, mais elle a sa puissance pour obtenir certains résultats. — L'humanité enterre à chaque instant ses morts et elle est toujours plus puissante et plus grande. — Le plus splendide uniforme, la plus riche toilette sont, pour nous, dans la même direction que l'aigrette du paon, que le plumage du colibri; c'est pourquoi nous en parlons à cette heure; n'oublions pas toutefois la leçon que nous donne le Fabuliste, dans l'apologue du geai qui se pare des plumes de l'oiseau de Junon.

CHAPITRE XLVIII.

Coup d'œil synthétique sur la série zoologique. — Ce qu'elle a accompli de résultats dans les milieux.

Voilà bien longtemps que nous sommes attelés à cette série zoologique, et pourtant nous n'avons fait que l'effleurer. — Ce qu'on en peut concevoir est encore bien plus vaste que ce qu'on en peut décrire. Notre intention a été d'y appliquer la méthode et de montrer tout ce qu'elle révèle dans cet ensemble qu'on ne pourrait sans elle complétement embrasser. Je n'ai fait qu'indiquer la minéralogie et la phytologie, il me suffit de les mettre dans la direction générale; je ne ferai que traverser l'anthropologie; la cosmologie nous offre peu de faits sériables, nous en indiquerons pourtant aussi la direction pour nous convaincre que tout se suit et progresse depuis la bulle de gaz jusqu'au globe le plus gigantesque.

Si nous avons insisté sur la zoologie, c'est qu'elle

est comme la clef de voûte qui, relativement à nous, hommes, fondus dans la collectivité humanitaire, relie l'ensemble de l'édifice scientifique qu'il nous est donné de construire pour notre instruction et notre utilité. Nous l'avons plus profondément scrutée, parce que la lumière que nous en aurons tirée se projettera largement sur ce qui précède et sur ce qui suit. De plus, la méthode que nous intronisons dans ce qu'on appelle les sciences naturelles n'a qu'à être appliquée à une section pour que toutes les autres parties tombent sous ses lois; puisque tout est solidaire, puisque nulle part il n'y a d'exception; j'aurais pu, si cela n'était le comble de l'absurde, et surtout de l'inutilité, j'aurais pu me contenter de dérouler philosophiquement la méthode; rien de plus simple, elle est la mise en action de notre fonctionnement cérébral, de notre manière de percevoir et de connaître. L'induction est connue en philosophie, on y ajoute même la déduction, qui n'est que la descente de l'échelle qu'on avait montée, lorsqu'on désirait se mettre dans le cerveau une échelle, ce qui n'est guère indispensable. Pour nous, il y a absorption de sensations, d'idées, de jugements, d'inductions, et par la parole ou par l'écrit, il y a sécrétion des mêmes éléments pour qu'un autre homme se nourrisse par cette bienfaisante lactation que l'on doit mettre à la portée de son organisme. Il faut pour cela commencer par la sensation, ce qui se fait dans l'enfance, qui a si bonne mémoire, c'est-à-dire l'usage du sens inductif du second degré, puisque le premier est affecté à la sensation perçue, et entre en jeu forcément; le troisième degré vient plus tard; il existe toujours chez l'homme, mais il est faible et vague encore dans ses applications. La nourrice ne donne pas un bifsteck à son nourrisson, quoiqu'il ait un abdomen et un intestin au complet; elle sait bien qu'elle l'étoufferait par ce régime qui lui sera indispensable plus tard.

J'aurais donc pu philosophiquement exposer la méthode; je m'en suis bien gardé, j'ai préféré l'appliquer. Cela s'appelle unir la théorie et la pratique; on montre ainsi immédiatement ce qu'on avance, c'est applicable, usuel et profitable : l'humanité ne demande pas autre chose.

Donc, j'ai pris comme second nœud principal de cette étude, la zoologie; j'en ai déroulé les nombreux anneaux, et, avant de m'en séparer, je crois bon de jeter sur son ensemble un coup d'œil synthétique qui nous permettra d'ajouter certaines considérations générales que le détail ne comportait pas.

Tout d'abord, les milieux ayant été déterminés par la minéralogie et la phytologie, nous avons constitué notre élément zoologique ; nous l'avons vu indépendant de toute attache fixe, mais en relation constante avec le milieu formidable qui l'avait cristallisé, molécule par molécule ; nous y avons remarqué deux membranes fondamentales, l'une interne de nutrition, l'autre externe de relation.

Ces deux membranes ne sont point une hypothèse créée *a priori,* l'induction seule m'y avait conduit, la progression antécédente m'y menait droit, l'expérience indiscutable est venue mettre en plein jour cette vérité. Je n'en avais pas besoin pour mon compte, mais ce n'est pas moi que je devais convaincre, et mon assurance n'eût pas enlevé le doute de l'esprit des lecteurs immobilistes et doctrinaires qui se donnent pourtant le champ large dans les saugrenuités qu'ils débitent, les premiers surtout. Les seconds s'en tiendraient volontiers aux faits, leur généralisation n'étant qu'une inconséquence qui tient à ce qu'ils ont dans le crâne un cerveau bien organisé : tous ces honnêtes adversaires de la progression qu'ils redoutent, et de la série qu'ils repoussent, parce qu'elle mène au progrès, n'auraient pas manqué de jeter les hauts cris. Quoi! il y a deux membranes, mais où sont-elles? qu'on nous les montre! c'est affreux de renverser sans merci les vieilles doctrines avec deux membranes, fort commodes, sans doute, mais qui sont un fruit néfaste d'une imagination en délire, etc., etc.; il y en aurait comme cela des colonnes.

Eh bien (quoique la série ne repose pas sur deux membranes, mais sur la renonciation à l'absolu et tout ce qui s'ensuit,— influence des milieux, constatation des rapports, — et que toutes les lois ne soient tirées que de l'appréciation si manifestement rigoureuse des faits), nos deux membranes existent. La reproduction des hydres par section le démontre d'une façon irréfutable ; l'évolution du germe est plus lumineuse encore, et de ces deux faits corollaires j'induis, sans beaucoup d'effort, que l'évolution des synthèses zoologiques et celle de leur germe sont identiquement dans la même direction. Cela doit être, puisque c'est la même chose répétée; cela maintenant est hors de toute discussion judicieuse, c'est un fait.

Parti de nos deux membranes élémentaires, nous n'avons eu qu'à assister à leur développement en organes divers, et l'exposition est assez complète ; nous avons traversé assez souvent la série d'un bout à l'autre, et de bas en haut, s'il vous plait, pour qu'on soit convaincu que telle est bien la marche du réel; toutes les transitions nous sont apparues dans leur simplicité, que nous n'avons pas eu besoin de flétrir du nom de *dégradation.*

Ce qu'il y a de plus long, peut-être de plus fastidieux dans les ouvrages d'anatomie comparée, c'est l'organisme digestif. Nous n'avons pas voulu débuter par l'obscurité et l'ennui. Un schématisme a fait justice de tous les détails que chacun pourra, dès lors, lire à son aise; tous les cas sont indiqués par les lignes, les espaces et les lettres. Cela m'a paru plus rapide et plus satisfaisant. On reconnaîtra, par la sériation suivante, que ce n'était pas la description qui me gênait, un artifice rendait plus rapidement la pensée de la réalité ; j'ai eu recours à l'artifice, et je ne m'en repens point, car je suis sûr que chacun aura compris, ce qui ne fût pas arrivé autrement.

Par contre, la série s'est mise à détailler couramment force choses assez embrouillées d'ordinaire ou plutôt complétement négligées. On étudie bien la bouche en en faisant une partie du canal intestinal; mais quelle est sa place? quelle est son importance? comment surgit-elle là? comment se développe-t-elle dans la suite? Le doctrinarisme se tait ou accumule les détails; l'immobilisme s'incline devant des œuvres, suivant lui, insondables. La sériation buccale a montré l'inanité de tant de silence, de bavardage et de ferveur. Trouvez donc dans la descriptive pure quelque chose d'analogue aux annexes intestinales, aux annexes digestives, aux annexes de trituration surtout, que la série seule pouvait sortir des ténèbres épaisses où toutes ces remarquables formations étaient cachées. Partout on vous parlera doctement des dents, mais qui donc y a vu qu'elles menaient droit au couteau et à la fourchette?

La membrane externe a, de son côté, largement concouru à la confection de la bouche et un peu aussi à celle de l'anus, etc.; son tour est donc enfin venu!

Quel long écheveau elle nous a donné à dévider! et tout cela en sériations constantes, en progressions continues, toujours de bas en haut, sans broncher d'une ligne; qu'il s'agisse de respiration, de protection, de locomotion ou de squelette, elle s'est, sous nos yeux, clivée comme un cristal; mais comme la série trouve le joint de chaque face, rien ne lui échappe, parce que rien ne peut lui échapper. Elle travaille tant qu'il y a de la besogne devant elle; quand l'élément est épuisé, elle passe au rapport, et un nouvel horizon se déroule à ses yeux.

Dans la direction du rapport, la membrane externe nous a montré comment elle ouvrait chaque sens pour faire la police du dehors; tous ont répondu à l'interrogatoire minutieux de la série. Toucher, œil, oreille, fosses nasales, langue, ont dit par quelles phases nombreuses ils avaient dû passer pour parvenir à leur apogée, et tout progressait par millimètre, et tout arrivait à son temps.

Les premiers instruments du rapport extra-synthétique s'évolutionnaient par la fabrication des sens, l'intérieur de la synthèse zoologique elle-même devait élaborer des relations. La membrane interne allait agrandir son domaine; l'espace intermédiaire allait se combler à son tour, et chacune des membranes fondamentales devait avoir ses annexes. A l'interne, la formation circulatoire, la sériation dépuratrice profonde, la construction des organes reproducteurs; à l'externe, le système nerveux, la dépuration superficielle, les organes de relation reproductrice. La part était bien faite, et dans ces considérations importantes, nous avons résolu plus d'une question en litige. La principale est celle des articulés, sur le rang desquels planaient les plus épaisses dissidences. Après notre exposé si clair, il n'y aura plus à y revenir ; ce simple point devra révéler, aux plus incrédules, la toute-puissance de la série, qui, sans effort, sans contorsion, sans objurgation d'aucune sorte, marque immédiatement la place d'un insecte, de cet *ecto-zoaire* à prédominance externe, phase remarquable dont l'instabilité est écrite dans les conditions mêmes de son élaboration.

Les deux questions capitales, surtout dans les idées doctrinaires qui sont timides faute de base suffisante, surtout à cause de l'outrecuidance insolente et souvent menaçante des immobilistes, lesquels, comme la terre de ce bon Indien, reposent tranquillement sur l'éléphant et la grosse tortue, les deux questions capitales sont la nervosité et la reproduction. Nous y avons longuement insisté, non pour le vain désir de nous escrimer contre des difficultés, mais parce que réellement il y a ici importance, puisque ce sont les deux côtés du plus grand rapport, et que, pour nous, le rapport est ce qu'il y a de plus élevé.

Nous avons sérié l'organe nerveux dans toutes ses manifestations, depuis le ganglion le plus infime jusqu'à la plus étalée des circonvolutions. Que l'on continue à s'étonner encore si tout cela fonctionne si largement, après avoir été si largement organisé ; cela doit être, puisque l'étonnement suit l'ignorance. Pour nous, nous avons sérié la fonction après l'organe ; un grand schématisme d'une simplicité réellement sériaire a déposé les dernières lueurs dont on eût encore besoin, et j'ai trop renoncé à l'absolu pour ne m'en pas tenir là, répétant à qui voudra l'entendre : je ne prêche pas, je constate.

Quant à la reproduction des synthèses, tout le bruit qu'on a fait autour d'elles vient d'*a priori* dont on tient à ne pas démordre, de préjugés que l'on croit respectables, parce qu'ils sont vieux. J'ai fait ici comme pour la nervosité, j'ai sérié l'organe formateur ; j'ai sérié l'organe formé ou le germe ; j'ai sérié ses conditions d'éléments et de rapports, puis j'ai assisté à l'élémentarisation du germe, à sa synthétisation, à sa collectivisation. Dans la plus longue de mes sériations, j'ai désiré montrer comment l'embryon sort de son germe, depuis la plus petite particule animalisée jusqu'à l'homme. Tout cela est tellement primitif comme facilité, que j'ai presque honte d'y avoir tant insisté ; j'en demande humblement pardon, mais pour dégager la science il faut marcher sur le terrain envahi par l'erreur, qui ne le quitte qu'à son corps défendant. Il faut y faire bonne garde, car l'erreur a d'innombrables armées qu'elle ramènerait à l'attaque si la désertion ne se mettait dans leurs rangs à la vue du grand LABARUM sériaire sur lequel est écrit : *Hoc signo vinces*, on n'est fort qu'en renonçant à l'absolu.

Je jette ici un coup d'œil synthétique, mais je me garde bien de faire un résumé, ce serait inutile et ennuyeux. L'animal a été par nous mis sur pied ; il a été ballotté d'abord, il a nagé, il a volé, il a couru, il a sauté, il a même gambadé dans ses jeux, si cela a pu lui être agréable. La sériation morphologique a mieux exposé tout cela que nous ne le pourrions faire à cette heure, et nous l'avons laissée parler dans le chapitre précédent.

Le but principal qu'atteigne la série, c'est de démontrer que tout s'évolutionne dans une direction constante en donnant lieu à des résultats progressifs ; cela nous a amené à discuter un peu le grand principe d'unité de composition qui nous est apparu dans toute son ampleur et toute son insuffisance ; mais nous avons dû faire justice de l'immobilisme arbitraire de la classification.

Nous avons relevé la conduite peu digne d'un grand esprit ; Cuvier a dû tomber sous l'échafaudage qu'il avait péniblement construit. Sa gloire, si l'on tient à ce que chaque homme en ait une, n'en a pas reçu la moindre atteinte. Ce qu'il a fait de beau restera. Ces vastes travaux d'analyse dont il a été le promoteur et qu'ont exécutés tant d'instruments dociles qu'il sut fixer autour de lui ; ces volumes d'*Anatomie comparée* qu'il dicta en leçons à ses élèves empressés de les recueillir et de les publier ; cette *Histoire des sciences naturelles* dont il honora la tribune du Collége de France et que, dans leur ferveur, nous ont transmise des disciples enthousiasmés de cette magnifique éloquence ; tout cela restera à côté de son *Règne animal*, qu'il ne put jamais achever et auquel tant de collaborateurs ont concouru.

Son titre, son plus beau titre à notre reconnaissance, puisqu'il démontre ce que peut le cerveau humain mis en possession de lui-même, ce sont ses *Fossiles* qu'il a reniés plus tard pour servir la cause étroite de l'IMMOBILISME ; nous l'admirons sans réserve, mais nous ne l'adorons pas. Cuvier est mort.

qu'il repose en paix, l'humanité s'enrichira de ses dépouilles et elle le mettra peut-être à son Panthéon, en oubliant son mauvais cœur et sa faiblesse.

Les synthèses zoologiques, les *animaux,* comme on les appelle, n'ont pas clos pour nous le domaine qu'avaient ébauché nos deux membranes ; le rapport s'est agrandi, les *synthèses* elles-mêmes sont devenues des *éléments* que l'*induction* seule recompose à l'*ensemble.* C'est alors que nous est apparu le grand fait des COLLECTIVITÉS. Nous les avons sériées comme le reste ; nous n'avons pas à y revenir, nous les retrouverons dans l'humanité et dans le système planétaire, comme nous les avions vues s'ébaucher dans la phytologie.

C'est là le plus grand triomphe de la série ; le doctrinarisme, avec ses *causes* et ses *effets,* ne soupçonne rien de pareil. La série, elle, ne voit que des faits progressifs et des rapports de plus en plus agrandis, elle les constate et les indique ; la science n'est pas autre chose, et nous n'avons la prétention que de faire de la science laquelle est, nous l'avons dit, la perception des rapports.

Cela nous a permis d'éclairer un peu cette petite question du parasitisme qu'on regardait comme une plaisanterie ou comme un mauvais rêve ; puis, nos animaux se sont protégés, se sont défendus ou se sont dévorés. Cela est un simple incident de mise en scène ; c'est de la vie, rien de plus, rien de moins ; c'est si peu de chose, qu'on n'avait même pas songé à s'en occuper. Il n'y a que cette tripoteuse de série pour toucher à tout cela ; c'est une bonne ménagère qui ne laisse rien perdre ; aussi, laissera-t-elle une bonne succession à sa chère fille l'humanité, qui, si elle est fécondée par chaque homme venant en ce monde, donnera une assez intéressante postérité.

Avant de terminer le tableau en indiquant ce que la zoologie a produit de résultats dans les milieux, je veux dire quelques mots que je n'ai pu placer jusqu'ici sur un point important qui a trait à la synthèse zoologique, je veux parler de la régénération des parties.

Cette régénération des parties a fort étonné les premiers observateurs qui s'en sont occupés. Cela devait être, car ils étaient imbus des idées d'immobilisme que leurs expériences renversaient du coup. Peu à peu, la raison prit le dessus et de nos jours on envisage tout cela de sang-froid.

La régénération des parties se réalise, de moins en moins, à mesure que la série zoologique progresse, ce qui tient à la grande loi de la concentration des parties et de la distinction des fonctions. Plus une synthèse a un organisme compliqué et solidarisé par conséquent, moins la régénération y est puissante ; quelques exemples vont nous mettre promptement au courant du phénomène et de ses conditions ; cela marche toujours de bas en haut.

Les animaux, qu'on peut nommer élémentaires, nos *proto-zoaires,* en un mot, ont bien plus que la régénération des parties, ils régénèrent l'individu tout entier, ce que démontre la scissiparité. Mais qu'est-ce qu'une individualité à ce moment-là? Bien peu de chose, elle ne vaut guère plus qu'une cellule dans les degrés supérieurs. Il y a là confusion de parties et de fonctions ; pourvu que les éléments des deux membranes soient conservés, vous avez un nouvel animal qui s'évolutionne à son tour et pourra ensuite se reproduire, par gemmiparité, ce qui n'est qu'un excès de nutrition, comme nous l'avons vu à son temps.

Si vous prenez une naïde, un lombric encore, et que vous le coupiez par le milieu du corps, chaque moitié se complète, l'une par une tête qui pousse, l'autre par une queue, tant il y a peu de concentration encore ; ce qui reste est assez puissant pour se recomposer : ce fait est aujourd'hui hors de doute.

On a fait, chez les limaces, des expériences hardies : on leur a coupé la tête, qui est encore bien rudimentaire, comme on sait, et si l'on avait soin de ménager le ganglion nerveux œsophagien, la tête repoussait au mieux. Mais qu'est-ce que la tête à ce moment-là? Une simple excroissance des deux membranes assez étroitement réunies au *pôle* supérieur ; la régénération peut donc s'y faire avec même la conservation du morphisme ou de la forme, ce qui n'aura plus lieu dans les phases plus élevées.

Régénérer des tentacules, des antennes, des bras chez les mollusques, des pattes chez les insectes, des aiguillons, rien n'est si commun ; mais on tombe bien vite dans les parties concentrées. Les grands organes ne se prêtent pas à cette reproduction surnuméraire. Chez les poissons, on régénère quelques rayons de nageoires, mais il faut beaucoup de temps et encore ne réussit-on pas toujours.

Les reptiles sont les derniers où la régénération soit assez puissante, mais elle ne porte que sur des expansions de la membrane externe : les membres, la mâchoire inférieure, la queue. Chez les salamandres, si l'on coupe une patte, elle repousse une première fois, puis une seconde, plusieurs fois de suite, toujours avec le morphisme complet. Les lézards ont la queue très-fragile, mais elle se régénère aisément avec sa peau, ses écailles, ses vaisseaux, ses os et son cordon nerveux; mais elle est d'abord plus mince, les écailles sont plus petites, les os ne se segmentent pas en vertèbres, la confusion de parties subsiste, puisqu'il n'y a qu'une gangue cartilagineuse incrustée d'un peu de phosphate calcaire. On voit que de restrictions apportent la concentration de parties et la distinction fonctionnelle.

Désormais les seules parties qui se régénèrent sont toutes élémentaires, comme le tissu cellulaire, lequel, par l'*hypervitalité* qui constitue l'*inflammation*, donnera lieu à des bourgeons charnus, lesquels, par leur condensation rétractile, formeront les cicatrices où serpenteront quelques vaisseaux et quelques filets nerveux. Mais, dans ce tissu, il y aura toujours un cachet d'infériorité par la confusion des parties, et le morphisme disparaîtra le plus souvent. Les os se régénèrent, mais sans forme distincte, dans un *cal* plus ou moins grossier, d'abord celluleux, puis gélatineux, et finalement incrusté de sels calcaires.

Ce qui continue à se régénérer morphologiquement, et encore quand toutes les conditions favorables se rencontrent, ce sont : les expansions dernières de la membrane externe, et encore la distinction fonctionnelle y ayant affecté des glandes formatrices, il est bon qu'elles soient conservées; ce sont les plumes, les poils, les ongles, les cornes. On voit que ce qui domine là, ce n'est ni le miracle, ni le caprice, mais une règle inflexible de progression qui est toujours la même, de quelque côté qu'on l'envisage. On peut dire que plus une synthèse est avancée dans l'évolution, moins aisément elle se régénère, si ce n'est dans ses éléments, puisque la NUTRITION est une *régénération élémentaire* qui est d'autant plus puissante, au contraire, que la synthèse est plus élevée. Des cellules tant que vous voudrez et même de toute sorte, mais de membres plus, mais de têtes encore moins, d'animaux entiers point du tout : voilà ce qu'est au fond la régénération des parties.

Voyons rapidement, avant de clore cette série si longue, ce qu'elle a amené de changements dans les milieux et comment, par conséquent, elle a favorisé l'évolution générale dont elle n'est qu'une section. Quelques faits nous permettront d'apprécier clairement cela.

Il y a, pour les animaux comme pour les plantes, des régions où ils sont apparus préférablement à toute autre, ce qui constitue la *géographie zoologique,* fort intéressante à étudier, car on y suit point par point l'influence dominante des milieux sur toutes ces synthèses animales, depuis la zone torride jusqu'à la zone glacée, depuis l'équateur jusqu'aux pôles. Relativement à un pays, donner l'ensemble des animaux qui s'y trouvent, constitue ce qu'on appelle la *faune* de ce pays. Il serait à désirer que tout cela fût étudié de nouveau, on pourrait alors suivre le développement successif des animaux parallèlement avec celui des plantes, et des formations minéralogiques qu'on appelle les *îles* et les *continents,* ce qui n'est qu'une condensation de ces minéraux dans un point. Les plantes ont aidé à la formation du sol, les animaux y ont aussi prêté leur concours.

Les zoophytes surtout, par leur travail collectif,

ont accumulé la masse de leurs polypiers en certains points de la mer. Les molécules vagues, qui étaient disséminées et ballottées dans la plaine liquide, sont venues se déposer sur le point fixe qui leur était offert; une croûte minéralogique solide s'est formée sur les branches du polypier, quelques germes végétaux s'y sont implantés, une végétation en est surgie, de petits animaux y ont grouillé bientôt, et toute une création est apparue aux yeux d'observateurs très-récents, car cela se fait encore aujourd'hui. Qu'était-ce donc dans les circonstances favorables, quand l'évolution était encore à son origine et que le progrès n'avait qu'à peine ébauché ses éléments? Les polypes ont condensé par leur organisme des masses d'acide carbonique, ils ont formé des sels calcaires, ils ont ainsi contribué à l'épuration de l'atmosphère et de la mer; les mollusques à coquille y ont aussi contribué pour une large part.

Ce n'est pas tout : si l'évolution est graduelle, elle est loin d'être monotone et paisible; des cataclysmes nombreux ont brassé la matière en travail; la mer, qui fut d'abord le grand réservoir, a projeté, sur les stratifications minéralogiques déjà accomplies, toutes les richesses phytologiques et zoologiques qui s'étaient élaborées dans son sein; le *ferment* animal a été ainsi répandu au loin. Cela n'est pas une hypothèse, les couches de la terre en ont enfin témoigné, quand au lieu de divaguer sur le rond et le crochu, on a bien voulu y mettre la bêche et le marteau. La mer a passé bien des fois sur nos continents en y laissant des myriades de mollusques dont on retrouve aujourd'hui les coquilles; elle s'est retirée ensuite après cette purgation salutaire qu'elle avait administré à son propre milieu pour organiser le milieu terreux; — d'autres productions ont surgi de ces excréments, si je puis ainsi dire, alors on trouve des couches où il n'y a plus rien de marin ; mais remontez, et la mer imprime son cachet sur une couche supérieure ; elle s'est purgée une seconde fois. C'est ainsi que tout est successif et solidaire. Mais rien ne s'est fait à la baguette, et il a fallu plus de sept jours, qu'on prenne *même,* pour plus de commodité, des jours de semaines, d'années ou de siècles. Plus l'absolu s'éloigne, c'est-à-dire plus on perd dans la surface, qui n'est que l'illusion, plus on gagne dans la profondeur, qui est la réalité.

Toute cette matière animalisée, en se décomposant sur la terre, a servi d'engrais à des plantes nouvelles, a servi de nourriture à de nouveaux animaux, rien n'est plus certain ; elle a donc modifié le milieu, et des résultats supérieurs ont pu s'accomplir.

Considérons quelque chose de plus usuel, de plus pratique : les animaux ne sont-ils pas, avec les vents et les rivières, les plus importants voituriers des germes phytologiques ? Beaucoup d'insectes doivent être des agents de synthétisation pour les germes végétaux dont ils secouent le pollen sur l'ovule. Les oiseaux, ces voyageurs émérites de l'animalité, combien de graines ne charrient-ils pas dans leur bec ! leur intestin même est un grenier qui conserve le germe végétal, lequel ira tomber en bonne terre avec l'excrément, qui sera son premier engrais.

Le côté le plus important à considérer, c'est la nourriture que les animaux se fournissent les uns aux autres ; c'est par ce côté que l'on comprend bien comment des organismes sortis de milieux antécédents, augmentent eux-mêmes les conditions du milieu en l'agrandissant. Voyez la mer, elle n'a plus de végétation, pour ainsi dire, que sur ses bords ; elle a successivement rejeté tout ce qui s'était formé en elle, mais elle ne s'est pas arrêtée pour cela ; au contraire, des productions plus complètes, plus gigantesques sont sorties de ses entrailles : des squales et des baleines se sont agités dans ses ondes. Eh bien, de petits poissons, par nuées, sont mangés par les gros, auxquels ils servent de *fourrage*, si je puis ainsi dire. Ces petits poissons se reproduisent par milliers, et la progression continue à des conditions plus absorbantes, mais qui sont toujours remplies par ce qui précède.

Il en est de même des insectes, qui sont la plus grande pâture des oiseaux, mais que croquent tout aussi bien les reptiles et les poissons, ceux de rivière surtout. Les mammifères sont plus absorbants encore ; quelques oiseaux sont carnassiers ; l'aigle, le faucon, sont sans pitié, ce qui se comprend : ils n'écoutent que leur estomac.

Allez toujours : de la minéralogie, qui alimente les plantes par ses décompositions si nombreuses, jointes à des engrais phytologiques, animaux même au besoin, entrez dans la zoologie qui, exclue de l'absorption minérale, mange, sous toutes les formes, la matière plus évolutionnée qu'on peut appeler du nom de *vivante ;* marchez de la racine à la feuille, de la feuille à la baie, de la graine au fruit, et voyez s'accumuler les masses de végétaux que dévore un éléphant ou un bœuf. Pensez à la quantité de chair palpitante qu'exige le tigre ou le lion ; mesurez la montagne de poissons qu'engloutit la baleine, et songez que l'homme grouille à peine, et que l'humanité est à l'enfance. Alors, tout en comprenant l'harmonie générale, vous saurez ce que la zoologie a apporté aux milieux, pour que l'évolution continuât en s'agrandissant toujours et en triturant des éléments toujours, que cet élément fût l'oxygène, le pollen ou la gazelle; que ce fût le gluten, le sang ou la chair.

CHAPITRE XLIX.

Série anthropologique. — Son élément, ses synthèses, ses forces.

Si je ne consultais que mon goût personnel, je remplirais ce chapitre par des points, car je sens que j'aborde un ordre de choses que les Océaniens nomment *tabou*, c'est-à-dire ce à quoi on ne doit pas toucher. Ce n'est point qu'ici l'on arrive à une impasse; au contraire, c'est parce que tout est clair et indiscutable qu'il est malaisé de parler de sujets dont on a tant causé pour ne les jamais résoudre.

L'homme, vu les conditions pénibles qu'il a rencontrées dans sa lutte avec l'extérieur et avec lui-même, l'homme, toujours fondu comme élément dans une collectivité progressive qui le déborde et qui ne lui permet jamais le repos; l'homme, dès qu'il a eu du loisir, a appliqué son *induction* à ce qui le pressait de toute part. Tourmenté par cette conscience vague de sa collectivité, rapport gigantesque que tout d'abord il ne put circonscrire, le frisson du *mal de science* agitant tous ses membres, pour calmer sa frayeur, il s'est promptement donné un point fixe; l'*immobilisme* fut sa première condition de quiétude, c'était la coquille protectrice qui couvre le mollusque élaborant sa membrane interne, les articles brisés et harmoniques de l'*ecto-zoaire* étant encore bien loin.

L'homme est un élément comme individu, à quelque phase qu'en soit la série dont il est un point. A ce titre il est le couronnement de la zoologie; à ce titre il est *bimane*, si l'on veut; c'est l'*homo sapiens* de Linné; c'est tout ce qu'on voudra; mais avec ses yeux, il ne voit que des hommes, et il est trop occupé au jour le jour, il est trop menacé, pour employer son grand sens *inductif*. Il a conscience de sa *collectivité*, de son grand rapport; mais, au lieu de savoir qu'il en est un élément de plus en plus agrandi, au lieu de voir le travail du nombre, pour comprendre le résultat, au lieu de se sentir sérié, ce qui lui donnerait le vertige, il préfère se déclarer immobile dans sa transition périssable. L'humanité, pour lui, n'existe pas; il l'objective au lieu de l'induire, il l'adore et l'idolâtre au lieu de la constater; il tremble au lieu d'agir; il s'étonne au lieu de savoir.

Telle est la condition de l'homme à travers l'*histoire*, qui n'est que la tradition de son développement individuel et collectif; telle serait la tâche qui se dresserait devant moi, à cette heure, si je n'avais promis de la traiter à part, pour ce qui nous est subjectif ou personnel, dans un ouvrage que j'intitulerai : *Développement de la série humanitaire*, avec l'épigraphe γνῶθι σεαυτόν (connais-toi toi-même). C'est un engagement que je prends, je le remplirai si les temps me le permettent.

Aujourd'hui, je ne veux que traverser cette vaste série qu'on soupçonne à peine, pour montrer qu'elle est bien la continuation de ce qui précède, et que tout y est progressif. Je ne discuterai pas : mon but est de constater par des faits palpables la progression générale de cette série nouvelle. Nous l'abandonnerons après pour arriver au summum de notre puissance inductive qui se rencontrera dans la *série cosmologique,* à laquelle nous nous arrêterons en haut, comme nous nous sommes arrêtés à l'élément en bas ; entre les deux j'intercalerai un coup d'œil synthétique sur notre planète, qui, quoique bien petite par rapport à l'ensemble, est assez colossale à nos yeux pour qu'il ne soit pas oiseux de la regarder une bonne fois.

Jusqu'ici se sont présentés à nous : 1° des éléments évolutionnés jadis, et évolutionnables encore dans les conditions favorables ; ce sont : les *minéraux,* dont les masses gazeuses, liquides et solides, ne sont plus soumises qu'aux forces générales qui les brassent et les déplacent, ou aux évolutions suivantes qui les décomposent pour les fixer en organismes supérieurs ;

2° Des synthèses évolutionnaires fixées, progressives dans leur ensemble, offrant le *germe,* comme condition d'existence successive, bien que les milieux se soient métamorphosés sous l'impulsion de la série; ce sont : les *plantes,* qui ébauchent en même temps la *collectivité synthétisée* par le bourgeon, et la *collectivité intermittente,* dans la génération ; 3° des synthèses évolutionnaires indépendantes, c'est-à-dire non fixées au milieu où elles puisent leurs conditions de développement et déposant, comme les précédentes, leurs formations en elles-mêmes, c'est-à-dire

28.

dans un morphisme déterminé (les formations que l'on appelle *organes* étant d'ailleurs d'autant plus nombreuses et plus concentrées que la synthèse dont elles font partie est elle-même plus élevée). Cela constitue ce qu'on nomme les *animaux*. Puis se sont révélés les *collectivités* et les *parasites* déjà manifestés chez les plantes, mais qui, par le progrès et l'indépendance des synthèses, ont pris une bien plus grande extension.

Le *parasitisme* est simple dans son principe, nous l'avons sérié, nous n'avons pas à y revenir, les collectivités nous intéressant davantage ; elles sont sur une ligne de progression supérieure aux synthèses zoologiques, qui n'en sont plus que des éléments et qui, pour former une collectivité, n'ont qu'à être réunies par un but commun à accomplir.

Ce qui caractérise la COLLECTIVITÉ, c'est que les formations qui résultent de ce but commun sont toujours extérieures aux synthèses qui y concourent. Que la collectivité soit *synthétisée* comme dans les zoophytes, le polypier est extérieur à chaque polype qui le construit pour sa part. Qu'elle soit *fixe-permanente* à *synthèses séparées* ou *indépendantes* comme la société des abeilles, les gâteaux, les rayons, le miel, sont extérieurs à chaque membre de la congrégation. Dans les collectivités *variables-intermittentes*, comme les animaux qui s'accouplent et élèvent leurs petits, le nid, le petit lui-même sont extérieurs aux parents qui s'en sont occupés ; c'est toujours le même principe qui, une fois posé, n'a fait que s'étendre : ici, comme en tout, il ne faut que du temps pour assister à la progression.

Cela était indispensable à rappeler, car on ne comprendrait pas le nouveau degré qui s'offre à nous à cette heure, celui d'une *collectivité progressive* dont le champ est si vaste, qu'il forme toute une série plus longue peut-être dans ses phases multiples que la zoologie entière : c'est l'anthropologie, dont l'*élément* est l'*homme,* et la *collectivité,* l'*humanité.*

Y a-t-il collectivité ici ? Qui pourrait le nier. Ne répète-t-on pas sur tous les tons cette grande vérité, que l'homme est *sociable ?* Eh bien, qui dit SOCIÉTÉ dit convergence vers un but commun, ne fût-ce que le plaisir, comme nous l'avons vu pour le perroquet du cap de Bonne-Espérance.

Quand la langue n'aurait pas pourvu à cette désignation, il suffit de jeter les yeux sur les travaux de l'homme, pour voir qu'ils lui sont tous extérieurs. Quant à la qualité progressive de la collectivité, elle est encore bien moins douteuse ; il suffit, pour s'en convaincre, de considérer la moindre direction où les hommes se sont mis à l'œuvre. Ils ont commencé par la confusion la plus grande, ont passé par la division de parties, puis sont arrivés à la perfection par la concentration de parties et la distinction fonctionnelle. Cela ressemble complétement à notre grande loi de progression organique ; c'est qu'en effet ce sont de vrais organismes, que se crée en dehors d'elle-même la collectivité humanitaire, par le travail de tous ses membres ; et, quoi que ce soit qui surgisse, le *progrès* est là pour le diriger.

Je sais bien que cela choque un peu les idées reçues; on ne voit que des hommes individuels, maintenus par un *immobilisme* dans une direction préétablie. Qu'on voie ce qu'on voudra, ça m'est égal. Tout ce que je sais, c'est que l'individu s'occupe plus de l'*immobilisme*, que la collectivité, laquelle n'en a que faire. L'humanité progresse, s'organise, comme on dit, par la sueur et les efforts de chacun de ses membres; peu lui importe l'idée que chaque partie se fait de son lien avec l'ensemble ou de son rapport. La besogne s'accomplit, la progression s'avance; des organes se créent à chaque instant, les milieux s'agrandissent d'autant et la collectivité s'accroît elle-même comme le fœtus, qui, parti du germe, arrive à présenter un animal complet avec tous ses organes et toutes ses fonctions : voilà seulement ce que j'ai à constater.

Nous nous sommes engagés dans une série nouvelle; comme pour les autres, il nous faut en constituer l'élément, qui n'aura plus qu'à marcher sous l'influence de milieux qui sont gigantesques par rapport à lui, mais contre lesquels il sera bien vite protégé. L'élément de l'anthropologie, ce n'est plus la molécule organique de la série phytologique ou zoologique, c'est une synthèse, et ici cette synthèse est la plus élevée de la zoologie, c'est l'homme. Nous n'avons pas à le décrire, puisque son rang est marqué par son organisation, laquelle, présentant le meilleur instrument de relation, le mettra à même de remplir péniblement, sans doute, mais sûrement le rôle qui lui est départi.

Relativement à la *collectivité* générale, je puis appeler *synthèse collective* l'agglomération de plusieurs synthèses hominales, dans un but spécial bien appréciable et bien distinct à qui examine ce degré dans son fonctionnement personnel. Cela constitue une division de parties marchant à la distinction fonctionnelle; dans l'homme individuel, collectivement considéré, il y a confusion de parties et de fonctions; il est *un,* voilà tout; aussi est-il très-faible.

Ce qui me reste à démontrer maintenant, c'est que la collectivité humanitaire, qui pour nous est actuellement la série anthropologique, progresse dans son *élément,* dans ses *synthèses,* dans ses *rapports* et dans ses *forces*. Une force, nous l'avons dit, est un rapport perçu en action. Eh bien, la force physique, la force vitale, la force morale même, isolées ou réunies, ne peuvent suffire ici; il y a une force propre à cette série, c'est la force humanitaire, à laquelle je laisse le nom qu'on lui a donné sans s'en rendre compte ; cette force, c'est la FOI !

J'affirme que l'homme individuel progresse, cela se fait de deux façons : par la perfection de son organisme cérébral surtout, et par l'indépendance qui lui est de plus en plus acquise au moyen des ressources qui s'amassent. La protection devenant plus sûre, permet une plus libre locomotion.

L'indépendance de l'élément constitue ce qu'on appelle la *liberté.*

La première assise de la collectivité, l'élément fondamental, pourrait-on dire, d'où sortiront tous les développements ultérieurs qui le déborderont sans l'anéantir, c'est l'union dans une synthèse étroite de l'homme et de la femme, qui dans cette direction sont tout à fait complémentaires l'un de l'autre ! Voilà la première société. L'enfant s'y adjoint, l'homme protége ce fragile ensemble ; il administre, autrement dit, il prend en main le rapport collectif, ce qui constitue l'*autorité*. Lisez l'histoire et vous saurez combien de temps la femme et l'enfant ont mis pour devenir indépendants dans cette première collectivité qui se nomme la famille. La force humanitaire, ou la *foi*, alors est, considérée dans l'homme individuel, l'*égoïsme*, et dans son premier degré collectif, le *familisme*. Il joindra à cela une perception vague d'un rapport général avec ce qui l'entoure, il aura la conscience d'une relation supérieure à sa personnalité : c'est l'instinct collectif, auraient dit les anciens naturalistes. Je puis affirmer qu'il est bien mesquin, s'il est irrésistible ; la foi est encore bien minime et, à cette heure, elle peut tout au plus élever une tente ou tailler un fétiche ; elle ne transporterait pas des montagnes et n'élèverait guère de basiliques.

La collectivité s'avance, ayant l'égoïsme comme *base*, le familisme comme *perspective*, l'autorité du père comme *sanction* de permanence, l'obéissance de la mère et de l'enfant comme *nécessité* ; cela ne s'arrêtera point, pas plus que le système nerveux ne s'est arrêté au ganglion.

Des synthèses familiales vont se rapprocher dans un but commun toujours, c'est la *tribu*, c'est le *patriarcat*. Le *rapport* sera plus élevé, la *foi* plus grande, l'*autorité* supérieure sera prise par le plus ancien, sans que chaque père abandonne la sienne, et, de ce moment, la lutte va commencer dans la série humanitaire comme dans les autres. Les abeilles sont exclusives, chassent de leur ruche tout étranger, attaquent souvent les ruches voisines. Le patriarcat fera de même, l'histoire est là pour l'attester.

Il a fallu bien du temps pour que l'hospitalité s'établît ; elle a dû être difficile à maintenir, puisqu'on a été obligé de la déclarer sacrée. Le patriarcat n'est au fond qu'un familisme agrandi, mais bien des éléments précédemment libres vont retomber sous la dépendance par la concentration des parties et la distinction fonctionnelle qui, au fond, constitue cette fameuse division du travail dont on a tant parlé.

Voilà la direction ; je passe vite, car mon intention n'est que de démontrer la progression partout et toujours, cela ne suffit amplement.

Elle a déjà fait de l'ouvrage, cette collectivité à l'ébauche : elle a lutté contre les animaux dont elle asservit ou parasite un certain nombre ; elle a emprunté la racine et le fruit à la plante. Comme organes extérieurs, elle s'est taillé des armes grossières encore qui progresseront dans l'avenir ; elle s'est creusé un abri dans le sol d'abord ; sous les arbres, elle a profité du feuillage si la température le permettait, puis la tente a été façonnée de branchages touffus et plus ou moins bien arrangés. L'induction est toujours le phare sauveur, et l'humanité n'a pas un seul instant de relâche. La tente est devenue plus artificielle, ce qui est un progrès, car l'art est la mise en œuvre par une relation bien comprise de ce qui nous entoure, c'est-à-dire de ce qui a été réalisé avant nous. A l'origine, on se contente de prendre les productions comme elles viennent, ce qui est en tout l'infériorité la plus grande ; la nature, loin d'être une bonne mère comme le chantèrent si longtemps des ignorants, n'est rien du tout, en vérité, qu'un immense agrégat de faits et de rapports dont il nous faut toute notre puissance individuelle et collective pour tirer parti. Nous n'avons pas à nous confondre en frais de reconnaissance ; nous ne devons rien qu'à nous-mêmes, humainement parlant ; il faudra bien malgré tout qu'on en soit persuadé à la fin.

Du *familisme*, la collectivité arrive au *civisme*,

qui a pour organe la *cité* et tout ce qui s'y trouve, de même que le *patriarcat* avait sa *tente*. Nous le savons : les degrés supérieurs n'anéantissent pas les inférieurs ; la collectivité reverse sur chaque élément une certaine part de progrès ; il y a là *germe*, comme dans la phytologie et l'animalité ; ce qui est transmis par les prédécesseurs est la condition de la poussée en avant des successeurs.

Les éléments sont loin d'être similaires, ce qui tient à ce que les uns sont personnels, élémentaires, et que les autres expriment des rapports *administratifs*, *autoritaires*, ce qui leur donne la puissance dont ils ont le signe, la *force*. L'habit ne fait pas le moine, la *force* n'est pas toujours l'*autorité*, laquelle ne résulte que de la réalité du rapport exprimé, et qui prend corps dans le père de famille, dans une assemblée, un sénat ou un chef quelconque.

La lutte est partout entre l'élément qui veut s'agrandir en devenant libre sous l'impulsion de sa foi personnelle, l'égoïsme, et les éléments précédemment constitués ; mais la foi collective est plus forte. Le civisme a pour foi le patriotisme qui s'impose à l'individu, tant qu'il y a un but réel à accomplir. De même que les synthèses zoologiques se résolvent en leurs éléments pour entrer dans une évolution supérieure, de même en est-il de la famille, de la cité, de la patrie, laquelle, comme son nom l'indique, n'est qu'une vaste famille représentant toujours l'égoïsme agrandi de l'élément, lequel ne saurait être oublié, quoiqu'il soit à chaque instant sacrifié pour le maintien du rapport général.

L'*ambition* n'est que l'application de l'*égoïsme* au rapport collectif constitué pour le progrès ; c'est la plus grande foi de l'*individu*, qu'il s'agisse d'être à la tête de l'État, s'il est question du rapport présentement constitué dans la collectivité dont on est membre, ou qu'il s'agisse de gagner le ciel ou la plus haute relation générale qu'on immobilise pour la fixer en un point, lequel, sans qu'on s'en doute, a progressé comme tout le reste.

C'est pour n'avoir pas compris ce double courant de la foi, c'est-à-dire la perception du rapport qui est établi, et la perception du rapport en perspective qui doit se réaliser à mesure que la collectivité progressera, qu'on a commis tant de méprises sur l'interprétation de faits d'une simplicité primordiale. Décius se dévoue au salut de Rome, comme le musulman se dévoue sur le champ de bataille ; l'un pour le rapport civique, l'autre pour le rapport inconscient de la progression humanitaire qu'il croit réalisé pour lui-même dans un paradis peuplé de houris.

Tout progresse simultanément : l'*élément* qui s'agrandit comme individu perfectionnable suivant ses conditions, et comme *rapport*, suivant la collectivité dont il est membre, et suivant l'étendue des aspirations qui sont d'autant plus grandes que la progression a déjà été poussée plus loin. Les synthèses collectives vont du familisme au civisme, au nationalisme, à l'humanitarisme. Ce dernier degré n'est encore perçu qu'en direction, mais déjà quelques esprits l'affirment par la puissance de l'induction, et, tôt ou tard, il prendra rang parmi les faits de la science, laquelle, d'ailleurs, ne constate que le réel, parce qu'elle ne se nourrit pas de fantaisie et de fumée.

Les rapports progressent par les ressources accumulées, par les moyens de défense et d'attaque acquis à la collectivité, par les voies de communications, par les constructions de toute sorte, par les notions péniblement fixées, par l'ébauche de la science : regardez une ville, une bibliothèque, un musée quelconque et vous saurez alors que tout a progressé ; il y a trente ans à peine que la locomotion se fait à la vapeur, le télégraphe électrique date d'hier.

Quant à la *foi*, elle a progressé de même, ce qui se comprend : elle n'est un moyen agrandi qu'après avoir été un résultat perfectionné. Elle a un double courant, celui du présent, qui est la concentration du passé, si je puis ainsi dire ; celui du futur, qui va plus loin, parce que l'humanité, au lieu d'être fixe, est constamment progressive ; c'est ce dernier rapport qui a donné lieu aux religions de toutes sortes, qui toutes se prétendent immobiles, et dont l'insuffisance se révèle par leur progression même et par leurs variations d'expression.

Ce dernier rapport est le plus large et le plus irrésistible pour l'individu, mais il n'a pas une autre source ; il n'est pas niable, mais il n'est pas absolu. La lutte entre le ciel et la terre est une illusion pure. — Il faudrait un bâtiment immense pour contenir tous les dieux et toutes les déesses, toutes les idoles qu'enfanta l'imagination des hommes, poussés à l'agrandissement sans en connaître la route. Toutes les philosophies s'y sont attelées, les livres saints formeraient une vaste bibliothèque, depuis Moïse et Confucius, Zoroastre, etc., les livres de l'Égypte et de l'Inde, du Mexique et du Pérou : tout cela cherche et tout cela progresse. Le plus parfait est celui qui se détache le plus de la matière, parce qu'ainsi il exprime mieux la relation, en idée du moins. Le mystique croit être dans le rapport pur, il est dans le néant de l'hallucination. — Mais pendant ces rêves magnifiques ou terribles qui n'ont endormi ou mutilé que des éléments, la collectivité marchait sans cesse, le rapport véritable devenait de plus en plus compréhensible. La série réveillera tout le monde, mais elle est trop bonne personne pour enlever aux heureux songeurs leur hachich bienfaisant, elle ne s'adresse qu'à ceux qui voudront bien avoir les yeux ouverts.

Si les éléments subsistent, en se métamorphosant de plus en plus, les rapports passés subsistent aussi dans les expressions qu'ils ont prises, soit dans les écrits, soit dans les institutions, soit en des hommes. Les FOIS antécédentes restent pour constituer des traditions qui s'épuisent peu à peu en se transformant. Au lieu de rire et de se moquer, au lieu de plisser la lèvre comme fait tout sot égoïste qui se croit incrédule quand toutes les terreurs de l'ignorance l'assiégent, il faut affirmer plus haut que jamais la foi ! il faut seulement la mettre dans une direction unique, celle du rapport *réalisé*, révélé par l'étude et l'instruction, unie à celle du rapport *réalisable* que la science exacte révélera comme direction et auquel chaque homme voudra dès lors concourir en affirmant sa *foi générale*, qui sera le sentiment conscient qu'aura chacun d'être un élément relié à une collectivité progressive, l'humanité, dont le passé est assez beau pour qu'on se réjouisse de songer à son avenir.

Je m'arrête : j'ai tracé la ligne ponctuée qui relie l'ensemble de mon étude, cela est tout aussi clair que des évolutions pulmonaires ou circulatoires; c'est seulement plus grandiose, parce que c'est plus élevé.

Un aigle est plus beau qu'un caillou, la série humanitaire est plus large que toute la série zoologique; chacune a sa grandeur parce que chacune a sa place, c'est à nous de savoir la reconnaître, si nous voulons réellement nous instruire. J'en ai probablement trop dit pour les inhabitués, peut-être pas assez pour ceux qui voudront approfondir; supposez, si vous le voulez, que je n'aie rien dit du tout; plus tard je me rattraperai, je l'espère. La vérité de la série ne tient pas à ce chapitre, qui pourtant ne l'a pas fait mentir, comme pourra s'en convaincre tout homme de sang-froid.

CHAPITRE L.

Ce que cette série a déjà produit par la modification des milieux.

L'homme individuel, par le fait, n'est roi de rien du tout; les *immobilistes*, dans la qualification de roi de la nature, dont ils flattent leur vanité, entendent par là le caprice et l'arbitraire, qu'ils comprennent partout; cela est tout bonnement une illusion, pour ne pas dire une absurdité. Un homme, comme personne, peut être désigné comme l'expression de la relation la plus haute établie dans la portion de la collectivité générale dont il est membre, mais alors ce n'est qu'une délégation à la fois *réelle* et *fictive*; il doit administrer alors, *gouverner*, comme on dit, et son titre ne lui sera dûment acquis que s'il a l'intelligence nécessaire pour remplir la fonction qui lui incombe. Dans tous les cas, il reste homme et n'est qu'un lien entre les divers éléments du faisceau qu'il exprime. Rien n'irait, si, comme lui, tous les autres ne remplissaient pas chacun la fonction qui lui est départie. Ici, je n'ai pas l'intention de discuter la valeur de ce qu'on nomme le *pouvoir;* c'est bien simple en principe, mais la tradition a vigoureusement obscurci tout cela, et les *symbolistes* s'en donnent à cœur joie; grand bien leur fasse.

Ce n'est pas l'homme individuel qui est roi, non pas de la nature, laquelle n'est rien qu'un mot, mais de la planète sur laquelle il s'évolutionne, de la terre; c'est l'homme collectif, autrement dit la collectivité humanitaire, que, pour plus de commodité, j'appellerai l'*homme,* par abréviation, puisque c'est plus court, mais mon affirmation ne perd rien de sa rigidité.

L'*homme,* dans la grande série qui l'enserre et le développe, est le plus grand élément de rapport parmi toutes les productions terrestres. Son caprice n'y peut rien, sans doute; rien ne lui obéit, rien ne l'adore. Il faut qu'il se subordonne tout, qu'il conquière tout, avec ce grand sens inductif que porte chacun et que la tradition promène d'un bout à l'autre de la série humanitaire, en rendant propre à chacun ce qui a déjà été si péniblement préparé par tous dans les siècles passés. Le temps est immense, sans doute, dans la série générale, mais la tradition se calcule et elle est assez longue pour qu'on voie clairement que tout ne s'est pas façonné en *six* jours.

La collectivité humanitaire est progressive, elle n'est donc pas arrêtée, elle continue sa marche évolutionnaire en s'agrandissant tous les jours. Que deviendra-t-elle? je l'ignore, je ne suis ni sorcier, ni devin, quoiqu'on puisse l'être aujourd'hui sans danger; je sais ce qu'elle a déjà fait, pour cela il suffit de regarder; je sais la direction dans laquelle elle s'avance, mais ma personnalité est trop minime pour que j'aie la prétention de rien hâter; ce que je sais par expérience, c'est qu'elle ne reculera pas, cela me suffit par surcroît.

Il y a longtemps que la série humanitaire a posé le pied sur le sol qui, d'après les sériations précédentes, mettait à sa disposition bien des milieux et bien des éléments profitables ou nuisibles. Dès l'origine, l'humanité avait virtuellement, pour me servir de cette expression consacrée, avait *in partibus,* pour employer cette autre non moins consacrée, le domaine qu'elle s'est approprié, mais cela ne lui servait à rien, et l'on peut dire que, par le fait, elle ne possédait rien du tout. Elle a dû réagir de toute la puissance collective de ses membres, et la pénurie a cessé pour donner lieu à un accroissement successif de richesses réelles et transmissibles. Les milieux déjà existants ont été métamorphosés sous cette impulsion irrésistible; mais tout se résume au fond dans la composition d'un milieu plus favorable à l'humanité qui se développe. Cela est encore un progrès général, rien ne peut l'éviter, quelque conséquence qu'il puisse avoir, fût-ce la condensation de la planète, qui, elle aussi, s'évolutionne, comme nous le montrerons bientôt.

Ici, nous ne sommes plus dans les nébuleuses, la tradition humanitaire est notée tant bien que mal. Chacun sait que de temps il a fallu pour que l'on connût notre planète entière; les anciens ignoraient la majeure partie du globe; il y a trois siècles, tout un continent était encore à découvrir et cela en surface, car en profondeur, la science date de quelques années à peine, et l'on a déjà peur de continuer froidement ce qu'on a entrepris par loisir et par désœuvrement.

La même chose est toujours arrivée à l'homme; il est poussé en avant par un besoin de sa composition organique ; il est inconscient du résultat, mais quelques-uns le préparent, d'autres le réalisent et l'humanité s'en empare définitivement. L'homme a trouvé sous sa main des minéraux, des plantes, des animaux s'évolutionnant librement sous les lois de milieux favorables, il les a pris d'abord, tels qu'il les trouvait, il s'est défendu, protégé contre le danger, et ses conquêtes ont commencé. Son sens inductif lui a fait considérer les rapports, il a vu que tous les organismes étaient subordonnés aux milieux et alors il a changé les milieux pour ces organismes donnés, en tant que ces milieux fussent à sa disposition, et il a eu un produit nouveau, bien préférable au premier : tout le secret de notre puissance est là.

Le *sauvage* ou l'homme primitif, lequel subsiste encore de nos jours, presque aux degrés inférieurs, ne disparaît pas complétement, quoiqu'il s'affaiblisse de plus en plus, comme importance, débordé qu'il est par les degrés supérieurs. Le sauvage frotte deux morceaux de bois l'un contre l'autre, il en voit jaillir la flamme; il continue, s'il n'a pas trop peur, et le bois brûle et l'échauffe : le feu est trouvé. C'est une arme, c'est une ressource, c'est une protection, c'est un besoin. On le reproduira de cent façons plus tard, mais ce doit être une invention bien appréciée de l'homme, car Prométhée fut rigoureusement châtié par l'immobile Jupiter, pour lui avoir dérobé le feu du ciel; et les vestales, qui conservaient le feu sacré, et les mages, qui l'adoraient à genoux dans leurs respectables pyrées : tout cela ne nous prouve-t-il pas que l'humanité dut se réjouir bien fort d'avoir trouvé un si précieux auxiliaire ?

Avec le feu, la végétation est détruite là où poussait la forêt impénétrable, là où rampait la ronce envahissante : on met le feu et tout est consumé; mais ce n'est qu'une décomposition favorable, des graines utiles seront déposées sur ce sol régénéré, et une moisson commencera à grandir. — Avec le feu, on durcira l'épieu, avec le feu on fondra le fer, et à chaque pas l'humanité s'agrandira d'une ressource qui ne fera que s'étendre en vieillissant.

Rapporter tous les efforts que dut coûter l'agriculture serait impossible; je n'en veux qu'une preuve. Les Grecs, qui ont raconté l'histoire de l'homme dans leur polythéisme aux mille formes, avaient une déesse de l'agriculture, Cérès, et c'est elle qui avait instruit Triptolème en lui révélant le blé. Avec cela, l'homme travaille et se console ; il s'imagine en dressant un autel avoir la clef de toutes choses : ce n'est qu'une borne qu'il élève sur le chemin qu'il parcourt, pour s'y reconnaître ou s'y reposer.

Je ne fais qu'indiquer cela en passant. Une chose plus importante, parce que les *immobilistes* y trouvent une pierre d'achoppement que je ne veux pas enlever du sentier ardu dans lequel ils gravitent, c'est la variation que l'homme a imposée aux germes prétendus fixes de toute éternité, en faisant seulement osciller les milieux, en changeant en un mot les conditions dans la mesure du possible, et ce possible s'est trouvé par le fait assez étendu.

Naturellement, c'est-à-dire sous l'influence de milieux propres à leur série, les plantes avaient des germes, dont nous avons longuement déterminé l'emploi; l'homme s'en est emparé pour les fixer autour de sa demeure; s'il s'est tu, il a néanmoins douté de la prétendue révélation que l'*immobilisme* voulait lui imposer. Il a assisté à l'évolution de ce germe, mais il n'a pas laissé que de la contrarier pour voir ce qui en adviendrait. Il a tordu les tiges, coupé les branches et il a regardé ce que alors devenaient les racines et les fruits. — Les racines, alors, pouvaient devenir féculentes, les fruits devenaient plus charnus, plus savoureux; l'agriculture s'agrandissait d'autant. — La plante, ainsi détournée de sa direction première, donnait une plante nouvelle; et, malgré l'*immobilisme*, une variété était acquise et même il fallait bien du temps et des conditions autres pour la faire rétrocéder jusqu'à son premier état, qui n'avait rien de plus miraculeux que le second. L'espèce et la variété, pour tout dire, sont dans la même direction, ce sont des organismes subordonnés aux milieux d'où ils sont sortis; l'humanité a mis cela hors de doute, seulement elle l'a fait comme M. Jourdain faisait de la prose, sans le savoir. Son ébahissement présent ne doit pas nous surprendre.

Les semis, la greffe, la bouture, la taille, les serres chaudes, sont aujourd'hui à la disposition du plus ignorant manœuvre, et pourtant jadis cela a été peut-être découvert par un homme de génie. Après l'utile vint l'agréable; pour obtenir le second, on n'a eu qu'à persévérer dans la direction qui avait donné le premier. C'est toujours la même chose : induire de faits observés des rapports exacts, puis appliquer ces rapports par l'appropriation des milieux à l'organisme désiré; l'organisme surgit si l'on n'est pas victime d'un rêve ou d'une illusion, qui d'ailleurs, par la plus petite condition de plus, arrivera à se transformer en la plus palpable réalité. On a obtenu ainsi les fruits les plus savoureux, les plantes au port le plus gracieux, les fleurs à double et quadruple corolle. Chacun connaît la transformation des étamines en pétales ; cela a pu passer autrefois pour un miracle, aujourd'hui c'est un simple petit fait bien sérié que chacun reproduit à volonté dans les conditions voulues. N'oubliez pas cela, car notre volonté serait minime si elle voulait faire sortir de notre cerveau un dahlia tout fleuri. Un fou peut songer à cela, un *immobiliste* regrette qu'il n'en soit pas ainsi, je le regrette aussi pour ces deux pauvres personnages, mais c'est uniquement pour calmer leur délire ; quand ils reviendront à la raison, la série leur montrera, avec ménagement, que tous deux n'étaient pas précisément sains d'esprit.

Pour l'*animalité*, le procédé fut le même, seulement il a fallu plus de courage pour l'entreprendre et plus de persévérance pour continuer. — Les forces collectives ont dû être là employées fort souvent, car, si l'on voulait *parasiter* quelques animaux, il fallait se défendre soi-même contre beaucoup. Cela se manifeste par les légendes antiques; les héros ne sont destinés qu'à combattre ou à dompter des animaux terribles que l'on qualifie de monstres, c'est le conte après la réalité.

Les premiers animaux que l'homme a fixés autour de lui, ce sont les herbivores, pour lesquels il lui a suffi de disposer de la nourriture que ces bêtes paisibles s'empressèrent de prendre. L'homme alors les abrita dans sa demeure, tant il voulait de bien à ses nouveaux sujets; puis il les fit reproduire pour son plus grand profit et, sûr d'avoir leurs enfants, il égorgea honnêtement les parents, les fit rôtir, les mangea, se vêtit de leur peau. Plus tard il tissa leur laine, tanna leur cuir ; enfin toute l'industrie se créa à la suite, dans le plus grand intérêt de l'homme individuel et le plus grand agrandissement de l'humanité.

Ce n'est pas tout : d'autres parasites furent appropriés ; le chien, que l'homme a travaillé comme le plus vil végétal et à qui il a tant fait prendre de formes qu'on ne sait plus où est l'espèce primitive, le chien fut évoqué pour garder le troupeau et pour chasser la bête fauve, ainsi nommée, parce qu'elle avait le poil roux et qu'elle n'avait nul besoin d'être égorgée.—L'homme, pour transmuter le chien, l'a mis dans toutes les conditions possibles, au chaud, au froid, à la lumière, à l'obscurité; il lui a prodigué l'abondance ou l'a réduit à la famine, puis il a fait croiser toutes ces synthèses pour obtenir des germes nouveaux, et ainsi on va du molosse au king's-charles sans que l'espèce ait réclamé en rien : l'évolution de chaque synthèse a subi le changement du milieu.

Un autre genre d'appropriation que l'homme a mis en usage nous est offert par le cheval. On lui met une bride dans la bouche pour lui donner une sensation désagréable, en vertu de laquelle on force son cerveau à diriger la tête dans le sens exigé par le cavalier. On lui pique les flancs avec une pointe d'acier plus ou moins élégamment façonnée suivant les temps, pour le forcer à fuir dans la direction opposée à la douleur : voilà l'impulsion unie à la direction. Ce n'est pas tout : la bête peut regimber encore ; on lui enlève son organe impulsif le plus fort, l'organe testiculaire, et la bête alors s'alourdit. Elle a assez de muscles pour traîner un lourd chariot, le fouet réveillera son apathie, l'inévitable bride lui bâillonnera la bouche, et l'homme ainsi a le plus honnête et le plus utile serviteur. Il le croisera aussi, ne le mutilera pas toujours, il l'unira à l'âne et obtiendra le mulet, hybride qui, pour se reproduire lui-même, n'aurait besoin que d'être suffisamment travaillé ; on ne s'en est guère donné la peine, parce qu'on avait assez d'ânes et de juments.

L'artifice est variable, la direction est générale : à cette heure il n'y a plus d'obscurité sur ce sujet. Tout cela s'est fait lentement, péniblement ; on continue de nos jours, il y a pourtant longtemps que cela a commencé, et ce n'est pas près de finir.

L'homme, pour son utilité ou son plaisir, ce qui n'est d'ailleurs qu'un degré dans la jouissance ou l'appropriation des choses, ne s'en est pas tenu là, il a parasité des animaux plus récalcitrants. La manière dont il s'y est pris est fort intéressante à remarquer. Les animaux *féroces,* comme on les appelle, sont des carnassiers, d'une part, et des animaux fort médullaires ou réacteurs de l'autre ; ils sont très-instinctifs et très-musculaires, par conséquent ils ont des dents, des griffes, une masse énorme quelquefois. L'homme réduit les plus gros, en les prenant petits et les mettant en cage, avec toutes les précautions voulues, et s'il a quelque chose à en craindre, il les combat et les détruit, ce qui est plus expéditif ; mais la grande question pour lui c'est de les *apprivoiser*.

Ce mot en lui-même n'indique rien, mais la relation qu'il faut y voir est bien autrement progressive. Il s'agit, dans cette opération, de *sentimentaliser* de plus en plus ces animaux, par les conditions d'une nourriture moins animalisée et moins vivante ; par le défaut de réaction qu'on leur impose, par les sensations les plus douces qu'on leur prodigue ; alors ils sont obéissants, surtout à la suite de croisements multiples ; ils deviennent caressants, flatteurs, patelins, et un petit lion, qu'on appelle un chat, dont la rage se tourne encore quelquefois contre les souris du domicile, arrive à faire patte de velours et à être, quoique toujours fripon, aussi innocent que la plus timide gazelle. Voilà ce que des conditions de milieux opèrent sur un système nerveux prétendu inflexible ; voilà, en un mot, un animal totalement changé dans ses *mœurs,* autrement dit, sa *nervosité* appliquée, par l'éducation qu'on lui a imposée. Cela n'est pas vrai seulement pour les chats, l'homme lui-même se rattache trop comme élément à la zoologie, pour que la collectivité ne puisse pas terriblement le métamorphoser ; il serait tout au moins bon d'y avoir l'œil.

Voilà comment l'humanité a opéré sur les éléments qui l'entouraient ; mais n'a-t-elle rien fait sur les rapports, sur les milieux généraux de la terre ? Il s'en faut bien. D'abord, des races entières d'animaux ont été supprimées ; des masses de plantes ont été arrachées et n'ont plus librement poussé que dans les solitudes. La croûte terrestre a été sillonnée dans tous les sens par l'homme progressant à travers les siècles. Des canaux ont été creusés, et le sol environnant s'est desséché sous l'influence de cette saignée puissante. Des marais ont été comblés et cela sur des étendues considérables. L'équilibre a donc dû être rompu, et, pour le rétablir, d'autres ruptures ont dû se faire ailleurs. Les montagnes ont été dénudées de leurs arbres que la fournaise humaine a dévorés; les entrailles mêmes de la planète ont été fouillées pour en extraire les minéraux et les houilles; croit-on que cela n'ait rien fait? les inondations prouvent le contraire; les pôles sont aujourd'hui glacés, l'évolution continue donc dans l'ensemble comme dans les parties.

Sur la matière proprement dite, l'homme a remporté de plus gigantesques victoires; mais, comme il fallait plus de forces inductives pour réussir, cela n'est apparu qu'assez tard. D'abord l'homme a remué des blocs, il a construit des monuments sur place et les mille pointes de ses édifices ont été autant d'aiguilles dégageant du sol l'électricité qui y est contenue. Après la protection, la locomotion s'est ébauchée, dans l'humanité comme dans la zoologie, et le tronc d'arbre a été taillé pour constituer un chariot ou une barque. Il a fallu alors calculer les *équilibres mobiles,* bien plus difficiles encore que les *équilibres stables,* pour lesquels avait suffi le fil à plomb. Tout cela a marché peu à peu, puis les voies se sont ouvertes, et aujourd'hui la locomotion jette sa fumée épaisse et dévore l'espace en faisant siffler son impatiente vapeur; l'espace est dévoré, mais l'homme y gagne le temps. Les Anglais nous l'ont dit : *Time is money;* l'espace, lui, ne coûte rien, l'esprit va jusqu'à l'infini sans le moindre effort.

Les forces mêmes de la minéralogie ont été mises en œuvre pour agrandir nos rapports. Le calorique a été le premier à se plier à notre usage. La lumière resplendissait le jour en émanant du soleil alors à notre horizon : nous l'avons extraite de corps divers, confondue avec la chaleur dans des combustions multiples. Nous avons marché de la branche résineuse à la graisse enflammée, puis est venu le suif, puis la bougie, puis la lampe simple et mécanique, puis le gaz, puis l'électricité, force gigantesque née dans ce siècle et qui n'est qu'à l'aurore de sa puissance. Niez donc après cela le progrès!

Tous ces changements, la collectivité humanitaire, la série anthropologique, l'humanité, en un mot, ne les a faits que sous son impulsion propre, pour se façonner un plus convenable milieu d'évolution, en agrandissant chacun de ses membres ; mais combien s'est-elle saignée elle-même? Les hommes, pour l'enfanter, chaque jour ont versé des rivières de sueur et des mers de sang. Les autres séries ont eu leurs cataclysmes, l'humanité a eu les siens : migrations, guerres, invasions, etc. Pourtant elle rajeunit sans cesse en vieillissant, et nous, plus heureux que nos pères, nous pouvons assister à sa croissance, tandis qu'eux ne savaient même pas si elle existait.

Je n'irai pas plus loin dans le présent ouvrage. La zoologie tient trop de place avec ses poumons et ses cœurs, ses estomacs et ses cerveaux, pour ne pas jeter un peu de disparate sur ces grands faits de relation pure qu'offre une collectivité progressive. J'ai rempli le programme, en montrant la réalité de notre direction soudée aux directions qui précèdent et à celles qui vont suivre. Je dis à l'humanité, au revoir, et je passe à l'aperçu de l'ensemble dans la réalisation géologique.

CHAPITRE LI.

Aperçu général sur les réalisations géologiques

Quoique j'y parle grec, le présent tableau n'a aucune prétention; il est destiné à faire embrasser d'un coup d'œil l'espace que nous avons parcouru. Les mots grecs que j'emploie sont mis là pour présenter une uniformité désirable en pareil sujet; c'est, à proprement parler, un résumé de ceux que nous avons présentés déjà.

La ligne XY représente en direction, l'absolu, auquel nous avons renoncé. La lettre A exprime notre point de départ ; la première série est la minéralogie, dont nous appelons l'élément *some,* du nom grec *σομα*, qui veut dire *corps*. Quoique très-vaste en détails, cette série ne s'élève jamais comme formation au-dessus de l'élément, quelque compliqué d'ailleurs qu'il puisse être; aussi exprimons-nous cette vérité en n'y faisant aucune coupe; nous nous bornons au *proto-some*, qui veut dire premier corps. Nous savons, en effet, que dans cette série la forme appartient à l'élément; nous n'avons rien à ajouter à cet égard. C'est l'affinité qui, s'agrandissant par la multiplication des éléments terreux, constitue la pesanteur. Il résulte de l'agrégation de la masse terreuse des forces qu'on appelle physiques, telles sont : l'électricité, le magnétisme et d'autres forces analogues résultant du conflit de ces molécules, la chaleur, la lumière.

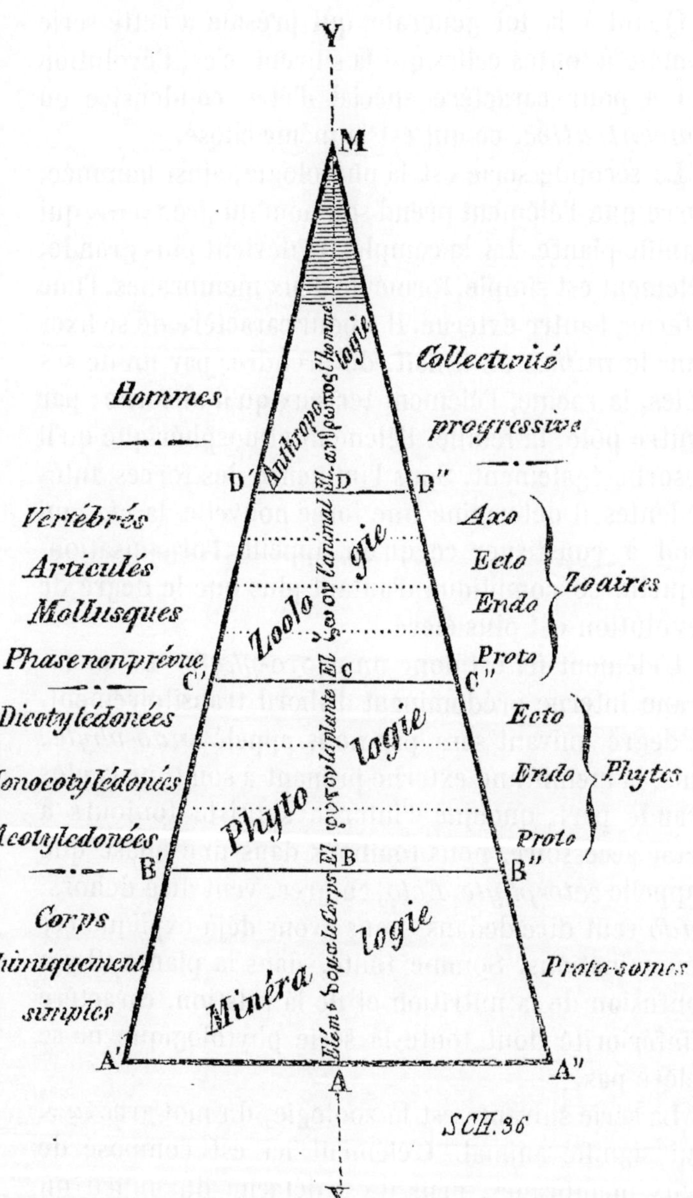

RÉALISATIONS GÉOLOGIQUES.

30

Quant à la loi générale qui préside à cette série comme à toutes celles qui la suivent, c'est l'évolution qui a pour caractère spécial d'être condensive ou *concentrative*, ce qui est la même chose.

La seconde série est la phytologie, ainsi nommée, parce que l'élément prend son nom du grec φυτον, qui signifie plante. Ici la complexité devient plus grande, l'élément est simple, formé de deux membranes, l'une interne, l'autre externe. Il a pour caractère de se fixer dans le *milieu* où il naît, de prendre, par un de ses pôles, la racine, l'élément terreux qu'il absorbe ; par l'autre pôle, la feuille, l'élément atmosphérique qu'il absorbe également. Sous l'influence des forces antécédentes il détermine une force nouvelle, la *vie*, qui tend à constituer ce qu'on appelle l'organisation, laquelle se complique d'autant plus que le degré de l'évolution est plus élevé.

L'élément ici est donc un PROTO-*phyte*. La membrane interne prédominant d'abord transitoirement, le degré suivant sera par nous appelé *endo-phyte ;* puis, la membrane externe prenant à son tour la plus grande part, quoique l'interne subsiste toujours à l'état accessoire, nous tombons dans une phase que j'appelle *ecto-phyte*. *Ecto*, en grec, veut dire dehors, *endo* veut dire dedans, nous avons déjà expliqué ces dénominations. Somme toute, dans la plante, il y a confusion de la nutrition et de la relation, caractère d'infériorité dont toute la série phytologique ne se relève pas.

La série suivante est la zoologie, du mot grec ζωον, qui signifie animal. L'élément ici est composé de deux membranes, mais il est détaché du milieu où il s'agite plus ou moins librement. La force, c'est encore la vie donnant lieu à l'organisation, mais il s'y adjoint une indépendance qui a de grands résultats, et que je désignerai sous le nom de force morale ou de relation, quoique cette expression ait été détournée de cette acception; mais en l'expliquant on est en droit de faire signifier à un mot ce que l'on veut. J'ai trop longuement parlé de la zoologie pour qu'on n'en comprenne pas le schématisme, je n'y insiste donc pas.

Dans la phytologie, la forme passait à la synthèse, qui est une réunion d'éléments plus ou moins complexes, et qui ont plus ou moins d'individualité personnelle, comme le bourgeon, par exemple. La synthèse est aussi, en zoologie, munie de la forme, mais les éléments y ont beaucoup moins d'indépendance, ce qui tient à ce que la synthèse elle-même en a beaucoup plus; par contre, il s'y présente le phénomène des collectivités bien supérieures aux synthèses. Dans ce cas, l'élément, qui est toujours une synthèse organique, est fondu dans une direction commune qui ne permet pas la forme, à moins que la collectivité ne soit synthétisée, ce que nous a présenté le zoophyte, et ce que plus tard va nous présenter notre planète, la terre. La phytologie elle-même avait ébauché le phénomène, et nous avons traité cela dans la sériation des collectivités.

C'est la collectivité qui donne lieu à la série anthropologique, dont l'élément est l'homme-organique réuni à d'autres hommes d'une façon fort complexe et fort progressive. Cela conduit à ce que j'ai désigné sous le nom de synthèses collectives ou délimitation des collectivités partielles progressant dans la collectivité générale, famille, tribu, cité, nation, etc. La force qui résulte en la dirigeant toujours de cette mise en œuvre grandiose, c'est la foi, que nous n'avons qu'à indiquer ici.

L'évolution est concentrative, avons-nous dit; rien ne le prouve mieux que la série suivante, que je qualifie de cosmologique, κοσμος pouvant signifier l'élément planète qui incombe à cette section nouvelle. Toutes les séries que nous avons parcourues jusqu'ici se fondent donc en une synthèse gigantesque : la terre, collectivité synthétisée au premier chef. On voit par là qu'un élément cosmologique est des plus complexes, et que la forme au premier degré d'une série réalisée appartient toujours à l'élément.

De A en M, nous sommes dans une série que j'appellerai volontiers géologique, γη, en grec, signifiant terre; c'est, à proprement parler, ce que nous avons nettement étudié; c'est là le champ de l'homme s'appliquant à défricher son domaine. Ce n'est pas tout : il y a une expansion incommensurable à partir du point M jusqu'à l'infini. Nous y jetterons tout à l'heure un regard, et la collectivité à synthèses séparées nous apparaîtra de nouveau dans le système planétaire qui a pour centre de soleil, lequel va dans le sens d'un autre système, etc.

Il y a donc en dehors de la terre quelque chose qui non-seulement existe, mais que le cerveau de l'homme peut induire; c'est pourquoi nous avons donné à notre ouvrage le titre de *Développement de la série naturelle*, au lieu de l'appeler seulement « Série *gé*ologique. » — La *nature* n'est qu'un mot, mais il exprime depuis des siècles l'ensemble des choses existantes, considérées en action. C'est un substantif indiquant une direction, l'adjectif *naturel* indique la qualité de la série qui est poussée dans la direction de ces choses considérées en action, c'est-à-dire en rapport.

Qu'y a-t-il de frappant dans cette longue chaîne de phénomènes si bien reliés? C'est, d'abord, que rien n'est immobile, que tout remue, que tout progresse non-seulement dans l'espace, mais encore dans le temps. Renonçant à l'absolu en bas comme en haut, c'est-à-dire déterminant notre horizon inductif, nous avons assisté à ce déroulement remarquable depuis le point minéral infime jusqu'à l'homme collectif. Ce qu'il faut bien voir surtout, c'est que l'élément d'une série nouvelle surgissant à la suite d'une série antécédente, est entouré de forces immenses, et n'est constitué sous leur influence qu'à l'état microscopique, pour ainsi dire, par quelques molécules de matière déjà évolutionnée. Il constitue lui-même alors un milieu nouveau autour duquel gravitent de nouvelles molécules ; il crée des forces par son organisation même : cela a commencé par l'exigu, mais ne s'arrêtera qu'au gigantesque.

Les organes sont subordonnés aux milieux, c'est incontestable ; mais ils deviennent eux-mêmes milieu pour les organes qui suivront, bien entendu que les milieux primitifs subsistent toujours. Aucune des forces ne disparaît, elles s'ajoutent les unes aux autres ; c'est de leur solidarité que résulte l'ensemble ; c'est de leur agrandissement que résulte la progression.

La question capitale ici, c'est celle du germe, et, à elle seule, elle démontre bien que rien ne disparaît, mais que tout se métamorphose. Le germe supplée aux milieux dans ce qu'ils ont eu de changé dans leurs conditions premières. Il est lui-même aussi progressif que le reste, et peut être influencé par des milieux qui viendront lui imprimer leur cachet qu'il reproduira sans plus de cérémonie. Nous sommes à cette heure édifiés sur la fixité de l'*espèce*; nous savons son étendue, car nous avons, à côté, mesuré la *variété* qui a fait justice de cet inflexible immobilisme.

Tout a progressé sous nos yeux, les éléments, les synthèses, les collectivités, les milieux, les rapports, les forces : voilà ce qu'il est urgent de signaler. Si je voulais, à cette heure, définir scientifiquement le *monde*, mot qui d'ordinaire exprime l'ensemble des choses existantes, considérées en non-action, je ne pourrais le faire d'une façon complète. Cette composition, dans son sens vulgaire, est d'ailleurs une absurdité; aussi l'a-t-on animée par la *nature*, qui était censée en être le moteur intermédiaire. Je pourrais dire pourtant : le monde est une collectivité incommensurable, maintenue dans une progression constante par les forces qui résultent en les produisant successivement de tous les éléments qui y concourent; c'est une simple loi de solidarité générale. Pour tout comprendre on n'a pas besoin d'autre chose. J'ai sérié d'un bout à l'autre de la chaîne géologique, mais ma tâche n'est pas achevée : la cosmologie nous appelle; avant de l'aborder, nous affirmons qu'il n'y a pour la science que des faits et des rapports; cela suffit à qui veut réellement s'instruire en renonçant à l'absolu.

Pour étudier le monde, on n'a pas plus besoin d'admettre une cause qui lui serait extérieure, qu'on n'a besoin de poser des limites à l'infini pour y faire des recherches. Cela étant dit, lançons-nous dans l'espace; regardons, mais n'ayons pas peur.

CHAPITRE LII.

Série cosmologique.

Avant tout, je dois déclarer mon incompétence personnelle à donner la moindre idée complète de la présente série, et je le fais de grand cœur. Si je m'arrête, moi, d'autres poursuivront; ce que je veux affirmer seulement, c'est que la méthode sériaire seule a donné et donnera de bons résultats.

Si j'aborde comme indication cette série plus vaste encore et plus indéterminable que les autres, c'est pour induire tous les faits précédemment observés par nous dans une synthèse qui les contienne. Cette synthèse fort complexe, dont on a eu si longtemps une idée incomplète et si fausse, c'est la terre. Toutes les sériations antécédentes peuvent se fondre dans une série unique qui prendrait le nom de géologie, mais nous préférons maintenir nos sections. La terre dès lors, prise dans son ensemble, avec ses minéraux, ses eaux et son atmosphère, sera considérée par nous comme l'élément de la série nouvelle; ce sera pour nous un *proto-cosme*, si l'on veut.

Les astronomes, car tel est le nom des spécialistes qui se sont appliqués aux faits cosmologiques, les astronomes, dès qu'ils ont été dignes de ce nom, ne se sont pas contentés de voir des astres, ils les ont regardés; aussi est-ce la première partie de la science qui a tendu à être exacte. La série y a été appliquée de fort bonne heure, ce qui se conçoit, puisque les astronomes se sont servis des mathématiques pour tirer les rapports des faits observés. Or, les mathématiques, c'est la série en toutes lignes et en toutes lettres : les astronomes ont été les premiers sériaires après les mathématiciens, qui ne l'étaient qu'à *vide*, si je puis ainsi parler. Grâces en soient rendues aux uns comme aux autres ; il leur a fallu bien du courage pour cela ; le *symbolisme* n'y allant pas de main morte dans sa défense, et c'est là qu'il a été tout d'abord attaqué.

Les astronomes avaient constitué leur élément dont ils négligeaient la composition; c'était logique, ils renonçaient à l'absolu, première condition de la science. Ils ne calculèrent que des masses et des directions avec leurs yeux et leurs lunettes; ils confirmèrent leurs indications par des faits, mais toujours et partout ils recherchèrent le rapport ; c'est là leur grand titre de gloire.

Nous avons péniblement, pendant qu'ils regardaient les faits les plus élevés de la série, nous avons analysé le seul élément de la série cosmologique, c'est la planète ; la seule planète analysable jusqu'ici et à grand peine, vu les préjugés et la difficulté des découvertes, c'est la nôtre, c'est celle dont nous sommes le point culminant, puisque nous, hommes, faisons partie d'une collectivité progressive qui y est incluse ; l'astronomie nous laisse dans toute notre infimité.

Minéralogie, phytologie, zoologie, anthropologie,

tout cela est l'analyse de l'élément cosmologique à notre disposition, de notre planète, de la terre ; c'est donc, à proprement parler, de la *géologie* que nous avons fait jusqu'ici. Ce mot a été mal à propos détourné de son acception véritable pour s'appliquer uniquement à la collectivité minéralogique de la terre ; c'est une erreur, il faut la rectifier. La géologie, si on la sériait complétement, serait une gigantesque étude et nous n'avons fait qu'en poser les jalons.

La terre, relativement à la série cosmologique, est un véritable élément qui ne compte en astronomie que pour *un,* et encore est-il si minime qu'on le néglige dans les calculs. Appelez-vous donc après cela *rois de la nature,* quand un globe comme la terre est inappréciable dans la mensuration des espaces !

La terre, dans son ensemble, s'est évolutionnée comme les diverses séries qui la composent; elle s'est condensée, tout le démontre; ses couches sont là pour témoigner l'un et l'autre. Tout ce qui est évolutionné et ne s'est pas résolu en éléments, reste enfoui dans cette gangue commune, le granit comme la houille, le mastodonte comme la fougère : cela est aujourd'hui une vérité primordiale sur laquelle même la discussion n'est plus permise, à moins qu'on ne soit au plus épais du non savoir.

Les montagnes se sont soulevées les unes après les autres. M. Elie de Beaumont a calculé supérieurement cette magnifique sériation. Les couches terreuses sont encore simplement minérales dans beaucoup de leurs clivages, mais peu à peu les plantes fossiles s'y rencontrent, de la plus simple à la plus composée. Les animaux font de même. Beaucoup d'espèces ont disparu dans les cataclysmes, d'autres les ont remplacées. Il y a des terrains ignés, des terrains de transition, des terrains sédimenteux d'alluvion, c'est-à-dire déposés peu à peu par les eaux, et l'homme n'y est pas à l'état *fossile* : il n'était pas né à ces époques reculées, et, dans les cimetières où l'humanité a enfoui ses membres pendant tant de générations, les synthèses *hominales* se sont réduites à leurs éléments. On ne trouve plus qu'une poussière sans forme, quelquefois l'on ne trouve rien; Mais le *plésiosaure*, l'*ichthyosaure*, etc., sont tous conservés, pour nous instruire de ce qui fut jadis.

Notre planète est solidaire dans chacune de ses parties : tout ce qui s'évolutionne dans ses profondeurs ou à sa surface lui appartient. Pour la caractériser d'un mot, je dirai qu'elle nous présente une vaste *collectivité synthétisée* qui nous contient, nous, comme le reste, et elle, prise comme *un*, prise comme une *synthèse élémentaire*, elle est suspendue dans l'espace, elle est indépendante, pour concourir à un but commun avec d'autres synthèses similaires, d'autres planètes, lesquelles, quoique non analysées comme la nôtre dans leur composition, n'en sont pas moins reliées à elle dans un système commun qui constitue un système planétaire.

Conçoit-on quel horizon immense s'étend devant nous? Conçoit-on de quel vertige eussent été pris ces pauvres Indiens, si tout d'un coup, enlevant l'éléphant et la tortue qui faisaient leur quiétude, on leur eût crié : vous êtes attachés sur votre planète, c'est vrai, mais elle tourne plus vite que vos *faquirs;* elle marche plus vite que le Gange, elle fend l'espace comme l'oiseau. Ils se fussent prosternés, sans doute, et longtemps d'autres hommes que les Indiens l'ont fait pour moins que cela.

L'homme eut si grand' peur de se révéler ce mystère, que tous les religieux et tous les philosophes déclarèrent la terre immobile, en sa qualité de *centre* du monde. On voulait bien permettre aux autres astres de tourner tout autour, c'était beaucoup de condescendance à leur égard.

Le rapport étant tout, dans la science même la plus simple, on n'avait pu le méconnaître, seulement on l'avait établi à rebours ; c'est toujours la même chose. Les classificateurs nous ont édifiés à ce propos. Le soleil, partie dominante du système planétaire dans lequel est comprise la terre, éclairait les hommes en projetant ses rayons sur chaque hémisphère, c'était donc lui qui tournait; Josué l'avait arrêté, c'était notoire. L'astronomie ne fut pas de cet avis, et le notoire devint apocryphe; il y avait là de quoi se fâcher, ainsi arriva-t-il.

On nous disait : tout est créé pour l'homme, la puce qui le mord et le lion qui le mange ; le chien est créé pour garder le mouton, le mouton est créé pour être gardé par le chien et dépecé par l'homme; le fruit savoureux et la baie empoisonnée, tout cela est dans notre plus grand intérêt. Les astres, les étoiles sont nos grands et petits luminaires; c'est presque une hérésie que d'allumer une bougie, la lampe est irrémissible, le gaz nous damnera tout droit : comme c'est joli et *pastoral* tout cela !

Eh bien, l'homme est maître, si vous le voulez, sur la terre, parce qu'il dispose, dans une certaine limite, des milieux ; et encore, les volcans ne se bouchent-ils guère à la commande, et les tremblements de terre et les inondations ne nous demandent pas la permission de renverser nos villes, de nous écraser par milliers. Mais alors, répond le symboliste, il y eut péché au premier chef, le mal vient de là ; mais qui a donc péché sur une île déserte où le volcan vomit feu, flamme et laves? Le symboliste répondra qu'on a péché quelque part. Si ce n'est toi, c'est donc ton frère : à merveille !

Mais le symboliste perd toujours un peu de son assurance devant les plaines infinies de ce qu'on nomme la voûte céleste ; il adore alors avec acharnement, car il sent bien que l'homme n'est plus maître dans ces royaumes-là, qui pourtant n'en vont pas plus mal et ne sont pas plus immobiles, soyez-en sûr, que le petit Lilliput terrestre où nous autres, petits pygmées, nous faisons des enjambées de géant.

La terre tourne suivant des lois précises, solidaires, des lois qui régissent les autres planètes ; ces forces, qui ne sont que des rapports perçus en action comme dans toute la série, ont reçu un nom spécial qu'il est bon de conserver puisqu'il est clairement expliqué : c'est la gravitation.

C'est là que le sens inductif de l'homme triomphe en s'appuyant sur toute la puissance acquise par la collectivité. Dans les mathématiques et dans l'optique, on n'a jamais admis, que je sache, de révélation astronomique en dehors de l'humanité. Eh bien, tout cela a été calculé pourtant, et les faits n'ont pas arrêté les observateurs, ils les ont au contraire poussés en avant. C'est le rapport qui a été recherché avec ardeur et c'est lui qu'on a découvert.

Quels noms illustres se dressent dans cette direction magnifique qui, pour n'être pas si usuelle que l'agriculture ou l'administration, n'en est pas moins grandiose, en nous affirmant notre puissance inductive, que nous avons tant besoin de ne pas nier, pour avoir conscience réelle de nous-mêmes. Longtemps les pasteurs regardèrent les astres et apprirent à se guider sur leur marche. Qu'était-ce que cela? Un pur emploi du sens oculaire et une faible induction réalisée en utilité pourtant.

La science n'était pas là, on ne saurait trop le répéter. L'astronomie était ébauchée à peine, et déjà l'homme divaguait dans ce champ où il cherchait plus d'inspirations que de réalités. L'astrologie fut l'alchimie de cette grande science, et l'on sait que de stupidités on a échafaudées là-dessus. Chaque homme crut devoir se choisir une étoile qu'il supposait devoir le protéger; on naquit sous une bonne ou une mauvaise étoile! Niaiserie et faiblesse, voilà ce qu'engendre l'ignorance, et la série cosmologique déroulait paisiblement ses admirables rapports que l'humanité méconnaissait encore, parce qu'aucun de ses membres ne les lui avait révélés.

Le jour arriva pourtant où les ténèbres se dissipèrent. Copernic, Galilée, Tycho-Brahé, Képler, enfin, sérièrent tout cela, et les grandes lois de la gravitation, qu'on appelle peut-être à tort universelle, foudroyèrent tous les imposteurs astrologues, qui ne se laissèrent pas détrôner sans se venger.

Je n'ai qu'à m'incliner devant tant de profondeur inductive, dont la constatation seule nous importe. Que vous apprendrai-je en transcrivant ici les grandes lois de Képler : 1° que les carrés des temps des révolutions planétaires sont proportionnels aux cubes des grands axes; 2° que les orbites planétaires sont des ellipses dont le soleil occupe un des foyers ; 3° que le temps employé par une planète à décrire une portion de son orbite est proportionnel à la surface de l'aire décrite pendant ce temps par son rayon vecteur ? Je vous apprendrais ce qu'un homme peut faire quand, sans préjugé, il se met au grand chantier de la science. Képler reconnut aussi la généralité de la loi d'attraction, la rotation du soleil. On voit qu'il sériait, ce grand homme. Notre système planétaire seul l'occupait ; mais il était tellement dans le vrai, qu'il indiqua des planètes qu'on devrait découvrir plus tard ; il n'y avait donc pas à crier miracle quand on les découvrit.

La science ne doit pas s'arrêter là, mais elle ne pouvait pas changer de direction, puisque c'est celle que fournit le fonctionnement humain lui-même. Newton vint affirmer de nouveau la gravitation universelle, en vertu de laquelle tous les corps s'attirent en raison directe de leur masse et en raison inverse du carré des distances. L'illustre astronome Lalande resta dans les mêmes principes en les vulgarisant, et le célèbre La Place, sentant que le moment était venu de répandre la lumière, écrivit son immortel ouvrage sur le système du monde.

Herschel aussi marcha rapidement dans cette voie magnifique où la série guidait tous ces hommes de génie ; il se construisit un immense télescope, pour mieux voir ; il étendit le champ de l'observation ; il découvrit une nouvelle planète *Uranus*, puis ses satellites et deux nouveaux satellites de *Saturne ;* il reconnut que le système solaire n'est pas fixe et qu'il se porte tout entier vers la constellation d'*Hercule ;* il donna une attention particulière aux nébuleuses ;

aperçut dans les masses blanches qui les forment un nombre prodigieux de petites étoiles; reconnut parmi celles-ci des étoiles centrales autour desquelles les autres exécutent une révolution régulière. Voyez-vous la série poindre là dans toute sa force, voyez-vous notre système planétaire, sorte de synthèse collective, qui tout entière gravite vers une autre collectivité qu'on nomme la constellation d'Hercule, et ces nébuleuses avec leurs points de formation, leur centre et leur gravitation parcellaire ; n'y a-t-il pas là un *ecto* de nos divisions de parties unies à nos confusions fonctionnelles, avec tendance à la concentration parcellaire, unie comme progrès à la distinction de fonctions ? J'en fais chacun juge ; mais quoi qu'il arrive, la science est dans cette voie, et si les faits le permettent, on reconnaîtra que là comme dans notre élément planétaire, il y a progression PARTOUT et TOUJOURS.

Jusqu'ici malheureusement on n'a pu des planètes calculer que la masse et la direction comme mouvement, avec les lois de ce mouvement et l'éloignement de ces planètes les unes des autres. L'analyse n'a pu être portée plus loin. C'est déjà énorme de ne pas regarder tant d'astres comme autant de clous dorés, fichés dans la voûte céleste, on ne saurait trop pourquoi, mais enfin immobiles comme tout le reste, ou mus par le caprice et l'arbitraire, sans tenir compte des masses, des influences réciproques, des *rapports*, en un mot, que tout bon SYMBOLISTE doit renier avec un zèle digne d'un meilleur emploi.

Là où les faits n'ont pas parlé, les rapports n'ont qu'à se taire ; pour toute fonction il faut un organe, pour tout organe il faut un milieu, pour toute sériation il faut des faits dont le lien résulte des observations elles-mêmes, pourvu qu'on renonce à l'absolu, première condition de toute science réelle. Si la collectivité cosmologique est progressive et poursuit encore, par conséquent, sa sériation chaque jour ; si la collectivité géologique ou la planète terrestre s'évolutionne encore, ce qui n'est pas niable (ni pour les parties, témoin l'humanité, témoin l'évolution sans cesse répétée de chaque synthèse phytologique et zoologique, ni pour l'ensemble, témoin les métamorphoses nombreuses qui s'y sont opérées et que chacun peut y lire et qui s'y opèrent encore dans le temps) ; rien n'est plus logique que d'admettre une évolution planétaire parallèle, nous cachant encore, dans les profondeurs d'une série cosmologique peu abordable peut-être, mais d'ailleurs si nouvellement abordée, des phases nombreuses quoique fort simples, sans doute, pour l'induction puissante qui saura s'y appliquer.

L'homme a vu tout d'abord ces grands corps lumineux dont quelques-uns l'éclairent et l'échauffent ; il les a affirmés vaguement avant de se chercher lui-même dans ce qui l'entoure et le contient. C'est ce qui fait que l'astronomie est une des sciences primordiales, quoique son objet soit des plus complexes. N'a-t-il pas fallu qu'on vît tourner les astres, pour que Galilée vînt révéler le mouvement de la terre ? La science a marché avec l'homme, les objets de science ont marché suivant leur progression équilibrée dans le temps et dans l'espace. L'homme, en étudiant, ne *crée* rien que lui-même ; mais rassurons-nous donc une bonne fois en nous convainquant qu'il ne peut aussi rien *détruire*. La science est une lumière qui ne peut pas mettre le feu aux réalités : il suffit qu'elle brille pour dissiper les ténèbres ; les hiboux seuls aiment mieux le crépuscule que le grand jour.

Que les astronomes ne s'endorment pas sur leurs lauriers. Laplace et Herschel sont morts, il leur faut des successeurs. M. Leverrier, en désignant, par le calcul, avec *bonheur* la place que devait occuper une planète nécessaire pour rétablir l'harmonie, a montré tout ce que la force d'induction peut faire ; il ne faut pas s'arrêter en chemin. Le progrès, là, ne consiste pas à trouver par le télescope une ou plusieurs planètes, tout portier d'observatoire en peut faire autant ; il ne s'agit pas de regarder le ciel, par curiosité, pour répéter le spectacle grandiose des constellations ; non ! il faut se maintenir sur la grande base mathématique ou sériaire, jeter un regard profond sur ces nébuleuses d'Herschel ; tâcher d'analyser un peu l'intérieur de la lune, si c'est possible ; recueillir des notions sur le soleil et les planètes qui gravitent autour de lui ; et ne se contentant point d'enseigner la science passée, ce qui est un pur doctrinarisme, il faut installer la science future dans une réelle progression.

A ce prix, que les spécialistes surgissent, que l'algèbre noircisse le papier et fasse blanchir la tête de l'astronome, et la série marchera par en haut, pendant que de particulières investigations l'étendront par en bas. Quant à l'absolu ou l'*extra-effectuel*, il n'aura plus pour adeptes que les rêveurs ou que les symbolistes mystiques. L'absolu n'aura plus que des adorateurs qui, tous, seront fous ou ignorants, deux infirmités qui se valent et qui sont aussi déplorables l'une que l'autre, quoique ceux qui en sont atteints, vivent dans la quiétude de l'inconscience; mais personne désormais ne voudra de cette tranquillité-là.

Oui, la série cosmologique existe, elle a ses éléments, ses synthèses, ses collectivités surtout; car c'est ce grand fait qui domine ici, où il n'est pas niable; nous l'avons pris à son origine, et nous le voyons ici dans sa splendeur.

Puisse le lecteur me pardonner la témérité d'avoir sondé un domaine que je ne puis pas fertiliser; mon excuse est dans cette maxime : *Homo sum, et nihil humani a me alienum puto*. Tout ce que peut atteindre l'homme doit être considéré sans imprudence; il faut seulement prendre un bon guide, je m'en rapporte à la série que tant de génies ont si bien maniée. Que l'astronomie grandisse donc, sa part est magnifique; je souhaite seulement qu'elle évite l'écueil des classifications; je souhaite qu'elle rejette l'unité de formation planétaire, et je lui souhaite, pour son bonheur et celui de la science générale, que l'observatoire ne fournisse jamais un Cuvier.

APPENDICE.

SCHÉMATISME CONCEPTIONNEL DU MONDE.

Avant de tirer la conclusion générale que doit nous inspirer la SÉRIE NATURELLE que nous avons parcourue, j'éprouve le besoin, cher lecteur, de vous faire assister à la conceptionnalité générale du monde, comme je vous ai initié à la fonctionnalité générale du système nerveux.

J'ai dit à l'origine, et je le répète encore, que l'homme doit, pour s'affirmer dans la science, renoncer à la recherche de l'*absolu;* je ne puis quitter la plume sans m'expliquer à cet égard. Au premier abord, on pourrait m'accuser de restreindre le domaine de l'investigation, j'ai à cœur de démontrer que je n'ai même pas amoindri les *atlantides* imaginaires ; j'ai seulement certifié que l'homme ne les parcourait qu'en rêve.

L'homme est réveillé par la science. Il doit marcher sur un terrain ferme ; et c'est ce terrain tout entier, tout complet, dans son ensemble possible, au présent comme à l'avenir, que je lui indique avec conviction. La *progression* reste ouverte toujours, mais l'hallucination se ferme, ce qui permet d'inaugurer le triomphe de la radieuse réalité.

La science, avons-nous dit, n'existe que par l'homme qui la crée. Les faits sont extérieurs à lui; les rapports se manifestent d'une façon incontestable. L'homme recueille les premiers, les relie par les seconds qu'il perçoit et il a ainsi l'affirmation des réalités extérieures et intérieures à lui-même. Il a la science réalisée en arrière, réalisable en avant, par la progression de la recherche et de l'application humanitaire.

Voilà le champ à parcourir; mais *ici* je ne cultive pas l'abstraction; il y a des chaires où on l'enseigne; il y a des philosophes qui la recherchent, nous n'avons rien de commun nous et eux. S'ils en doutaient je leur démontrerais que l'abstraction, c'est l'absolu fictivement appliqué. Il y a une science de l'absolu, *oui!* mais on peut dire que l'abstraction en est l'art.

Si l'on m'a bien suivi, on a dû constater que notre but se poursuivait dans la perception du rapport conditionné par les éléments successifs qui y donnent lieu. L'abstracteur perçoit un rapport aussi, mais d'*ordinaire* il divague dans sa nominalité inconditionnelle; il est homme comme nous, mais il s'illusionne pendant que nous y voyons clair, il croit à l'immobile indéterminé; nous affirmons, faits en main, l'équilibre successivement réalisé, c'est-à-dire le mouvement et l'harmonie, ce qui en un seul mot s'appelle le *progrès*.

On ne comprendrait ni l'homme ni la science si l'on ne voyait pas l'*homme progressif* précéder la science qu'il s'applique suivant la période de perfectionnement que l'*homme collectif* imprime au front de chaque *homme élémentaire*. La vue de ce dernier est tout d'abord plus ou moins obscurcie et devient successivement de plus en plus claire. La base de sa compréhension était pourtant, depuis l'origine, *virtuellement* la même, et malgré cela il s'est jeté dans l'*absolu*, qui n'est que l'ignorance la plus radicale que l'on puisse imaginer.

C'est pour mettre la vérité en toute lumière que je trace le présent schématisme ; il n'est que la manifestation apparente de tout ce que je ne pouvais expliquer tout d'abord, puisque la science, en pratique humanitaire, n'est que la vérité dégagée de l'erreur.

L'homme étant un être *collectif*, a forcément la conscience de quelque chose qui l'enserre comme *personne* ; étant *progressif*, il a forcément la conscience de quelque chose qui le déborde comme *espace* : cette conscience vague qu'a tout homme venant en ce monde lui fournit ce que j'appelle la *directionnelle*.

Il peut s'en tenir là comme perception, absorbé qu'il est par ses besoins de conservation synthétique, alors il reste *ignorant ;* il peut s'en tenir là et contempler cette direction jusqu'à l'infini, sans y rien mettre que cet acharnement contemplatif, alors il est ignorant, mais de plus *mystique*. Avant toute science, le mystique est au-dessus de l'ignorant, parce que sa contemplation le dispose à l'observation ; quand la science commence, l'ignorant est préférable au mystique, qui ignore tout autant que lui, parce que le mystique est alors un ignorant paresseux et parasite, tandis que l'ignorant est un actif travailleur.

L'observateur humain, muni de sa *directionnelle* inconsciente, se met-il à défricher le domaine de la science, il suit une nouvelle direction où les faits apparaissent. Cette ligne qui, à l'origine, se confondait avec la ligne directionnelle, s'en détache de plus en plus ; je l'appelle, par opposition, l'*effectuelle*. Une perpendiculaire élevée sur la directionnelle et terminée à l'effectuelle, mesurera leur éloignement et donnera la *terminale*, indiquant l'intensité de rapport compris par l'observateur qui s'est enfin mis à étudier réellement.

Étant établies ces premières indications que l'habitude de nos procédés a dû rendre familières, nous allons exposer très-facilement le schématisme conceptionnel du monde. Ce sera si simple, qu'on ne voudra peut-être pas y croire ; j'espère toutefois qu'on voudra bien se donner la peine de le regarder.

La directionnelle étant donnée par la manière de concevoir de l'homme, n'a, dès le début, aucune réalité ; nous l'exprimons donc par une suite de points partant de X et allant jusqu'au delà de Z, en Θ ; là elle se perd dans l'immensité où elle a commencé ; le mystique seul se fatigue à l'y poursuivre. La science, pour le rêveur, est là tout entière : c'est le rapport entre l'observateur et la directionnelle indéfinie. Le mystique peut, sur ce canevas éthéréen, broder les fantaisies les plus éblouissantes ou les plus sombres ; il inventera une langue pour fixer ses arabesques insaisissables ; il nagera en plein symbole. Cela peut faire son bonheur, cela peut le désespérer ou le réjouir ; qu'il soit en extase cataleptique ou en délire démoniaque, nous respectons trop sa liberté pour le déranger en rien. Nous croirions manquer au respect que l'on doit à son semblable, si nous lui présentions notre ouvrage ; tant pis pour lui s'il le lit par hasard ; notre plus profond désir est que son illusion le berce jusqu'à sa mort ; nous n'écrivons que pour la terre.

L'effectuelle est donnée par l'observation. Eh bien, l'analyse ne fournit que les points isolés de cette ligne, la synthèse seule peut les réunir. L'analyse doit donc précéder la synthèse, la science complète résulte de leur adjonction. La directionnelle fournit l'espace infini, l'analyse nous donne le temps, la synthèse nous donne le temps dans l'espace, c'est-à-dire la réalité, c'est-à-dire la science. Ignorance, mysticisme, analyse, synthèse, voilà comment l'humanité procède, constatons-le sans nous fâcher.

Nous voyons maintenant la marche de ce qu'on a appelé l'esprit humain. Nous sommes hommes, jetons un coup d'œil sur l'espace, et tâchons de représenter schématiquement la conception qui va s'offrir à nous.

Soit X, point de départ ouvert dans l'immensité à la directionnelle : la série la conduira fictivement suivant le champ planétaire XQ, le champ stellaire QY (*y*), puis le champ indéfini Z, puis en Θ, etc.

La série scientifique ne peut se contenter de fictions ; elle établit donc son élément, point de départ fermé, réel, qui la mènera à travers les effectuelles et terminales appréciables.

Qui est-ce qui observe? L'homme. Où est-il? Sur la terre. Où est la terre? Sur la ligne directionnelle infinie. Eh bien, renoncer à l'absolu, c'est constater que la directionnelle, comme conception, ne part que de notre cerveau ; X absolu est donc introuvable en dehors. Le rechercher, c'est être fou, puisque c'est l'inappréciable. On ne perd rien à cette renonciation, puisqu'il n'y a rien à trouver; mais on y gagne en temps ce qu'on semble avoir perdu en espace : on a repris la proie, qu'on ne coure donc plus après l'ombre.

Sur la directionnelle générale XQYZ, la terre, et nous qu'elle contient, devons apparaître forcément. En quel point exact? Nous l'ignorons complétement; c'est l'absolu; mais nous pouvons nous reporter où nous voudrons, virtuellement en a, si cela nous fait plaisir, le point particulier a indiquant l'origine de la directionnelle terrestre. Afin d'éviter toute confusion, nous pouvons détacher ce point a pour en faire en A le point de départ d'une fraction de la directionnelle générale et qui sera la directionnelle terrestre AM'. La série scientifique n'a donc renoncé à rien du tout. Partant de A, point de confusion de la directionnelle et de l'effectuelle terrestre, elle arrive à établir la succession réelle de l'effectuelle pleine AM et de la directionnelle pointée AM', mesurées dans leur rapport par la terminale MM'.

La surface AMM' circonscrit parfaitement la *réalisation terrestre* ou géologique que nous avons si longuement sériée. Comme nous avons représenté la réalité évolutionnaire par un triangle, nous nous permettrons d'introduire ici le triangle comme signe de vitalité. Nous inscrirons donc, dans la sphère qui donne la forme de la terre, un triangle traversé par la directionnelle générale, et, par extension logique, nous imposerons le même attribut à chaque planète; la science future se chargera de remplir tous ces triangles évolutionnaires comme nous avons rempli celui de la terre. Nous affirmons le grand principe

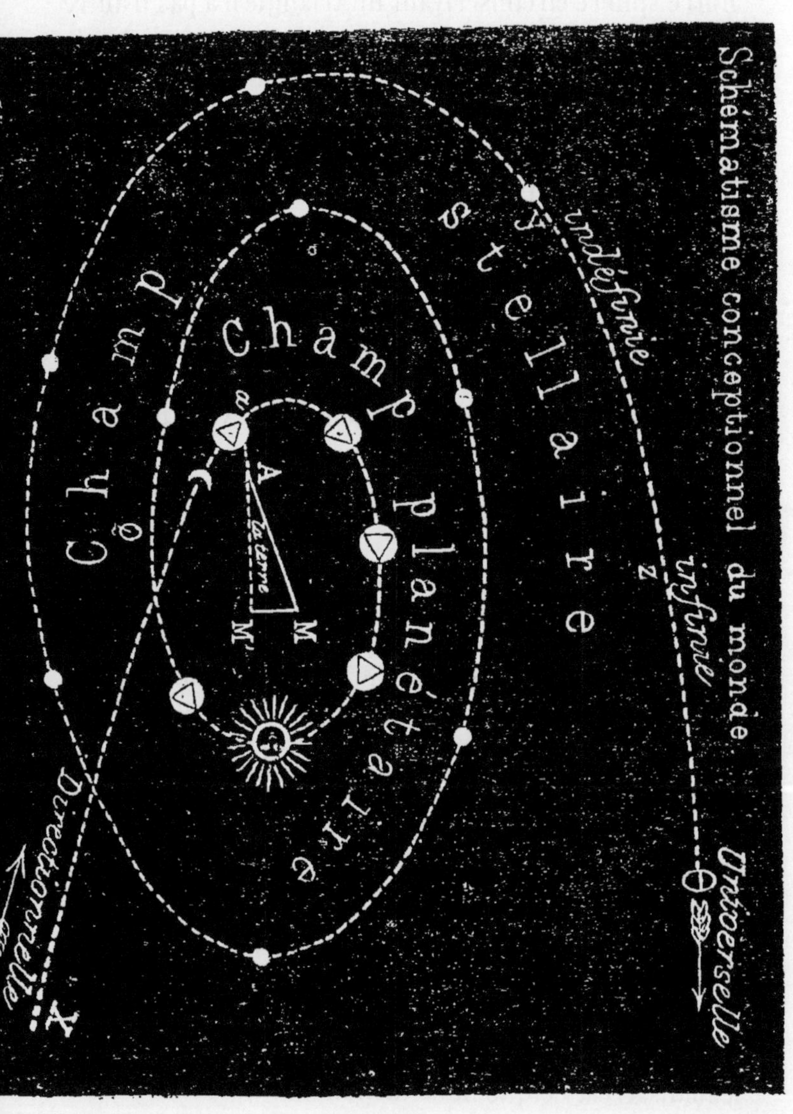
Schématisme conceptionnel du monde
indéfinie
Z
infinie
Universelle
Stellaire
Champ planétaire
Champ
ô
a
A
la terre
M
M'
X
Directionnelle

de la solidarité dans une progression constante; notre sphère circonscrivant un triangle n'a pas d'autre prétention que d'exprimer aux yeux cette grande vérité. Nous arrêterons-nous là? Pas du tout. Sur la terre, nous, hommes, constituons une collectivité progressive, nous sommes loin d'être terminés; la série nous pousse dans la suite de la directionnelle qui prendra le nom de planétaire. Suivant la ligne XQ nous apercevons des *réalisations* que nous n'approfondissons pas aussi bien que la terre, mais dont nous connaissons les rapports planétaires, puisque la terre s'y fond comme élément collectif.

Pour apprécier scientifiquement l'évolution personnelle synthétique de chacune de ces planètes, ce qui donnerait leur *cosmogonie*, il faudrait pouvoir y appliquer l'analyse, qui nous fournirait les points successifs de leurs effectuelles, puis la synthèse, qui nous donnerait le rapport de chaque effectuelle propre à la directionnelle générale. Si nous pouvions faire cela, notre application sériaire s'étendrait réellement sur des réalisations nouvelles; malheureusement, il n'en est pas ainsi : nous n'apprécions les planètes que par leur masse, par leur direction rotatoire, dans leur rapport collectif, en un mot. Cela nous réduit à ne faire qu'une série *cosmologique* fort incomplète, sans doute, très-inférieure en intensité à notre sériation géologique approfondie. Pourtant le domaine de l'espace se réalise par l'apparition successive de ces corps mobiles, la série doit donc y porter ses regards après y avoir mis depuis si longtemps ses yeux et ses calculs. C'est ce que nous tâchons d'exprimer en marquant ces corps sur la directionnelle générale où nous les concevons comme s'étant réalisés, quoique nous ne puissions pas en dire plus que les astronomes n'en ont dit depuis si longtemps. Puisse la science astronomique, devenue plus puissante par l'emploi plus général de la vraie méthode, projeter là une plus vive lumière. Elle dissipera alors les ténèbres dont ses observations sont forcément entourées par l'éloignement où nous sommes de ces grands corps qu'elle est parvenue à mesurer, mais sur lesquels elle n'a fait encore qu'ébaucher ses recherches.

De Q en Y, la directionnelle continue. Je l'appellerai stellaire; des corps beaucoup plus éloignés s'y réalisent sans que notre investigation y voie autre chose qu'un point lumineux qui rayonne ainsi sa réalité. Des points opaques, image de l'obscurité de notre notion, les indiqueront seuls à notre curieuse recherche.

La série a comblé sur la terre le puits d'où la vérité était sortie, marchons donc hardiment les yeux fixés sur les étoiles. La catastrophe de l'astronome de la fable ne saurait nous atteindre; nous savons maintenant où nous mettons le pied.

En Y nous tombons au bout virtuel de l'infini. Le mystique va plus loin, il a raison; nous devons donc y aller aussi, mais en directionnelle seulement. Rien ne nous apparaît plus! Z est le champ de l'infini. Pour qu'on ne nous accuse pas de priver les rêveurs de quelque chose, je pousserai jusqu'en Θ, l'infini universel. C'est bien loin, n'est-ce pas? Eh bien, en se jouant, le cerveau nous y mène, sans bouger de place; c'est donc trop facile pour être bien fatigant.

Vous voyez que le mystique n'est qu'un paresseux, il est démontré de reste qu'il n'est qu'un ignorant! Qu'est-ce en effet que l'ignorance? C'est la paresse de la science, comme la paresse est le mysticisme du travail.

Oui, je renonce à X, je renonce à Z même; mais nous avons trouvé notre domaine dans l'espace, nous l'avons réalisé dans le temps; nous nous affirmons donc nous-mêmes. Qu'est-ce en effet que l'humanité, si ce n'est l'homme s'affirmant dans le temps et dans l'espace?

Pardonnez moi ce sentiment, c'est de l'orgueil, peut-être; mais, j'ose le dire à cette heure, la science est l'affirmation de l'humanité. Je laisse aux symbolistes de s'écrier avec adoration : Le monde, c'est l'affirmation de Dieu!

La ligne ponctuée X⊖ sera la directionnelle universelle. Après cela, les illuminés peuvent se donner carrière. Je respecte leur liberté, ils trouveront bon que je prenne celle de ne pas leur disputer le prix sur ce *turf*, devenu depuis si longtemps pour nous extra-effectuel. Qu'ils triomphent donc; ils sont au delà de l'infini, ils ne m'accuseront pas de leur imposer des entraves.

Tel est mon dernier schématisme : je n'y attache pas plus d'importance qu'aux autres, mais je ne lui en attribue pas moins. C'est une figuration, ce n'est pas une réalité; c'est un moyen, ce n'est pas un but; c'est un appendice, ce n'est pas un chapitre. Je puis l'oublier maintenant pour libeller ma conclusion.

CONCLUSION.

L'œuvre est accomplie; quel sera son sort? je n'en sais rien; dans tous les cas, j'y mets peu de vanité. J'ai écrit suivant ma conscience, je n'impose pas des mystères, je présente des vérités détaillées; à chacun je remets le grand CRITÉRIUM, que chacun en fasse usage; moi, je ne suis pour rien là dedans. Contester les faits est impossible, rejeter l'induction qui les relie étroitement est infaisable; tous les préjugés ne pourront rien à cela.

Abandonnant le domaine restreint des faits pour entrer largement en possession de la science, qui est la perception des rapports, j'ai appliqué la méthode sériaire aussi simplement que possible; j'espère qu'on tiendra compte des difficultés de la route, si quelquefois l'on me trouve un peu traînant et fatigué.

Il est temps que les disputes cessent entre les inventeurs. C'est l'humanité qui recueille les travaux de chacun, la valeur réelle de la besogne est donc bien supérieure au nom périssable de l'ouvrier qui s'y est appliqué. Cette période a été utile en stimulant les travailleurs ; aujourd'hui il faut une ambition plus haute, puisée dans la foi humanitaire; chacun aura son salaire, mais c'est la conscience qui donnera le plus élevé.

Je n'ai pas fait l'historique de la science, cela n'entrait pas dans mon plan, puisque je n'avais pas à dépouiller nos archives. Les dates et les noms d'auteurs importent peu dans la question ; il suffit que les observations soient irrécusables, c'est pour cela que je me suis mis à couvert sous les plus respectables autorités.

Quelquefois j'ai cru devoir signaler d'illustres spécialistes qui avaient fécondé la science par de belles découvertes, la justice en cela est le premier des devoirs. *Paix aux hommes, guerre à l'erreur*; telle est ma devise. Ce que j'ai attaqué, c'est le spécialiste raconteur, le doctrinaire scolastique ; ce ne sont pas des personnes, ce sont des directions que j'ai signalées à la juste défiance du public, à qui l'on en impose souvent, quoique l'on ne parvienne pas à l'intéresser.

Je n'ai individuellement dépouillé qu'un seul homme, c'est qu'en lui s'est incarné le doctrinarisme zoologique le plus dangereux de tous, puisqu'il est au cœur de la question générale. Je m'incline devant le génie de Cuvier; je ne veux pas amoindrir sa gloire, qui sera d'autant plus resplendissante qu'on enlèvera les ombres qui ternissent sa mémoire. Cuvier, selon moi, a été un grand homme mal inspiré; on ne peut pas avoir tous les mérites. Cuvier a voulu arrêter la science ; croyait-il bien faire? je l'ignore, je suis sûr qu'il a mal fait. Paix à l'homme, mais guerre à l'erreur !

La grande méthode gît ignorée du plus grand nombre dans les anfractuosités du cerveau humain; quelques hommes illustres s'en servent-ils par hasard, on crie au miracle et on les admire; ne serait-il pas mieux de les applaudir en les comprenant? La science est une vaste encyclopédie, il lui faut une base, la première est la renonciation à l'absolu; de là découle la progression et toutes ses conséquences; c'est là surtout ce que j'ose affirmer.

Après cela, mathématiciens, physiciens, chimistes, minéralogistes, botanistes, anatomistes, physiologistes, historiens et astronomes, travaillez avec votre intelligence agrandie par le but à atteindre; l'humanité n'est pas ingrate, elle l'a bien prouvé en gâtant ses grands hommes. Que le chiffre, que la ligne et la lettre, que la balance et toutes les machines, que le scalpel et le microscope, que les télescopes et les lunettes, que les fouilles profondes, que les trouvailles de parchemins soient appliqués dans toute leur ampleur, c'est mon désir le plus ardent et le plus sincère; mais que le rapport soit mis en lumière, sinon des montagnes de faits non reliés embarrasseront la marche de la science; nous aurons d'habiles enseigneurs, mais de vrais savants, point!

Que chacun conserve ses illusions et ses croyances! que chacun regarde avec anxiété la voûte du ciel et rêve à la belle planète qu'il habitera plus tard, aux lieux de délices qui le recevront après la mort, cela, qui d'ailleurs est extra-terrestre, est trop innocent pour être combattu; je souhaite seulement qu'il y ait désormais plus de rêverie que de fureur.

A l'œuvre donc, hommes de tout rang et de toute fortune; la tâche est commune, aucun ouvrier n'est de trop. — La science n'est le privilége de personne; elle est l'héritage transmissible à chaque membre de la grande collectivité. — Plus de haines, plus de sarcasmes, le RÉEL n'en admet point. — Les mots ne sont que des signes; nous ne pouvons nous contenter de signes, il nous faut enfin les valeurs elles-mêmes, on les représentera après comme on voudra.

La science est un DROIT, le travail un DEVOIR;
Il nous faut, ici bas, *travailler* et *savoir!*

La SÉRIE, dirai-je en finissant, est la pierre angulaire sur laquelle l'humanité bâtira son église, contre laquelle ne prévaudront jamais les portes de l'immobilisme et de l'erreur.

FIN.

TABLE DES MATIÈRES

CONTENUES DANS LE TOME SECOND.

FIN DE LA TABLE DU TOME SECOND.

ERRATA.

TOME Ier.

Page	Ligne		Lisez :
Page VIII,	ligne 21.	Lisez :	créateur *de* toutes choses.
— 55	— 15	—	baobab.
— 95	— 9	—	l'anatomie *du* nigua.
— 149	— 1	—	*reste* abandonnée.
— id.	— 11	—	on voit *quelle* lenteur.
— 153	— 25	—	coléoptères, *qui ont tiré.*
— 158	— 21	—	annexe de *trituration.*
— 170	— 10	—	seule les *révèle.*
— 190	— 6	—	transition, *et* que.
— 202	— 22	—	*cela* établi.
— 202	— 22	—	et *tout* deviendra si clair que peut-être *on le trouvera* superflu.
— 218	— 18	—	par ses évents. *En* avant et en arrière, *ces* narines.
— 222	— 30	—	aboutissent au *trou* incisif.
— 229	— 14	—	l'ampleur *désirable.*
— 231	— 15	—	l'air *expiré.*
— 232	— 25	—	la langue en haut, et en bas le larynx.
— 239	— 4	—	nous le ferons voir.
— 239	— 9	—	expansions *brachiales.*
— 240	— 8	—	toujours *les* sens

Page 245 — 28 — Quant aux sens, les ouïes sont bien protégées, mais ne s'ouvrent pas au dehors ; les yeux.
— 272, ligne 25. Lisez : fort, musculeux.
— 336 — 1 — ventricule fermé.

TOME II.

Page 15, ligne 10, lisez : *complexe* synthèse.
— 21 — 28 — ; chez les biphores, il.
— 49 — 31 — ont la *distinction*.
— 77 — 9 — synthèse, dans la.
— 181 — 11 — éliminations successives.
— 242 — 32 — on avait été *atteinte*.
— 245 — 32 — organismes parfaitement solidaires.
— 259 — 33 — de ce grand *axiome*.
— 281 — 15 — d'étouffer l'ennemi.

www.ingramcontent.com/pod-product-compliance
Ingram Content Group UK Ltd.
Pitfield, Milton Keynes, MK11 3LW, UK
UKHW020320200726
13857UKWH00001B/228